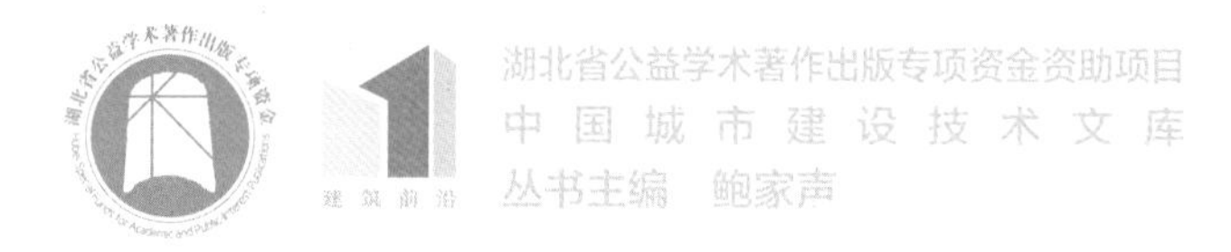


湖北省公益学术著作出版专项资金资助项目
中国城市建设技术文库
丛书主编 鲍家声

Research on Ecological Restoration of Post-Mining Landscape

# 采矿迹地景观生态重建研究

常江 万云慧 冯姗姗 耿文 著

中国·武汉

**图书在版编目（CIP）数据**

采矿迹地景观生态重建研究 / 常江等著. — 武汉 : 华中科技大学出版社, 2023.8
（中国城市建设技术文库）
ISBN 978-7-5772-0008-8

Ⅰ.①采…　Ⅱ.①常…　Ⅲ.①矿区—生态恢复—研究—徐州　Ⅳ.①X322

中国国家版本馆CIP数据核字(2023)第163680号

**采矿迹地景观生态重建研究**　　　**常　江　万云慧　冯姗姗　耿　文　著**
Caikuang Jidi Jingguan Shengtai Chongjian Yanjiu

出版发行：华中科技大学出版社（中国 · 武汉）　　电话：（027）81321913
地　　址：武汉市东湖新技术开发区华工科技园　　邮编：430223

策划编辑：周永华
责任编辑：周永华　　封面设计：王　娜
责任校对：王亚钦　　责任监印：朱　玢

录　　排：华中科技大学惠友文印中心
印　　刷：湖北金港彩印有限公司
开　　本：710 mm×1000 mm　1/16
印　　张：18.5
字　　数：313千字
版　　次：2023年8月第1版第1次印刷
定　　价：168.00 元

投稿邮箱：3325986274@qq.com
本书若有印装质量问题，请向出版社营销中心调换
全国免费服务热线：400-6679-118　竭诚为您服务

华中出版

## “中国城市建设技术文库”
## 丛书编委会

# 作者简介

常　江　教授，博士生导师，中国矿业大学建筑与设计学院城乡规划系主任，城乡规划学一级学科负责人，建筑与城市规划研究所所长，兼任中国自然资源学会资源型城市专业委员会副主任委员、中国煤炭学会煤矿土地复垦与生态修复专业委员会委员、江苏省土木建筑学会城市设计专业委员会委员兼副秘书长。长期致力于城市更新、资源型城市转型、矿区生态重建和工业遗产保护与利用等方面的研究工作。先后完成80余项纵向和横向课题，发表论文100余篇，出版专著10部。

万云慧　副教授，毕业于德国波恩大学，获翻译学硕士学位，自2006年起就职于中国矿业大学外文学院德语系，历任系主任、德语专业建设负责人等。长期致力于区域国别研究、德语翻译理论和实践等科研和教学工作。在德国Inse出版社出版专著*Chinesische Stadtentwicklung seit 1940*，主持和参与教学、科研项目10余项，发表论文10余篇。

**冯姗姗**　副教授，毕业于中国矿业大学，获市政工程博士学位，自2007年起就职于中国矿业大学建筑与设计学院。长期致力于采矿迹地生态重建、城市棕地更新、城市绿色基础设施构建等方面的研究。主持国家自然科学基金项目1项，出版专著1部，发表论文30余篇。

**耿　文**　讲师，2015年毕业于北京航空航天大学，获德语语言文学硕士学位，在校期间曾赴德国马格德堡大学进行交流学习。现就职于中国矿业大学外文学院，担任德语专业教师，研究方向为德语语言学及翻译。主持和参与省级、校级教学与科研项目多项，曾获中国矿业大学百佳教师荣誉称号。

# 前　言

随着社会经济的发展与工业化进程的推进，煤炭开采在带来巨大经济效益的同时，遗留了众多难以利用的采矿迹地，如何对采矿迹地进行生态修复与再利用成为学者们的研究热点。据不完全统计，我国井工采煤导致的地表沉陷已超过150万 $hm^2$，每年还以7万 $hm^2$ 的速度递增，露天矿每年挖损土地5000 $hm^2$ 以上，每年产生的7亿t煤矸石还压占大量土地并污染环境。煤炭开采损毁大量耕地，造成基础设施破坏，导致区域人居环境恶化，已是不争的事实。

采矿迹地具有离散性、多样性、动态性、复杂性的基本特征，对区域土地资源、水环境、生物多样性等产生巨大影响，同时也阻碍了城市空间拓展、经济转型、生态建设和城乡统筹等。自20世纪80年代开始，矿区土地复垦的研究和实践工作在我国起步。20世纪80年代末，采矿迹地变废为宝的理念被引入矿区土地复垦领域，部分地区开始进行采矿迹地景观更新的探索。作为城市空间不可回避的组成部分，采矿迹地既是城市发展过程中的短暂“病痛”，也是城市更新提质转型的“契机”。正如德国景观规划师联盟（Bund Deutscher Landschaftsarchitekten，BDLA）前主席安德里安·霍本斯德所说，采矿迹地的再开发为矿区景观重建和经济复兴提供了独一无二的机遇，但是新的景观体系应该是什么样的？在什么框架下完成它的重塑和再利用？如何控制这一进程？这些都是值得思考的问题。研究采矿迹地的生态价值、经济价值和美学价值，通过景观生态重建改善资源型地区生态环境和人居环境，推动经济发展、提高土地利用效率、解决社会问题，成为各方关注的重点。

党的十八大以来，生态文明建设被提到前所未有的战略高度。在强调高质量、绿色、可持续发展的背景下，人们对生态文明建设的要求日益提高。改善城市生态环境、加强对矿区的生态修复，成为促进城市可持续发展的主要动力。2021 年，国家发展改革委、财政部、自然资源部印发的《推进资源型地区高质量发展“十四五”实施方案》提出：“到 2025 年，资源型地区资源能源安全保障能力大幅提升，经济发展潜力充分发挥，创新引领、加快转型、多元支撑的现代产业体系基本建立。”在此背景下，基于城乡规划理论与实践，本书引入景观生态重建的相关知识，面向正在构建的国土空间规划体系，提出完善、优化我国采矿迹地生态修复的策略；整理、汲取国内外景观生态重建经验，融入采矿迹地规划前的分区评价和规划实施后的绩效评价，提升采矿迹地景观生态重建的理念、方法和技术，促进采矿迹地景观生态重建的理论与实践研究，以实现采矿迹地资源化开发利用及矿区和谐发展的目标。

本书共有 7 章，第 1 章概述采矿迹地的定义、类型及特征，以典型的煤炭资源型城市采矿迹地为案例进行概念建构；第 2 章重点阐述采矿迹地景观生态重建的内涵、要素、目标，梳理与总结采矿迹地景观生态重建的历史演变，分析研究发展趋势；第 3 章在城市绿色基础设施优化的区域整体目标下，构建采矿迹地景观生态重建评价模型，以便在景观生态重建过程中进行空间上的划分和安排；第 4 章构建采煤塌陷湿地这一特殊类型的采矿迹地景观生态重建绩效评价体系，并进行实证研究，进而为景观生态重建后的采矿迹地景观提供科学、可行的评价框架；第 5 章基于我国国土空间规划的总体要求，分别从国土空间规划视角、城市尺度视角及场地尺度视角提出采矿迹地景观生态重建的策略；第 6 章选取了我国采矿迹地景观生态重建经典案例，诠释景观生态重建在规划设计与实际工程中的应用；第 7 章作为本书的重点内容，详细分析了德国鲁尔区和劳齐茨矿区的历史沿革与景观变迁，从区域、矿区和项目三个层面剖析了德国矿区采矿迹地景观生态重建的理念、规划和实践。

本书内容紧密围绕采矿迹地再利用。在本书编写过程中，研究团队有幸得到具有不同学科背景的专家学者的指导。常江和万云慧负责全书的大纲设计、初稿审阅和最终定稿。冯姗姗博士创新性地建构了景观生态重建评价模型，优化数据采集、软件模拟等工具，为本书识别景观生态重建的优先区域提供重要的技术支撑。万云慧和耿文老师筛选并整理德国矿区的历史及文献资料，建立了德国矿区景观生态重建的系统性框架，并提供了德国典型矿区的实证案例。李灿坤和侯亚伟两位博士生承担了撰写过程中资料收集整理、数据查找、勘误校正和草稿拟定等工作，李梓萱和徐子棋两位同学协助整理了本书中的中德案例, 并完成了本书中部分图片的绘制。本书出版受到了江苏省老工业基地资源利用与生态修复协同创新中心资助及中央高校基本科研业务费专项资金资助（2023ZDPYSK11）。在相关项目完成过程中，许多博士研究生和硕士研究生都参与其中，他们的研究成果直接构成了本书一些主要章节的内容。

感谢所有为本书出版辛苦工作的老师和同学。感谢徐州市、阜新市的相关部门，以及四川嘉阳集团有限责任公司、阜新中科盛联环境治理工程有限公司等企业的同志，在项目完成过程中给予我们无私帮助和热情支持。最后衷心感谢华中科技大学出版社的编辑们为本书的出版所付出的辛勤劳动。

作者

2023 年 7 月于徐州

# 目　录


1　采矿迹地概述　001

1.1　采矿迹地的定义　002

1.2　采矿迹地的类型　004

1.3　采矿迹地的特征　012

2　采矿迹地景观生态重建政策和研究历程　023

2.1　采矿迹地景观生态重建的内涵、要素、目标　024

2.2　采矿迹地景观生态重建的历史演变　030

2.3　采矿迹地景观生态重建的研究发展趋势　036

3　采矿迹地景观生态重建评价模型设计　043

3.1　研究思路及技术路线　044

3.2　评价模型设计　046

3.3　采矿迹地景观生态重建区划重要性评价　062

4　采矿迹地景观生态重建绩效评价　073

4.1　采矿迹地景观生态重建绩效评价体系构建　074

4.2　采矿迹地景观生态重建绩效评价模型　083

4.3　采矿迹地景观生态重建绩效评价实例　091

5 采矿迹地景观生态重建规划策略 113

5.1 采矿迹地景观生态重建规划原则 114

5.2 国土空间规划视角下采矿迹地景观生态重建策略 116

5.3 城市尺度视角下采矿迹地景观生态重建策略 125

5.4 场地尺度视角下采矿迹地景观生态重建策略 132

6 区域转型背景下中国矿区景观生态重建实例 137

6.1 江苏省徐州市潘安湖采煤塌陷地景观生态重建 138

6.2 四川省乐山市嘉阳国家矿山公园规划与景观生态重建 161

6.3 辽宁省阜新市新邱露天矿坑景观生态重建 175

7 区域转型背景下德国矿区景观生态重建实例 191

7.1 德国矿区基本概况 192

7.2 德国鲁尔区的景观生态重建 199

7.3 德国劳齐茨矿区的景观生态重建 248

# 1 采矿迹地概述

# 1.1 采矿迹地的定义

## 1.1.1 采矿迹地概念的由来

采矿作为人类最古老的活动之一，通常被认为是推动人类文明进步和国家发展的主要因素。同时，作为一项全球性活动，矿产开采活动遍布世界各地，其中部分矿产地已经或即将枯竭，成为采矿迹地。许多国家自20世纪70年代起就停止了矿山开采，开始制定生态修复政策，以尽量减少矿山开采期间和开采后对环境的影响，并实施旨在恢复被污染或破坏地区的项目。采矿迹地的景观生态重建既是一项挑战，也是一个转型发展的机会。迄今为止，许多国家特别关注采矿迹地和其面临的环境问题，尤其是部分欧洲国家（法国、英国、奥地利、德国、波兰）已经在采矿迹地的基础上建立了许多矿山公园。意大利有许多前工业时代的采矿和冶金遗迹，自19世纪末以来其关于这一主题的研究蓬勃发展。许多倡议和规划都取得了成功，使人们对采矿迹地的历史、社会经济和工业方面有了深刻的认识[1]，在托斯卡纳、撒丁岛和威尼托开设了多个矿山考古公园、博物馆，开发了多条休闲路线，发掘了采矿迹地的多元价值。

在欧美国家，“采矿迹地”概念所使用的专业词汇并未进行统一，与其相近的概念有“棕地”（brownfield）、“废弃矿区”（abandoned mine）、“矿业废弃地”（abandoned mined land）、“退化的采矿迹地景观”（degraded post-mining landscape）等。为了解决旧工业场地上的土壤污染问题，1980年美国在《环境应对、赔偿和责任综合法》中提出了“棕地”的概念。1994年美国国家环境保护局（Environmental Protection Agency，EPA）对“棕地”的定义被各界广为接

[1] COSTAGLIOLA P，BENVENUTI M，CHIARANTINI L，et al.Impact of ancient metal smelting on arsenic pollution in the Pecora River Valley，Southern Tuscany，Italy[J].Applied Geochemistry，2008，23（5）：1241-1259.

受：棕地是指被废弃、闲置或未被完全利用的工业或商业用地，其扩展或再开发会受到环境污染的影响而变得复杂。美国地质调查局（United States Geological Survey，USGS）对采矿迹地的相关术语进行了定义。废弃矿区是指已经停止采矿活动而未对矿区进行复垦，并且无法找到矿主、经营者的废弃矿区[1]。这些区域通常被描述为具有采矿历史但目前却无人问津的矿区。虽然这些区域的管理权已经移交并处于废弃状态，但它们仍能对环境造成危害，从其堆积的残留物中排放的金属物质会污染土壤及水资源。矿业废弃地则强调由于煤矿资源开采带来的不利影响而被遗弃或未进行修复的土地和各类资源[2]。退化的采矿迹地景观是指采矿景观产生的新型、混合的生态系统[3]。这种严重退化的采矿迹地景观具有独特的新生态系统，它们在属性、结构和功能方面与采矿前的自然生态系统相比发生了巨大变化。

矿产资源开发常伴随经济增长、技术发展、社会进步及文化交流等，采矿迹地则通常被视为“黑暗地带”，长期面临污染、生态退化、矿山灾害，以及由停产引发的经济危机等困扰。然而，不论从何种学科角度理解采矿迹地，其产生的原因与影响是为学术界所公认的，即因采矿而产生的生态受损或受影响区域，是自然和人类文化共同作用形成及塑造的特殊景观。

### 1.1.2 采矿迹地的相关定义

自采矿迹地的概念产生以来，人们对它进行了多方面的研究。“采矿迹地”一词在中文文献中最早出现于龙花楼在 1997 年发表的《采矿迹地景观生态重建的

---

[1] ISSAKA S，ASHRAF M A.Chapter 9-Phytorestoration of mine spoiled：“Evaluation of natural phytoremediation process occurring at ex-tin mining catchment”[C]//BAUDDH K，KORSTAD J，SHARMA P.Phytorestoration of abandoned mining and oil drilling sites.Cambridge：Elsevier，2020：219-248.

[2] KIM A G.Chapter 1-Coal formation and the origin of coal fires[C]//STRACHER G B，PRAKASH A，SOKOL E V.Coal and peat fires：a global perspective：volume 1：coal-geology and combustion. Oxford：Elsevier，2011：1-28.

[3] GWENZI W.Rethinking restoration indicators and end-points for post-mining landscapes in light of novel ecosystems[J].Geoderma，2021，387：114944.

理论与实践》一文。随后陈志彪[1]、常江[2]、李富平[3]、闫德民[4]等学者运用这一概念进行了矿区景观恢复和重建的相关研究，这些学者对采矿迹地并未提出明确的定义，大多从景观生态学的角度出发，认为采矿迹地是景观结构和功能受到采矿活动影响而变化的区域。直至今天，人们对采矿迹地仍有不同的理解。从众多关于采矿迹地的定义来看，人们对其的理解不外乎两大类：一类是生态学角度的认知，认为采矿迹地是由于矿产开采引发大气污染、土壤破坏、水体污染等生态环境问题，严重破坏地表和地下空间，引发地质灾害和环境破坏，进而形成的大面积挖损、塌陷、污染土地，需要经过修复治理才能使用；另一类是从矿业遗产价值角度的解读，认为采矿迹地是极其丰富的、多样化的资源，不过并非忽视采矿迹地景观形成过程中的诸多问题，而是以较为积极的视角、建设性的方式来看待采矿活动带来的消极后果。

国内外学者对“采矿迹地”一词有不同的解释，本书参考了英文的“post-mining landscape”和德文的“bergbaufolgelandschaft”概念，认为狭义的采矿迹地是矿区特有的景观，包括排土场、矸石山、露天矿坑、地表塌陷地，以及废弃的工业场地等。而广义上，采矿迹地可定义为：一切因受到采矿活动影响而造成景观结构和功能受损的区域，包含位于矿业城镇内部、周边区域及受采矿活动影响较大的广大乡村地区，因曾经或正在进行的采矿活动而挖损、塌陷、压占的闲置或低效使用的土地、水域及其周边地区。

## 1.2 采矿迹地的类型

采矿迹地按照其形成机理可分为四种类型：挖损型、塌陷型、压占型、工业广场型。不同的矿产开采方式形成不同类型的采矿迹地，井工开采形成塌陷地，露天

[1] 陈志彪，涂宏章，谢跟踪．采矿迹地生态重建研究实例 [J]. 水土保持研究，2002（4）：31-32，35.
[2] 常江，KOETTER. 从采矿迹地到景观公园 [J]. 煤炭学报，2005（3）：399-402.
[3] 李富平，夏冬．采矿迹地生态重建模式研究 [J]. 化工矿物与加工，2010，39（5）：25-28.
[4] 闫德民．北京首云铁矿尾矿库生态恢复的植被特征分析 [D]. 北京：北京林业大学，2013.

开采形成露天矿坑。我国 90% 以上煤田都采用井工开采，由于煤层离地表深而在地下开掘巷道采掘煤炭，原有的自然生态系统逐渐被工业广场、工人村等人工生态系统所替代。采矿时根据煤炭赋存条件，选择井口位置，开采巷道深入煤层范围，不断将煤炭资源运出地面，地下岩层内形成采空区。当采空区的周边岩层抗拉力达到一定的阈值时，岩体将发生移动、破碎及坍塌。随着开采规模的不断加大，地下塌陷范围扩大，逐渐引发地貌的改变，自然生态系统受到根本性破坏。

### 1.2.1 挖损型采矿迹地

挖损型采矿迹地是露天开采形成的大而深的矿坑，原有的地表土壤和岩石被挖取出来，形成陡峭的台阶式深坑，被挖出的表层土壤、碎石等固体物质不能完全回填至矿坑，导致形成大规模的堆垫景观。随着露天矿开采规模的扩大，大而深的矿坑存在边坡不稳定因素，易发生坍塌、滑坡等，不仅给周边埋下了安全隐患，也严重破坏了矿区及周边的植被和生态景观。

挖损型采矿迹地可依据采矿种类划分为能源矿采矿迹地、非金属矿采矿迹地、金属矿采矿迹地三种类型。

（1）能源矿采矿迹地。煤炭是我国的主要能源，储量占到我国已探明石化能源储量的 93%[1]。截至 2020 年底，我国共有露天煤矿 376 处，总产能 9.5 亿 t/a，占全部生产煤矿产能比由 1980 年的 2.7% 增至 17.8%[2]。露天矿开采产生的挖损型采矿迹地多位于矿产资源埋藏较浅的矿区，开采占用和破坏的土地规模较大，矿区盘旋的运输道路、大型的边坡、活动采区、排土场等矿山地物均具有较强的矿区景观特征（图 1-1 上）。

（2）非金属矿采矿迹地。非金属矿采矿迹地多由石材类矿产开采产生，在我国矿产资源相对匮乏的东部经济发达区域分布较广。采石过程不仅会对地表岩层结构造成破坏，而且会对地下水循环系统的平衡造成破坏。矿坑往往需要疏干排水，可能会导致地下水水源枯竭。同时，对水资源的巨大浪费会使得地下水的径流发生变化，导

---

[1] 许勤华 . 中国能源国际合作报告 2018/2019——中国能源国际合作七十年：成就与展望 [M]. 北京：中国人民大学出版社，2021.

[2] 赵浩雷，张锦 . 我国露天煤矿空间分布特征分析及可视化平台构建 [J]. 中国煤炭，2022，48（12）：9-15.

**图 1-1　挖损型采矿迹地（上：露天煤矿；下：采石场）**

（图片来源：李灿坤拍摄）

致原本的地下水富水区变成缺水区。此外，由于表土的剥离，原本在岩土层表面生长的植被遭到破坏（图 1-1 下），不但会降低植被覆盖率，同时还会影响矿区周边植物种类的多样性，进而导致矿区周边的土地和山体荒漠化，引发水土流失、泥石流等自然灾害。

（3）金属矿采矿迹地。金属矿采矿迹地可以按照金属矿产资源种类划分为黑色金属采矿迹地、有色金属采矿迹地、贵金属采矿迹地、稀有金属采矿迹地和稀土金属采矿迹地五种类型。平原及盆地多分布铁、金、铜、铝、锶等金属矿产；黄土高原地区多分布银、铜、镍等有色金属矿产；中低山地及丘陵地的矿产开采活动强度高，主要开采金、铁、铅、锌、钨、锡、稀土等矿产；中高山地多分布金、铁、铅、锌、铜、锡、锰、汞、铝等矿产。金属矿采矿迹地最突出的环境问题是酸性废水及重金属对水土环境的污染，其次是废弃物对土地的压占与破坏，以及泥石流、滑坡、崩塌等地质灾害（图 1-2）。

**图 1-2　金属矿采矿迹地**

（图片来源：常江拍摄）

### 1.2.2　塌陷型采矿迹地

我国煤炭开采方式以井工开采为主，由此产生的塌陷不仅改变了原有的地貌，引起建筑物的形变，降低了土壤质量，而且在我国黄淮地区还会因地表塌陷而出现良田变“沧海”的景象。地下煤层采出，上覆岩土在重力和应力作用下产生弯曲变形、断裂、位移，导致地面塌陷，地下水位较高的地区在地下潜水渗入、天然降水滞留、矿井水排入等因素的综合作用下，形成不同深浅、大小的塌陷水面，其原有的生态系统消失，演变为湿地（图 1-3 上）。采矿塌陷型湿地的物理、化学、生物过程不同于一般的天然湿地和人工湿地，其结构、功能和稳定性会受到更多人为因素的干扰。首先，动态的开采活动导致塌陷型湿地在时空上不具备稳沉性。其次，塌陷前大多为农田的土地经过了长期施肥，其作为湿地基底对水中藻类等水生动植物的繁殖、水体质量具有一定影响。

在我国煤炭资源丰富的黄土高原，采矿迹地的表现形式与黄淮东部地区的湿地形态存在较大差异。黄土高原的煤炭资源型城市受井工采动影响形成的采空区上覆岩层产生断裂、弯曲等形变，从而诱发地裂缝、崩塌等地质灾害，以及地表沉降、构筑物损毁等不良地质现象（图 1-3 下）。例如，山西省古交市地形地貌多为高差显著、地形陡峭的山地丘陵，是典型的山地城市，其黄土土质疏松，遇水易崩解。破坏地表结构的开采活动易导致大面积的水土流失与地质灾害的发生，进而形成非积水塌陷型采矿迹地。

**图 1-3　塌陷型采矿迹地（上：积水；下：非积水）**

（图片来源：常江拍摄）

### 1.2.3　压占型采矿迹地

压占型采矿迹地主要包括井工开采产生的煤矸石堆、露天开采堆积土方形成的排土场，以及已关闭矿山的尾矿库。煤矸石是在煤炭开采、洗选、加工过程中产生的固体废弃物。煤矸石一般堆积于工业广场附近（图 1-4 上），长期堆积则形成较大的锥形结构矸石山。矸石山不仅占用大量土地，而且煤矸石中所含的黄铁矿易氧化，释放的热量可以促使煤矸石中所含的煤炭风化以致自燃，煤矸石自燃时会排放有害气体(如$SO_2$、$H_2S$、CO、$NO_x$等)，伴有大量烟尘，污染大气并严重危害人类身体健康。此外，煤矸石的保水性、保肥性差，不利于植物生长，因此矸石山的灰黑色景观与周边的自然景观极其不协调，影响景观的连续性与城市形象。如山西省某煤炭资源型城市，因煤炭开采形成的大小不一的矸石山多达 98 座，占地面积达 373.3 $hm^2$，煤矸石大部分以自然倾倒的形式堆积，矸石山坡度过陡，遇强降雨等不利的天气，极易发生滑坡、泥石流等地质灾害，对矿区人民的生命财产安全造成了严重威胁。

**图 1-4　压占型采矿迹地（上：矸石山；下：不稳定边坡）**

（图片来源：李灿坤拍摄）

露天开采矿区的周边会形成露天排土场，形态为巨型人工松散堆叠体，其表层地面被严重压实，坡面比较松散，一般为岩土混合体，边坡极不稳定（图 1-4 下）。随时间推移出现空隙、裂缝等侵蚀特征，在暴雨等极端天气影响下易发生崩塌、滑坡、泥石流等地质灾害，危及周边居民。

尾矿库是指筑坝拦截谷口或围地构成的，用以堆存金属或非金属矿山进行矿石选炼后排出的尾矿或其他工业废渣的场所。尾矿库一般位于工业广场附近，容易造成环境污染。一方面，干燥的尾矿遇到大风会形成扬沙，污染环境；另一方面，矿石选炼过程中加入的大量化学药剂会残留在尾矿中，一旦尾矿库溃坝或发生泄漏，将会对周围及下游环境造成极大危害（图 1-5）。

**图 1-5　压占型采矿迹地尾矿库**

（图片来源：常江拍摄）

### 1.2.4　工业广场型采矿迹地

矿井关闭后，地上、地下的生产及服务活动整体停止，将留下一定量的地下空间与地上遗存，如煤矿的井硐、井底车场、永久大巷、工业广场和生产性用房等。工业广场型采矿迹地是矿产开采时期形成的地面工作区域，主要包含生产、仓储、运输、办公等功能空间，是地下资源输出与地面资源输入的交换界面，在关井闭矿后处于损毁、闲置或未完全利用状态。工业广场型采矿迹地主要由生产型、生活型、生态型三类要素构成。

生产型要素由地面生产系统中的建（构）筑物与外部设施构成，比如洗煤厂、沉淀池、筒仓、储煤场、设备车间、运煤廊、铁路等（图 1-6）。生活型要素由工人社区内的办公与生活服务类设施构成，承载矿区生活、体育活动、养老、教育、交通、游憩等功能（图 1-7）。生态型要素包括矿区水域与陆地共同构成的景观环境，如矿区内的绿地景观及滨水景观（图 1-8）。

**图 1-6　生产型要素**

（图片来源：常江拍摄）

**图 1-7　生活型要素**

（图片来源：常江拍摄）

**图 1-8　生态型要素**

（图片来源：常江拍摄）

## 1.3　采矿迹地的特征

### 1.3.1　采矿迹地的基本特征

明晰采矿迹地多样化的类型是认知其基本特征的基础。综合考虑采矿迹地的空间分布、表现形式、历史及用途等因素，本书认为采矿迹地具有离散性、多样性、动态性、复杂性的基本特征。

## 1. 离散性

以矿区所处的位置为依据，采矿迹地分为城区型采矿迹地、城郊型采矿迹地及乡村型采矿迹地三种类别（图 1-9）。城区型采矿迹地指位于城市主城区范围以内因矿产开采而形成的采矿迹地，与城市空间关系密切。游离在主城区边缘的采矿迹地称为城郊型采矿迹地，它同样受到城市发展的影响，处在城市经济发展和城市规划的辐射圈中，与城市联系密切，与城市空间的关系会随着城市发展而发生动态变化。城市中心城区范围以外，处于广袤的郊区及乡村空间的采矿迹地则称为乡村型采矿迹地。

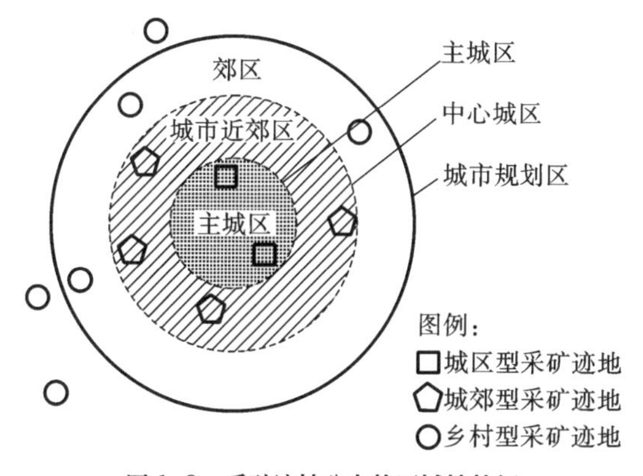


**图 1-9　采矿迹地分布的区域性特征**

（图片来源：作者自绘）

采矿迹地分布零散、斑块大小不一。如各煤矿企业分布零散的特征决定了采矿迹地的分布具有离散性；同时，煤矿企业在开采及生产过程中土地内部的管理单元较为零散，排土场设置及煤矸石堆放随意，导致采矿迹地分布离散。例如，截至 2020 年，山西省某煤炭资源型城市记录在册的矸石山有 200 余座，分别位于 72 个矿区，大大小小的矸石山基本覆盖整个县域（图 1-10），严重影响当地环境质量。

## 2. 多样性

采矿迹地涉及生产、生活和生态用地，按其成因可能是原生产用地，也可能是原生活场地、交通设施用地、农业用地等，空间形态呈现出点、线、面的分异。采矿迹地涵盖不同土地利用类型，表现形式多样（表 1-1）。

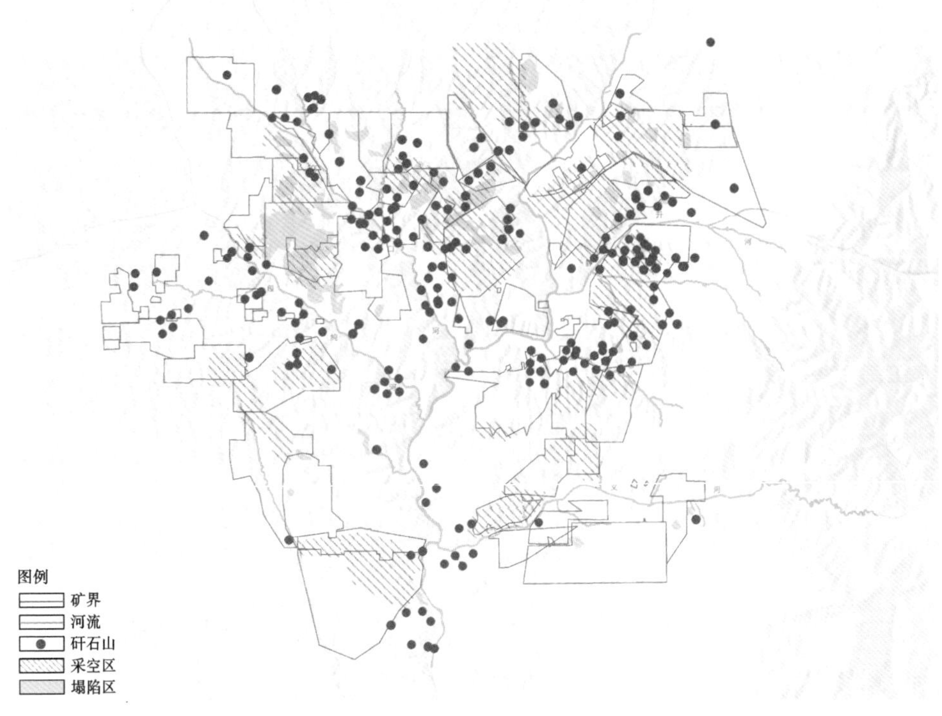


**图 1-10 山西省某县采矿迹地离散性分布**

（图片来源：作者自绘）

**表 1-1 采矿迹地的多样产生方式**

| 成因 | 原用地性质 | 空间形态 | 典型空间 |
| --- | --- | --- | --- |
| 废弃生产场地 | 工业用地 | 点、面 | 储煤场、选矿厂、工业广场等 |
| 废弃生活场地 | 居住、商业等用地 | 面 | 居住区、小卖部、小学、医院等 |
| 废弃交通设施用地 | 交通设施用地 | 线 | 采矿专用铁路、交通场站等 |
| 压占或污染场地 | 未利用地、工业用地 | 点、面 | 排土场、矸石山、尾矿库等 |
| 采煤塌陷地 | 建设或非建设用地 | 面 | 塌陷区、塌陷盆地等 |

（表格来源：作者自绘）

以山西省某煤炭资源型城市为例，其矿产资源丰富，煤田面积 754 $km^2$，地质储量 96 亿 t，可开采储量 50 亿 t，其中 70% 以上是优质焦煤，该地区是全国主焦煤生产基地之一。由于矿产类型与开采方式的差异，该地区的采矿迹地具有多样性特征（图 1-11）。首先，其煤矿开采时间长，开采强度大，引发大面积地面塌陷，达 53.5 $km^2$；其次，其地质灾害点多面广、突发性强、危害性大，2018 年的地质灾害详查报告显示，该地区灾害主要为崩塌、滑坡、不稳定斜坡、泥石流和地裂缝，导致周边居民人身财产安全受到威胁；最后，矸石山压占土地并导致土壤污染，该地区分布有 98 座矸石山。

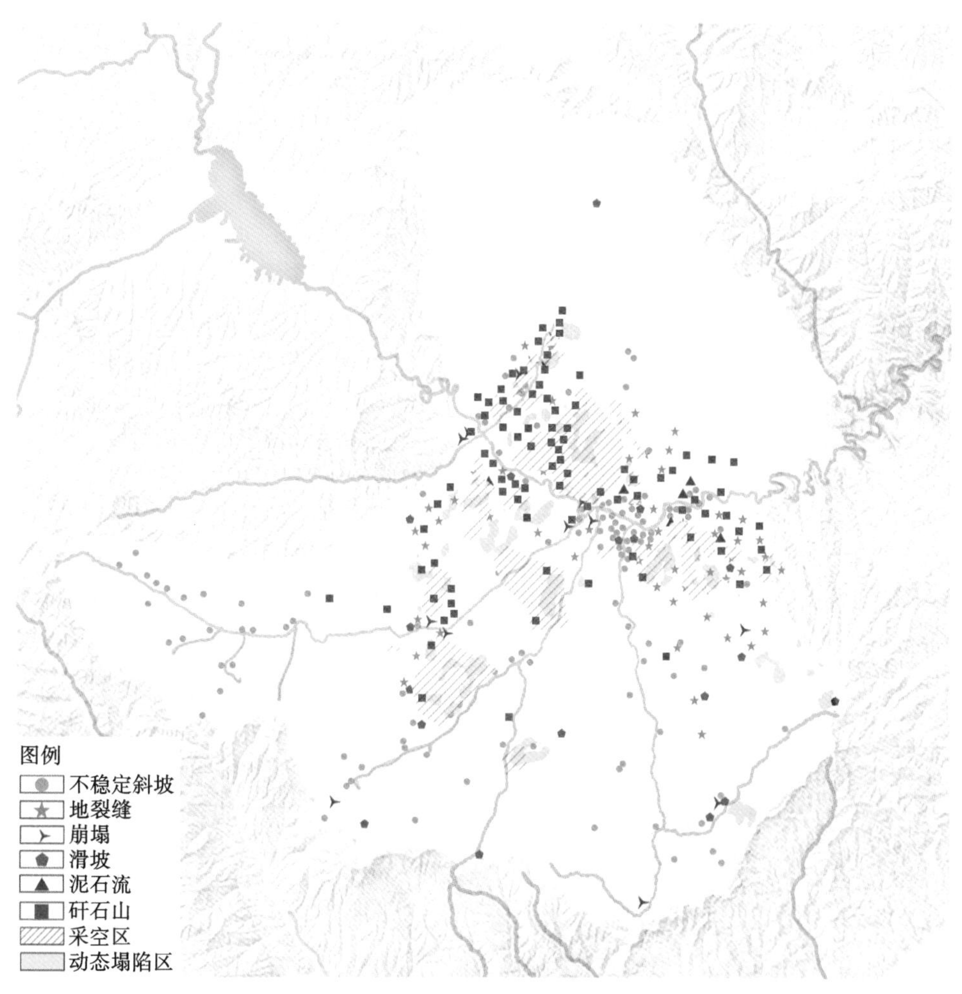


**图 1-11　山西省某煤炭资源型城市采矿迹地具有多样性**

（图片来源：作者自绘）

3. 动态性

采矿迹地因采矿活动的进行而处于动态变化之中。一方面，由于矿业生产活动的进行，地下和地上受其影响的范围在一定时期内均处于动态变化之中，即使采矿活动停止，这种变化也不会立刻停止。以徐州都市区的煤矿为例，虽然截至2016年，所有煤矿都已经停产关闭（图1-12），但部分因采煤形成的塌陷区依然处于动态变化之中，其最终稳沉尚需3～5年的时间。另一方面，矿区土地利用随矿区生产活动、资源赋存量变化而处于动态变化之中。矿区是城市土地利用类型更迭最为频繁的区域之一。

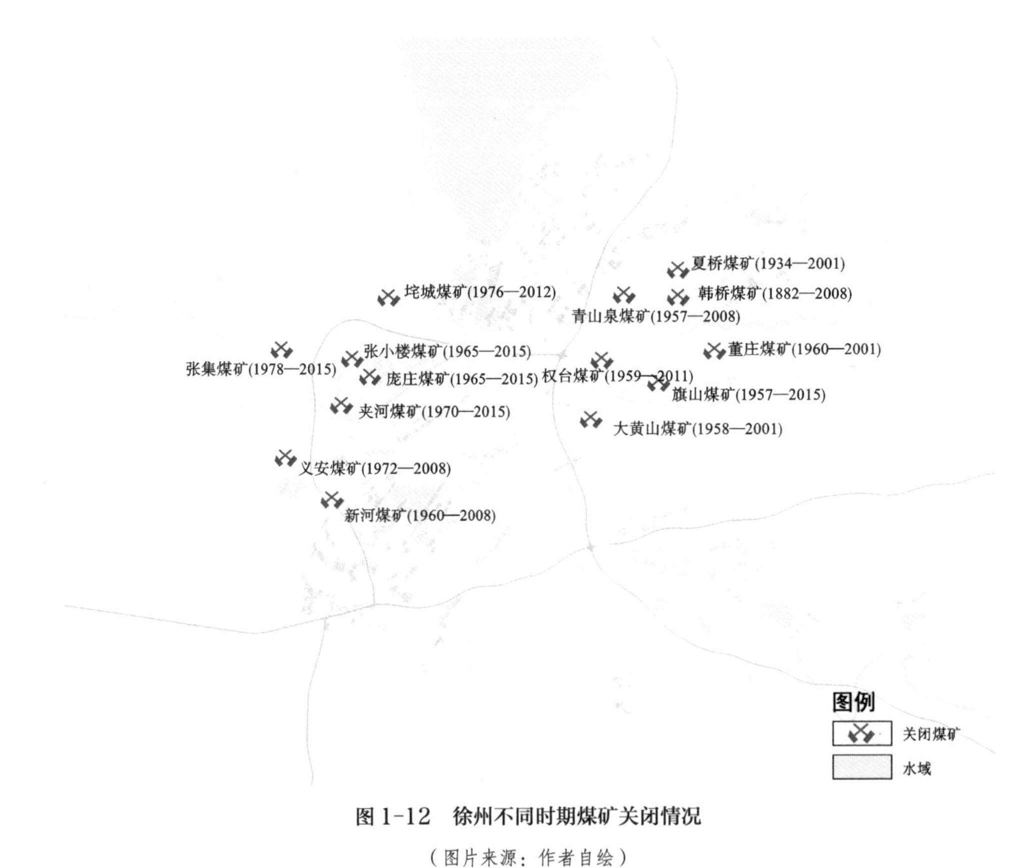


图1-12　徐州不同时期煤矿关闭情况

（图片来源：作者自绘）

以安徽省某上县塌陷型采矿迹地为例，该县2016年累计塌陷面积达35.09 $km^2$，最大下沉深度11.91 m，受影响道路16.28 km，遭受破坏的河流水域

6.56 km², 涉及 5 个乡镇、19 个行政村。截至 2020 年，塌陷面积约 46.06 km²，预测 2030 年塌陷面积约 59.34 km²，预计开采完毕后塌陷面积约 108.48 km²（图 1-13），且在相当长的一段时间内，塌陷型采矿迹地会始终处于动态变化中。

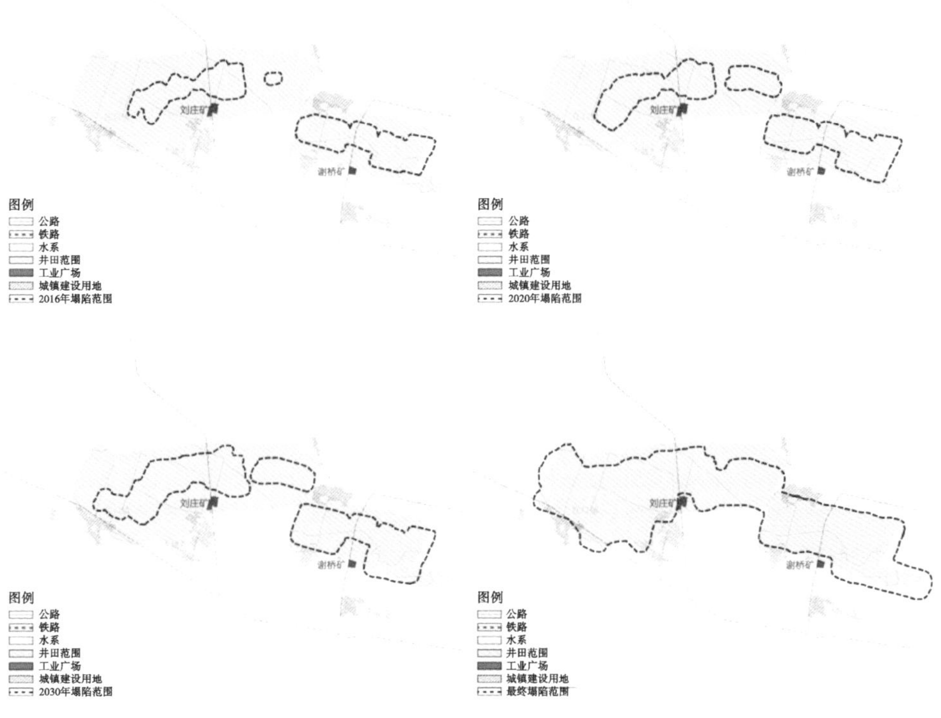


**图 1-13　安徽省某县采矿迹地动态变化**

（图片来源：作者自绘）

## 4. 复杂性

在矿产资源采掘的过程中受开采影响而破坏和闲置的采矿迹地，使用权是归矿产企业所有，还是归地方政府或农村集体经济组织所有，没有统一的规定，致使各利益主体之间纠纷频繁。矿权与地权的效力冲突、采矿供地方式的滞后、土地产权不清等问题，直接影响采矿迹地的生态修复与综合利用。矿产资源的开采使得土地利用形式、地表形态、地层结构、自然生态群落受到影响甚至破坏，这些影响映射到地表所形成的采矿迹地，呈现出形式、规模、污染程度、可利用形式和再利用潜力等的不同，情况复杂而多变（图 1-14）。

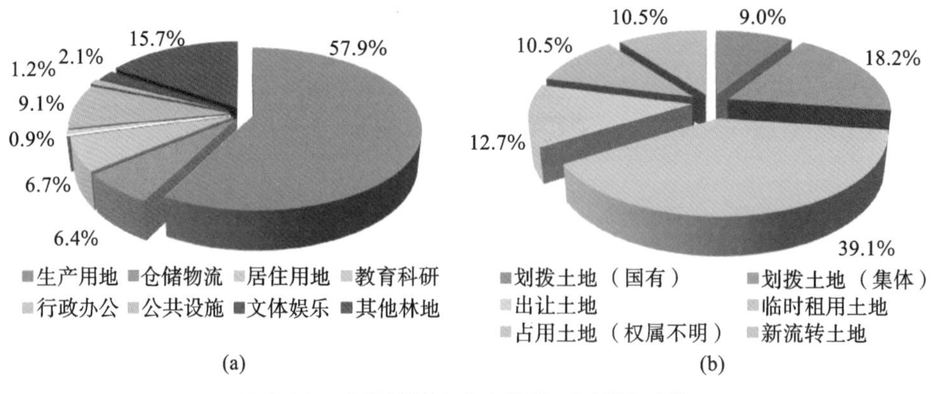


图 1-14　采矿迹地产权和土地利用类型的复杂性

（a）工业广场土地利用状况分析图；（b）工业广场土地权属图

[图片来源：《申美煤矿转型特色小镇发展规划》（2016）]

## 1.3.2　采矿迹地对城市发展的影响

### 1. 空间视角：采矿迹地影响城市空间拓展

采矿迹地是矿产资源型城市社会经济发展到一定阶段的必然产物，采矿迹地与城市空间的关系处于动态变化之中，随着矿业生产的不断推进及我国东部平原城镇化进程的加快，城市建设大规模扩展，采矿迹地与城市建成区越来越近，而矛盾也更加突出，采矿迹地成为影响城市空间布局的重要因素。原本以采矿活动为支柱的城市在城市化过程中产生土地利用类型的变化，同时也伴随着农用地、建设用地和生态用地的此消彼长，城镇建设用地的扩张对城市生态源地的侵占和分割，加剧了城市空间结构的失衡。例如，济宁是“先城后矿”的有依托资源型城市，自 20 世纪 80 年代开始出现采煤造成的地面塌陷，塌陷面积逐渐增加，随着城市的扩张，煤炭开采区域由原来的城郊转变为城区，严重限制了城市的扩展。由于受到采煤塌陷区包围和挤占，城市发展面临无地可用的窘境（图 1-15）。

采矿迹地制约着城市空间发展，在平原地区的资源型城市中表现得尤为明显。

由于采矿迹地以大面积动态塌陷为特征，土地破坏持续时间长，在其稳沉之前基本处于低效利用或荒废状态，因此短期内很难作为城市建设用地。面对采矿迹地的空间限制，一般有反向式发展和蛙跳式发展两种城市发展模式。如徐州北部存在大量塌陷区，因此城市向东向南发展，属于反向式发展；枣庄、永城属于蛙跳式发展，跨越城区东侧的采矿迹地建设新城区，规划对采矿迹地进行景观生态重建后作为生态用地连接新、老城区。

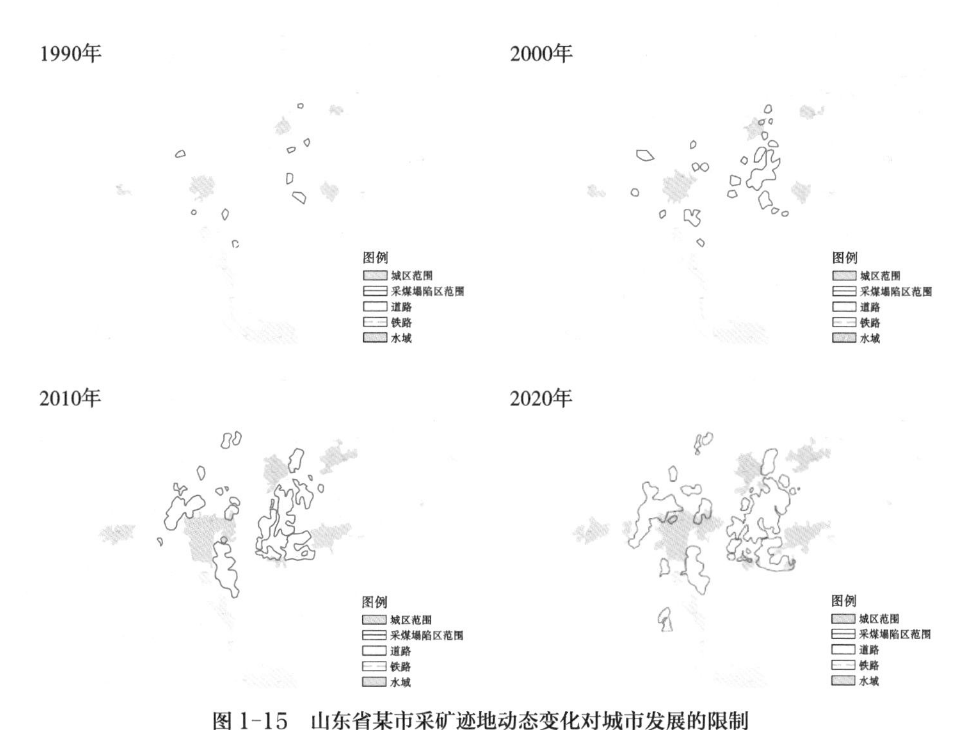


**图 1-15　山东省某市采矿迹地动态变化对城市发展的限制**

（数据来源：《生态系统健康导向下煤炭资源型城市开发边界划定与管控研究》[1]）

## 2. 生态视角：采矿迹地影响城市生态建设

采矿迹地的生态问题，不仅仅局限于土地本身，也不是小范围的破坏。大面积连续的采矿迹地环境结构复杂，割裂了城市原有的生态格局，阻断了生物的迁徙通道，

[1] 周耀 . 生态系统健康导向下煤炭资源型城市开发边界划定与管控研究 [D]. 徐州：中国矿业大学，2022.

污染了城市河湖水系。同时，煤矿粉尘的污染是区域性的，重金属污染随着矸石山淋溶和酸性矿井排水向周围区域扩散，带来的是城市生态环境质量的整体降低、生态系统服务功能的系统减弱。如根据学者对徐州庞庄煤矿周边及外围选取的30个土壤及水样采点的分析结果可知，其Cu、Cd、Pb、Zn、Cr、Hg、As的平均含量是徐州土壤元素背景值的几倍或几十倍，其中Cd的富集程度最高[1]。庞庄煤矿周边及外围是徐州城市以北重要的生态屏障及门户，煤炭开采使得这里的形象变成“污染严重、脏乱差”，严重破坏了城市生态空间结构的完整性。因此，必须打破“就地块论地块”的生态恢复模式，将其纳入城市生态建设的总体规划，区域性地、系统地、动态地对采矿迹地进行生态恢复。采矿迹地的生态恢复是塑造及提升城市形象、打造城市名片的潜在资源，是将城市从资源型城市转变为山水园林城市的关键途径。

**3. 经济视角：采矿迹地影响城市经济转型**

在资源枯竭型城市中，采矿迹地的生态恢复往往伴随着矿业企业的衰退及转型，城市产业结构要从以矿产采掘业为主，转变为不再依赖矿产资源的新型产业结构，变“黑色经济”为“绿色经济”，重新规划采矿迹地及周边土地，逐渐将采矿迹地景观生态重建与城市产业结构转型结合起来。但是采矿迹地地表变形、污染物沉积、生态系统失衡等负外部性导致区域内资本向城市环境较好的区域转移，增加了招商引资和人才引进的难度。不过，也应看到采矿迹地景观生态重建在改善生态环境的同时，为地区经济发展提供了基础，增加了地区吸引力，尤其是将其作为城市公园等生态用地，可直接增加舒适性环境的正外部性，间接带动周边地产价值的攀升，餐饮、零售、居住、旅游等功能的植入，促使第三产业快速发展。

例如，潘安湖国家湿地公园的建设为徐州贾汪区带来了显著的经济效益。周边各村依托潘安湖国家湿地公园，大力调整产业结构，形成了花卉苗木种植、农业观光采摘、农家乐旅游、旅游服务业等一村一品的产业结构。在潘安湖国家湿地公园项目的带动下，乡村农家乐旅游项目蓬勃发展。潘安湖科教创新区、潘安湖生态小镇、乡村振兴示范点马庄村、权台煤矿遗址创意园等作为新城的主要板块已经在落

---

[1] 罗萍嘉，刘茜．徐州市“矿·城”协同生态转型规划策略研究[J]. 中国煤炭，2017，43（12）：5-10，15.

地建设之中。这些项目的实施将迅速改变景区形象，丰富景区内涵，提升景区品质。

### 4. 社会视角：采矿迹地影响城乡统筹建设

大部分采矿迹地处于城市外围空间或城乡接合带地区，随着矿、城、乡关系越来越紧密，城镇建设、乡村生态资源保护、矿产资源开采对于有限的空间资源的争夺，造成不同利益相关者之间的冲突显著。在采矿迹地产生及生态恢复过程中，矿产企业与失地农民之间的矛盾尤为激烈。失地农民是弱势群体，青苗补偿费、搬迁和异地安置补偿费难以支撑农民的基本生活，采矿迹地内及周边的年轻人大部分外出打工，老人和幼童留守村庄。同时企业闭矿后失业的职工也面临着类似的境遇，原有企业组织结构解体，集体大院式的生活方式和交往方式改变，工人村等居住条件落后。总之，采矿迹地伴随着一系列的社会问题而来，对其生态恢复必须妥善考虑弱势群体的利益。对采矿迹地进行生态恢复是推进城乡统筹、解决民生问题的重要途径。

从矿、城、乡统筹的区域背景来看，当采矿业不再是城市的主导及支柱产业时，采矿迹地的负面影响严重阻碍城市生态、经济及社会层面的可持续发展。要将这种负面影响变为积极的推动作用，必须从城市发展的宏观角度来审视采矿迹地的生态恢复，理顺采矿迹地与城市空间的关系，同时将采矿迹地纳入城乡一体的空间规划体系。

# 2

# 采矿迹地景观生态重建政策和研究历程

本章阐述了采矿迹地景观生态重建的内涵、要素、目标，并以我国采矿迹地景观生态重建的历史演变为背景，分析矿区景观变迁的阶段，即以资源开发为主导的自由发展阶段、以土地再利用为目标的土地复垦阶段、生态保护引导下的景观生态重建阶段。梳理与总结采矿迹地景观生态重建的法规与政策演变，基于相关法规与政策颁布的时间将历史演变划分为起步阶段、探索阶段、初步发展阶段和迅速发展阶段，分析采矿迹地景观生态重建研究的发展趋势，为下一步景观生态重建评价模型的设计做铺垫。

## 2.1 采矿迹地景观生态重建的内涵、要素、目标

### 2.1.1 采矿迹地景观生态重建的内涵

#### 1. 采矿迹地景观生态重建的概念

采矿迹地景观生态重建的相关术语定义和应用的混乱导致了工业、科学界和监管机构方面的不确定性。这种不明确的情况可能低估了高期望，或者可能被滥用以掩盖低期望，因此在设定目标、确立目标和评估生态修复效果方面存在问题。

生态重建的概念自产生以来经历了多次定义。其中最早给出定义的是恢复生态学的先驱人物 Bradshaw，他认为生态重建是一种提高受损土地质量或等级，恢复受破坏土地的使用价值，且使其处于生物潜势被恢复状态的行为。随后各国学者对生态重建的概念提出不同见解并展开激烈讨论。目前被广泛接受的为国际生态修复学会（Society for Ecological Restoration，SER）于 2002 年给出的定义：生态重建是协助一个遭到退化、损伤或破坏的生态系统恢复的过程。这里的“恢复的过程”是一个实现生态整体性修复与管理的过程，包括恢复区域的生物多样性、生态过程与结构，实现生态动态平衡，建立与周边自然环境相和谐的生态系统等。Kaźmierczak 等[1]为他们认为在与环境修复和管理相关的文献中常出现的四个术语提供了定义，即

[1] KAŹMIERCZAK U，LORENC M W，STRZAŁKOWSKI P.The analysis of the existing terminology related to a post-mining land use：a proposal for new classification[J].Environmental Earth Sciences, 2017，76（20）：1-10.

“restoration”（重建）、“rehabilitation”（复原）、“reclamation”（复垦）和“revitalization”（复兴）。然而，将这些定义与国际生态修复学会给出的定义进行比较，可以发现由于对相关文献的参考不足而产生了一些矛盾（表 2-1）。

表 2-1 采矿迹地景观生态重建的相关概念辨析

| 术语 | Kaźmierczak 等 | 国际生态修复学会 |
| --- | --- | --- |
| restoration | 矿产开采后场地条件恢复的过程，也就是恢复被改造土地的原状，即退化前的原状的过程 | 协助一个遭到退化、损伤或破坏的生态系统恢复的过程 |
| rehabilitation | 建立一个稳定和自我维持的生态系统，但不一定是在采矿开始前就存在的生态系统，以及根据最初的土地开发计划恢复其土地利用或自然状态 | 旨在恢复一定生态系统功能的直接或间接行动，不寻求生态恢复，而是更新并持续提供生态系统商品和服务 |
| reclamation | 通过适当的土地整形（地面工程、斜坡加固），改善采矿迹地的物理和化学性质，包括采取水调节、土壤恢复和道路建设或重建等措施，恢复退化、毁坏的土地或赋予其可用价值 | 通常指将土地恢复至可以再利用的状态 |
| revitalization | 状态恢复，使该地区有机会发挥效用 | — |

（表格来源：改绘自 *Appropriate aspirations for effective post-mining restoration and rehabilitation: a response to Kaźmierczak et al.* [1]）

在国内，生态重建同土地复垦、生态修复（remediation）、生态复原、再植（revegetation）等概念一起活跃于生态恢复研究领域。这些概念相似，但内涵略有不同，国内有学者对这几个概念进行了科学的辨析和界定，认为与目前矿区环境治理中常用的“土地复垦”概念相比较，“生态重建”具有更为综合的科学含义和技术内涵，其涵盖了矿坑回填、矿区土地平整、露天矿表土覆盖、种植与植被再植等土地复垦内容。在我国，“土地复垦”的内涵与目标正向“生态恢复及重建”扩展，从过去只重视复垦的数量、满足农业生产需求的土地整治，扩展为综合考虑生物多样性、自我持续性与生态演替、社会经济效益的生态系统重建。

---

[1] CROSS A T，YOUNG R，NEVILL P，et al. *Appropriate aspirations for effective post-mining restoration and rehabilitation：a response to Kaźmierczak et al.* [J]. Environmental Earth Sciences，2018，77：256.

生态重建是一种活动或过程，而不是确定一种土地利用类型。它涉及功能性（生态系统的生物和非生物组成部分产生的作用和过程）、特殊性（保持场地原有的独特景观特征）和复原性（受干扰后的恢复能力）生态系统在采矿后地貌上的回归。虽然 Kaźmierczak 等[1]列出了一套采矿迹地再利用备选方案为采矿活动结束后的土地管理提供参考，强调了生态重建中的社会因素[2]，但对指导规划的效用有限。采矿后地区景观生态重建相关术语的使用和应用不明确，可能会导致概念不清晰，如“生态恢复”适用于将采矿迹地恢复为最好质量的情况[3]。然而，在本书中，景观生态重建既强调生态结构和功能的重建，也强调人与自然的共生，采矿迹地景观生态重建是对采矿迹地的审视，可对资源型城市的转型发展和自然保护起到重要作用。

**2. 采矿迹地景观生态重建的内涵界定**

采矿迹地景观生态重建是基于恢复生态学、风景园林学、城乡规划学、工业遗产保护与开发等多种学科的价值理念，立足于采矿迹地景观损坏状况，从优化土地利用结构、重组生态格局、改善人居环境和提升综合效益出发，采取生态设计和规划手段对采矿迹地资源进行重新规划、组织和开发利用，使消极的采矿迹地转化为充满活力的特色发展空间。此处的景观生态重建并非局限于对采矿迹地进行复垦或复绿造林，而是强调采矿迹地的价值再生，寻求最优化开发利用途径，其本质是通过对场地自身及周边环境进行综合治理，实现生态空间修复、生产空间重构和生活空间优化（图 2-1）。其中，生态空间修复是采矿迹地景观生态重建的基础，生产空间重构是采矿迹地景观生态重建的基本要求，生活空间优化是采矿迹地景观生态重建的终极目标。

对于具有不同景观特点和构成要素的采矿迹地，可采取不同的景观生态重建手

---

[1] KAŹMIERCZAK U，LORENC M W，STRZAŁKOWSKI P.The analysis of the existing terminology related to a post-mining land use：a proposal for new classification[J].Environmental Earth Sciences，2017，76（20）：1-10.

[2] MARTIN D M.Ecological restoration should be redefined for the twenty-first century[J].Restoration Ecology，2017，25（5）：668-673.

[3] MCDONALD T，GANN G D，JONSON J，et al.International standards for the practice of ecological restoration—including principles and key concepts[J].Restoration Ecology，2019，27：1-46.

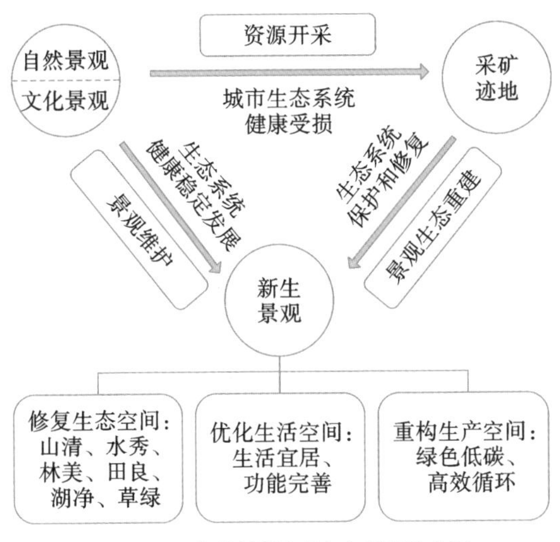


**图 2-1　采矿迹地景观生态重建的内涵**

（图片来源：作者自绘）

法。对于在长期自然演替中已呈现出良好的生物多样性，同时具有保护和再利用价值的采矿迹地，可划入生态保护空间，确保对场地的干预最低，保护生态系统的自然演替，限制人类生产活动，采取基于自然生态演替的反规划设计手段，以简单人工维护控制演替，保护生境特色，充分发挥其生态价值。对于非城市地域位于或邻近农业生产地区的采矿迹地，可划入农业生产空间，在土地综合治理后进行农作物、草地和牧场的轮作，以扩充当地耕地，为城市发展置换更多建设用地。对于积水塌陷型采矿迹地可考虑发展水产养殖业，或者建立水库，从而利于农业生产。对于生物多样性水平不高，但区位良好且具备很大开发潜力的采矿迹地，可划入城镇建设空间，通过较强的人工营造设计与城市界面衔接，以工业遗产开发、游憩廊道设计等高度人工化的设计手段，建立活跃程度较高的城市开敞空间。

### 2.1.2　采矿迹地景观生态重建的要素

采矿活动对自然景观和人文景观造成了许多严重的、不可逆转的损害，通过景观生态重建可为人们重建矿区环境、重塑矿区景观，提供新的发展机会。这些机会表现在以下方面。

（1）虽然采矿活动不可避免地改变了自然地貌，但采矿迹地因其特有的形式和规模也形成了矿区特有的人文景观。采矿迹地是矿区特有的标志，反映了矿区景观的动态变化。这一人文景观的动态变化反映了矿区工业和经济发展的历史，是矿区人民生活变迁的见证。

（2）治理和整治采矿迹地可以在不增加新的用地的基础上，为附近的人提供娱乐休闲场所和空间，也可以为新企业提供工业场地及居住用地。

（3）采矿迹地的不同表现方式丰富了矿区的景观。

（4）长期以来，许多采矿迹地未进行治理和未被干扰地自由发展，形成了新的具有较高生态价值的核心区域。这些核心区域里有各种各样的微生物循环体，为不同的生物（包括许多在其他地区受到威胁的物种）提供了生存空间，为丰富矿区的物种奠定了基础。

采矿迹地景观生态重建主要围绕城市和矿区两个维度进行。

### 1. 城市维度：采矿迹地可以成为城市绿色基础设施建设和城乡融合发展的基本元素

（1）绿色基础设施建设。从城市维度，对绿色基础设施体系中的网络中心（hubs）、连接廊道（links）和小型场地（sites）进行景观生态重建。将采矿迹地转变为绿色基础设施能够提供供给服务、支持服务、调节服务、文化服务等。例如，将采矿迹地转变为林田能为人类提供食物、木材等自然资源，成为人类社会发展的基础；在洪水高发地区，将采矿迹地转变为绿色开敞空间可以增强抵御洪水、风暴等极端事件的能力；由采矿迹地形成的采煤塌陷湿地不仅可以为水禽提供高质量的栖息地，更重要的是通过湿地的生态过程及微生物矿化过程可以消除采矿迹地的污染物；随着城市的建设及扩张，采矿迹地逐渐成为城市空间的重要组成部分，将其转变为公园、体育场、高尔夫球场、钓鱼水域等休憩用地，可承担更多的社区服务及文化娱乐功能。

（2）城乡融合发展。可建立以交通为连接的全域联动的多节点网状城镇化格局，对城镇之间的生态区域予以保留、保护，形成插入城镇空间的“绿楔”、嵌入城镇空间的“绿肺”，提升整个城镇化的生态水平，缓解城镇的生态压力。在城市建成区范围不断扩张的趋势下，保护原有城区、乡村、矿区特有的面貌，避免因城市建设而破坏原有的景观特质，使区域景观单一化。对于处在郊野地区的采矿迹地，多以生态恢复为导向采取覆土种植方式进行修复治理。但对于城区及周边的采矿迹地，为保持区域整体景观风貌，对采矿迹地的修复应结合城乡规划及采矿迹地综合整治专项规划等进行全域设计、分部实施，以采矿迹地治理为契机增加城市生态用地及休闲公园，提升城市片区综合竞争力。

**2. 矿区维度：景观生态重建的基本元素**

（1）未受采矿影响的自然和农耕景观。这些景观形成了矿区环境的基质。

（2）自然水系和水体，以及因采矿而形成的水体（塌陷坑或露天矿坑）。水系是矿区的天然生态廊道，水域则是难能可贵的图斑。

（3）矸石山。改变矸石山的堆砌形式，使其变成矿区景观的有机组成部分，同时矸石山上的微生态循环体也可以为某些动植物提供良好的生存空间。

（4）停采矿井的工业广场。采矿遗留下来的废弃地块，即工业荒地，在工业生产过程中，虽然处于工业广场的中心地带，却在偶然的情况下，处于被遗忘的角落。许多生存受到威胁的物种在这里重新找到了安身之地，由此形成了矿区自然生态景观斑块。

（5）矿区中的交通基础设施。其是矿区的主要廊道，将矿区中的矸石山、塌陷坑、工业厂房、工业荒地等连接起来。

（6）矿区工业发展过程中的一些标志性建筑和典型的工人村，以及其他具有保护价值的历史遗迹。

### 2.1.3 采矿迹地景观生态重建的目标

对采矿迹地景观生态进行重建，不是对一个塌陷区的治理、一座矸石山的复垦、一个工业厂房用途的更改，而是立足国土空间规划，从区域整体发展角度出发，改善区域整体的生态环境、景观，重新利用受破坏的土地，是对矿区生态、环境和景观的全面整治和重塑。即在国土空间规划引导下，摸清采矿迹地生态本底，围绕生态环境、农业生产、城镇建设三方面进行景观生态重建。以全域城乡空间的生态一体化作为基本的布局架构，实现生产空间、生活空间与生态空间的有机融合，达到优化景观生态安全格局、实现安全韧性发展的目的。采矿迹地景观生态重建的具体目标如下。

（1）重新设计和塑造已存在的采矿迹地，寻求其同自然景观的融合途径，并从经济、生态和美学的角度，创建具有较高价值的景观。

（2）重建矿区的水利，恢复遭破坏的水力平衡和保护水力资源。

（3）改变矿区的整体形象，吸引新的企业到矿区安家落户。

（4）加强对自然的保护，建立矿区生态的基 - 廊 - 斑，维护和连接存在于矿区内的具有较高生态意义的微小循环体，对采矿迹地的功能结构进行分解，设立相应的生态功能区，如自然保护优先区、农林业用地优先区、水资源平衡优先区。

（5）重建意味着不仅是改善采矿迹地的状况，保护环境，而且应当为经济发展提供基地。从长远发展着想，采矿活动完成之后，矿区应成为拥有良好的环境，同时能提供充分就业机会的区域。

这五个目标是相互交错、相互联系的。只有采矿活动、土地复垦、农业发展、生态建设及土地和资源的合理利用同时得到重视，才可以切实提升矿区的形象和实力，使矿区的潜力得到充分发挥。

## 2.2　采矿迹地景观生态重建的历史演变

党的十八大以来，国家对生态文明建设的要求日益提高。改善城市生态环境，加强对采矿迹地的景观生态重建成为促进资源型城市可持续发展的重要支撑。20 世纪 80 年代，因采矿活动引发的环境问题开始增多，我国的矿区土地复垦开始起步，环境保护的意识初步形成。至 20 世纪 80 年代末，将采矿迹地变废为宝的理念被引入矿区土地复垦领域，部分地区开始进行采矿迹地景观更新的探索。进入 21 世纪，我国经济发展进入了新的阶段，采矿迹地的生态和经济价值逐渐得到重视，其景观生态重建既是改善生态环境和人居环境的有效途径，也是提升经济效益、提高土地利用效率、解决社会问题的一剂良药。

### 2.2.1　阶段划分的依据

我国矿产资源种类多、产量较大，在开采过程中对土地和生态环境造成了严重的破坏，解决相关问题的重要手段之一就是矿区土地复垦。自 20 世纪 80 年代以来，我国政府逐步推进采矿迹地土地复垦政策的改革，经过多年的探索，我国采矿迹地景观生态重建政策不断实施，借鉴先进的成功经验，我国在该方面的工作取得了较大的进步，相关政策不断趋于成熟。因此，梳理我国采矿迹地景观生态重建的法规与政策发展过程，以便明晰我国采矿迹地景观生态重建的历史演变阶段（图 2-2）。

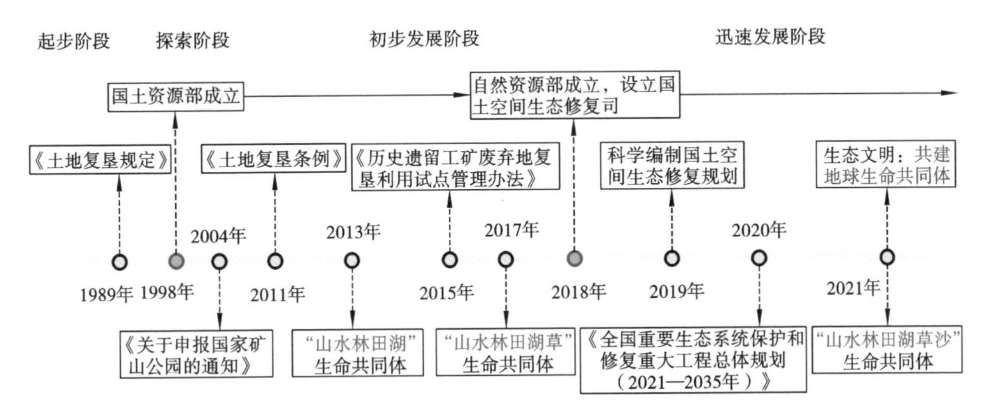


**图 2-2　我国采矿迹地景观生态重建法规与政策发展过程**

（图片来源：作者自绘）

我国采矿迹地景观生态重建有四个重要节点，分别是 1989 年《土地复垦规定》的实施、1998 年国土资源部的成立、2011 年《土地复垦条例》的实施、2018 年国土空间生态修复司的设立。

### 1.《土地复垦规定》的实施，使我国土地复垦工作走上法制化的道路

我国围绕土地开展的复垦类工作在 20 世纪五六十年代就已出现，但由于受社会发展所限，当时理解的复垦与现时有所差别。1982 年 5 月国务院颁布的《国家建设征用土地条例》中规定工程建设占用临时用地时，应当“恢复土地的耕种条件”。随着社会发展与认识水平的提高，人们对复垦的认识也产生了变化。1986 年颁布的《中华人民共和国矿产资源法》与《中华人民共和国土地管理法》也对此进行了规定，但是只是提出了原则性要求。1988 年国务院颁布《土地复垦规定》，并于 1989 年 1 月 1 日开始实施，这是我国土地复垦发展历程中的一个重要里程碑，使我国土地复垦工作走上法制化的道路。《土地复垦规定》里首次提出了土地复垦的含义与“谁

破坏、谁复垦”的原则。

**2. 国土资源部的成立，使我国土地复垦事业走上规范化的道路**

1998 年 3 月 10 日，第九届全国人民代表大会第一次会议第三次全体会议表决通过《关于国务院机构改革方案的决定》，由地质矿产部、国家土地管理局、国家海洋局、国家测绘局共同组建国土资源部，在部门中成立了耕地保护司和土地整理中心，负责全国的土地复垦工作，使我国土地复垦事业走上规范化的道路。

**3.《土地复垦条例》的实施，标志着我国土地复垦事业迈入了法制化、规范化和制度化管理的新阶段**

由于历史原因，我国每年因生产建设活动损毁的土地数量巨大。由于资金落实不到位，土地复垦质量达不到规定要求，大量的历史遗留损毁土地不能得到及时复垦。随着我国经济的发展，1989 年实施的《土地复垦规定》中的许多规定已经不再适用，主要体现为：监督管理的不健全，对土地复垦义务人履行土地复垦义务缺乏约束作用；复垦责任主体规定模糊，使得大量的历史遗留损毁土地得不到复垦；复垦资金制度不完善，使得复垦资金渠道难以得到保障。而且随着生产建设活动强度的不断增大，土地复垦工作中出现了许多新的问题和情况，需要在法律法规方面进行完善，因此需全面修改《土地复垦规定》。

从 2003 年开始起草修改，经过多年的论证，并征求相关部门的意见，到 2011 年，国务院颁布实施了《土地复垦条例》。《土地复垦条例》是在《土地复垦规定》基础上的进一步完善，对《土地复垦规定》的一些不再适应市场经济要求的条款进行了修改，标志着我国土地复垦事业迈入了法制化、规范化和制度化管理的新阶段，是我国土地复垦法制化建设的又一个里程碑。

**4. 自然资源部成立，设立国土空间生态修复司，标志着我国将采矿迹地景观生态重建纳入生态系统保护和修复**

采矿迹地再开发和再利用一直是我国矿区生态修复领域的研究热点，关系着资源型城市的经济发展、社会安定和生态安全，因此也成为“城市双修”的重要内容。2018 年国务院机构改革之后，原国土资源部调整为自然资源部，并设立了国土空间生态修复司。采矿迹地景观生态重建在以往土地复垦和地质环境治理恢复的基础上进一步提升，按照完整的自然生态系统统一考虑，高度重视矿区生态系统和生态功能恢复。2019 年 10 月 22 日，自然资源部发布《关于建立激励机制加快推进矿山生态修复的意见（征求意见稿）》，提出需遵循“谁修复、谁受益”原则，通过赋予一定期限的自然资源资产使用权等奖励机制，吸引各方投入，推行市场化运作、开发式治理、科学性利用的模式，加快推进矿山生态修复。2020 年《中共中央关于制定国民经济和社会发展第十四个五年规划和二〇三五年远景目标的建议》发布，强调了“提升生态系统质量和稳定性”“坚持山水林田湖草系统治理”的发展理念，提出“健全自然资源资产产权制度和法律法规”的行动指南，这为采矿迹地生态修复提供了政策指引。

### 2.2.2 采矿迹地景观生态重建发展阶段

**1. 起步阶段**（1989 年之前）

进入 20 世纪 80 年代，我国的改革开放开始起步。在以生态环境破坏为代价的快速发展中，因采矿活动引发的环境问题也开始增多，矿区土地复垦开始起步，环境保护意识初步形成。我国逐渐开始重视土地复垦工作，从原来的自发、零散的状态转变为有目的、有组织、有计划、有步骤的状态，但是土地复垦并没有法律依据为其提供保障。从 20 世纪 80 年代初到 80 年代末，采矿迹地土地复垦率仅从 1% 提高到 5% 左右。这一阶段矿区土地复垦工作的进行，在一定程度上促进了我国有关土地复垦的学术研究和教育机构的形成。1985 年在安徽省淮北市召开了第一届全国土地复垦学术讨论会，大会研讨的内容涉及了土地复垦立法与政策条例，建议应该尽快制定和颁布有关土地复垦的法律法规。1987 年召开了第二次全国土地复垦学术讨论会，并成立了中国土地学会土地复垦研究会。马恩霖等翻译了《露天矿土地复垦》，林家聪、陈于恒等翻译了苏联有关土地复垦的图书《矿区造地复田中的矿山测量工作》。这两本书中都有关于国外土地复垦的做法与经验。这一阶段的理论研究成果为《土地复垦规定》的制定奠定了理论基础。

**2. 探索阶段**（1989—2011 年）

进入 20 世纪 90 年代，可持续发展的思想深入人心，土地复垦作为矿区可持续发展的重要手段，受到人们的重视。随着我国经济体制由计划经济向市场经济转变，《土地复垦规定》中的许多条款已经不再适用，但是“谁破坏、谁复垦”的原则仍然适用。在 1989 年 1 月实施的《土地复垦规定》中明确提出了要按照“谁破坏、谁复垦”的原则进行复垦，采矿企业作为矿产资源开采的直接主体，理应成为土地复垦的责任人。但是规定中也提出了在生产建设过程中破坏的土地，也可以由其他企业与个人承包进行复垦。可以看出，《土地复垦规定》没有建立对企业必须履行义务的必要约束机制，未做强制性要求，这就使得复垦责任主体不清晰。在《中华人民共和国煤炭法》（1996）中也明确提出，因开采煤炭压占土地或造成地表土地塌陷、挖损，由采矿者负责进行复垦。可以看出，采矿企业作为对土地造成破坏的责任主体，应当成为复垦责任主体，但是并没有约束机制来强制其复垦。

1998 年国土资源部成立，下设耕地保护司和土地整理中心，来负责全国的土地复垦工作。同年，《中华人民共和国土地管理法》进行了第二次修改，于 1999 年 1 月 1 日开始施行，并在《农业综合开发土地复垦项目管理暂行办法》的基础上，依据《中华人民共和国土地管理法》及其实施条例，实行占用耕地补偿制度。此后，土地开发整理行业标准相继出台，使土地复垦工作更加规范化与科学化。2000 年在北京召开了首次国际土地复垦与生态重建学术研讨会，标志着我国土地复垦与生态重建研究开始与国际接轨，可以吸收更多的新鲜血液来指导我国矿区土地复垦工作。

这一阶段，关于土地复垦后土地用途的选择变得多样化。2004 年 11 月，国土资源部发出《关于申报国家矿山公园的通知》。国家矿山公园建设是针对我国矿山存在的大量生态环境问题在短时间内较难解决，在体制、法制、资金筹措上又存在诸多困难的情况而采取的一种处理方式。2006 年 1 月，《国土资源部办公厅关于加强国家矿山公园建设的通知》（国土资厅发〔2006〕5 号）中指出矿山公园建设要与矿山环境恢复治理工作有机结合，发挥其更大的综合效益。同年 9 月，《国土资源部、国家发展改革委、财政部、铁道部、交通部、水利部、国家环保总局关于加强生产建设项目土地复垦管理工作的通知》（国土资发〔2006〕225 号）中提出对被破坏的土地进行调查和适宜性评价，按照“因地制宜，综合利用”的原则，合理确定复垦土地用途，被破坏的土地要优先复垦为农用地，用于种植、林果、畜牧、渔业等农业生产。可以看出，复垦后土地的利用方向是多样的，复垦的目标也是多样的，绝不仅仅是恢复土地的耕种条件，而是采取因地制宜的方式进行复垦，优先用于农业。

2011 年 3 月 5 日国务院颁布实施了《土地复垦条例》，这是我国土地复垦事业进步的重要标志，为矿区土地复垦工作提供了全新机遇。《土地复垦条例》的实施，对我国加强与规范土地复垦事业产生了积极影响，对于坚守 18 亿亩（1 亩≈ 666.67 $m^2$）耕地红线、保障发展、保证国家粮食安全，建设资源节约型、环境友好型社会具有重要的现实意义和深远的历史意义。我国采矿迹地土地复垦政策对土地复垦的监督管理有了进一步明确，由国土部门监管。《土地复垦条例》中规定全国的土地复垦监管工作由国务院国土资源主管部门负责，县级以上地方人民政府国土资源主管部门负责本行政区域内的土地复垦监管工作。

复垦责任主体开始多元化，划定了历史遗留损毁土地的复垦责任主体，提出吸引社会力量进行复垦。法规中明确了土地复垦的责任人，对历史遗留损毁土地复垦的责任主体也有了规定，并且提出了要吸引社会力量进行复垦。《土地复垦条例》规定了生产建设活动损毁的土地，按照“谁损毁，谁复垦”的原则，由生产建设单位或者个人负责复垦；历史遗留损毁土地，由县级以上人民政府负责组织复垦或者按照“谁投资，谁受益”的原则，吸引社会投资进行复垦。

**3. 初步发展阶段**（2011—2018 年）

十八大以来，随着生态文明制度体系的逐步完善和“绿水青山就是金山银山”理念的不断深入，矿山生态修复的范畴、目标、路径等得到了极大拓展，随着我国经济发展进入新的阶段，采矿迹地的生态和经济价值逐渐得到重视。关于国土空间生态修复规划的系列政策的出台标志着中国的采矿迹地治理进入了初步发展阶段，也标志着中国的采矿迹地景观生态重建与生态修复开始有机统一。先后出台的《关于加强矿山地质环境恢复和综合治理的指导意见》《关于加快建设绿色矿山的实施意见》《自然资源部关于探索利用市场化方式推进矿山生态修复的意见》等系列文件，更是不断打破制约矿山生态修复的政策束缚，扩大了投资主体范围，释放了资源收益潜力。同时，矿山生态修复的系统性、全局性及与生态产业的融合性不断增强，从 2013 年提出“山水林田湖”是一个生命共同体，2017 年提出“山水林田湖草”

是一个生命共同体，到 2018 年组建自然资源部，强调“必须树立和践行绿水青山就是金山银山的理念，统筹山水林田湖草系统治理”。采矿迹地被纳入“山水林田湖草”生态保护修复工程试点。采矿迹地景观生态重建从最初的简单复绿到地貌重塑、土壤重构、植被恢复，逐渐过渡到生态产品质量提升与生态产业开发经营协同推进。

**4. 迅速发展阶段**（2018 年至今）

2019 年 5 月，中共中央、国务院颁布《关于建立国土空间规划体系并监督实施的若干意见》，标志着自然资源部门主导的全国范围的国土空间规划编制工作正式启动和国土空间规划体系的逐步建立完善。2019 年 10 月 22 日，自然资源部发布《关于建立激励机制加快推进矿山生态修复的意见(征求意见稿)》。2020 年 6 月印发的《全国重要生态系统保护和修复重大工程总体规划（2021—2035 年）》强调，要着眼于提升国家生态安全屏障体系质量，聚焦国家重点生态功能区、生态保护红线、自然保护地等重点区域，突出问题导向、目标导向，坚持陆海统筹，妥善处理保护和发展、整体和重点、当前和长远的关系，推进形成生态保护和修复新格局。坚持山水林田湖草是生命共同体理念，遵循生态系统内在机理，以生态本底和自然禀赋为基础，关注生态质量提升和生态风险应对，强化科技支撑作用，因地制宜、实事求是，科学配置保护和修复、自然和人工、生物和工程等措施，推进一体化生态保护和修复。2021 年发布的《国务院办公厅关于鼓励和支持社会资本参与生态保护修复的意见》(国办发〔2021〕40 号)，将矿山生态保护修复作为六大重点领域之一，为矿区生态环境治理提供了多元资金来源。

## 2.3 采矿迹地景观生态重建的研究发展趋势

### 2.3.1 从单一植被恢复研究拓展到生态系统整体保护修复的景观生态重建研究

20 世纪 50 年代，欧美等发达国家意识到矿产资源开采造成了环境问题并开始进行相关研究，开展了植树造林等修复性工作。20 世纪 70 年代后，各国开始重视土地复垦，从生态恢复的视角对采矿迹地进行了土壤改良、植被修复、水体修复、固体废弃物再利用等研究与实践，并颁布了相关的法律法规。20 世纪 80 年代后，随着景观生态学理论和可持续发展思想的蓬勃发展，国外更加关注采矿迹地的景观生态重建与矿区的可持续发展，将空间规划作为有效手段，将采矿迹地转化为绿色空间从而构建城市绿色基础设施。20 世纪 90 年代以来，生物技术、化学技术、地理信息系统等技术大范围地应用到采矿迹地的景观生态重建过程中，有利于生态、经济及社会协同发展。

我国正式的土地复垦与生态修复工作始于 20 世纪 80 年代，在国家方针政策的指导下，我国逐步形成了以恢复采矿迹地生态环境为核心的理论与技术。1989 年 1 月 1 日正式实施的《土地复垦规定》标志着我国土地复垦与生态修复工作走上了法制化的道路。在“以粮为纲”的年代，相关研究主要集中于将采矿迹地复垦为农田，以保障矿区人民的基本生活。当时，学者多从土地复垦的角度研究矿区植被的恢复、塌陷地的分类、矿区多元化的生态功能。近年来，随着社会经济发展及环境问题的全球化，以可持续发展为目标的景观生态重建逐步成为研究热点。自生态系统服务概念引入后，采矿迹地的景观生态重建在追求经济效益的同时重点考虑生态系统安全及环境系统的健康高效发展，更加关注矿区环境、城乡统筹发展，以及城市产业转型对城乡生态体系恢复重建的促进作用。

2019 年 5 月，《关于建立国土空间规划体系并监督实施的若干意见》中明确提出国土空间生态修复的实施要求：“坚持山水林田湖草生命共同体理念。”系统实施国土空间生态修复成为新时期国家生态文明建设的重大战略需求，而矿山生态修复是实现生产空间集约高效、生活空间宜居适度、生态空间山清水秀的重要内容之一。根据国土空间规划全域全要素综合管控的新要求，应运用总体城市设计思维进行矿山公园规划设计，充分利用现有的景观资源，较好地保留场地历史文化，将矿山建设区与自然环境融为一体。学界从多学科的视角总结出景观生态重建的原则、基本模式和技术手段，并将采矿迹地纳入完善资源型城市生态格局、实现可持续发展的体系。

### 2.3.2　从修复治理的效果评价研究转向基于价值识别的综合改造利用研究

采矿迹地景观生态重建的评价研究不断深入，既包括生态、社会、经济等多重效益的终端效果评价，也包括景观生态重建前期的综合价值预判，体现了人类社会与自然关系研究的进一步深化。相关研究不仅重视采矿迹地景观生态重建的效果，对于重构空间产生的生态、经济及社会效益也十分关注，认为生态修复后的采矿迹地具有美化城市景观、促进商业发展、增加居民收入等社会 - 生态价值。在实践中，相关案例也多基于采矿迹地的生态环境价值、经济价值、景观美学价值及历史文化价值等综合价值，围绕采矿迹地的规划设计、游客偏好及景观生态重建后的效益评估等进行综合改造利用（表 2-2）。

表 2-2　国外基于价值识别的采矿迹地评价研究

| 价值类别 | 评价方法 | 研究区域 | 文献来源 |
| --- | --- | --- | --- |
| 社会 - 经济 - 生态综合价值 | 土地适宜性评价、可行性评估 | 印度尼西亚南苏门答腊 | Kodir 等 [1] |
| | 可持续评价地理信息系统 | 美国西弗吉尼亚州云杉 1 号矿区 | Craynon 等 [2] |
| 生态价值 | 景观演变模型——SIBERIA | 澳大利亚皮尔巴拉地区 | Hancock[3] |
| 生态、社会价值 | 生态系统可持续评估——土地利用数据 | 印度尼西亚明古鲁中部地区 | Suhartoyo 等 [4] |

[1] KODIR A，HARTONO D M，HAERUMAN H，et al.Integrated post mining landscape for sustainable land use：a case study in South Sumatera，Indonesia[J].Sustainable Environment Research，2017，27（4）：203-213.

[2] CRAYNON J R，SARVER E A，RIPEPI N S，et al.A GIS-based methodology for identifying sustainability conflict areas in mine design—a case study from a surface coal mine in the USA[J]. International Journal of Mining，Reclamation and Environment，2015，30（3）：197-208.

[3] HANCOCK G R.The use of landscape evolution models in mining rehabilitation design[J].Environmental Geology，2004，46（5）：561-573.

[4] SUHARTOYO H，HUSAINI A，SUSATYA A，et al.Assessment of unexpected mine closure towards sustainable landscape：case of a coal mining lease at Central Bengkulu[C]//ZARKANI A.Proceedings of the international seminar on promoting local resources for sustainable agriculture and development（ISPLRSAD 2020）.Paris：Atlantis Press，2021：518-522.

续表

| 价值类别 | 评价方法 | 研究区域 | 文献来源 |
|---|---|---|---|
| 社会、经济价值 | 半结构化访谈 | 澳大利亚利克里克矿 | Hine[1] |
| | 问卷调查 | 波兰南部克拉科夫 Sosnowiec 矿场 | Krzysztofik 等[2] |
| 景观美学价值 | 景观视觉质量评价、网络问卷调查 | 捷克霍穆托夫 - 特普利采盆地 | Svobodova 等[3] |
| | 景观吸引力评价——语义差异法、景观熵评价法、点评价法 | 波兰西南部的 ślęża 景观公园、英国温斯皮特石灰石采石场 | Baczyńska 等[4] |
| 历史文化价值 | 生境景观经济货币评估——赫森生物区系评估方法 | 捷克 Kluk 矿区、Zajeci 矿区、Napajedla 矿区 | Brus 等[5] |

（表格来源：作者自绘）

我国关于生态与经济效益的评价研究较为成熟，并且提出了如生态恢复效果评价体系、综合治理有效性评价、社会生态系统转移力三维评价模型等较为完整的评价指标体系和评价方法。刘海龙基于整体规划的视角，提出根据区域自然与社会经济特点及发展方向确定开发利用方式[6]；张璐构建了由水文、地质、生物、文化 4 个子系统构成的城市边缘废弃矿山区域生态安全格局评价模型，提出引导

[1] HINE A.Disrupting landscape：enacting zones of socio-material entanglement for alternative futures[J]. The Extractive Industries and Society，2021，8（2）：100889.

[2] KRZYSZTOFIK R，DULIAS R，KANTOR-PIETRAGA I，et al.Paths of urban planning in a post-mining area. A case study of a former sandpit in southern Poland[J].Land Use Policy，2020，99（3）：104801.

[3] SVOBODOVA K，SKLENICKA P，MOLNAROVA K，et al.Visual preferences for physical attributes of mining and post-mining landscapes with respect to the sociodemographic characteristics of respondents[J]. Ecological Engineering，2012（43）：34-44.

[4] BACZYŃSKA E，LORENC M W，KAŹMIERCZAK U.Procedure for evaluation of the attractiveness of the quarries' landscape[J].Acta Geoturistica，2017，8（1）：1-10.

[5] BRUS J，DEUTSCHER J，BAJER A，et al.Monetary assessment of restored habitats as a support tool for sustainable landscape management in lowland cultural landscapes[J].Sustainability，2020，12（4）：1341.

[6] 刘海龙 . 采矿废弃地的生态恢复与可持续景观设计 [J]. 生态学报，2004（2）：323-329.

国土空间布局优化的方法[1]。而在景观生态重建的过程中，杨宸等从社会稳定测度、社会发展程度测度及社会公平与效率程度测度出发，对沛县采煤塌陷区人工湿地进行社会效益评价[2]；金云峰等以德国鲁尔区为例，从地方管理和公众参与等方面出发提出创造性地推动工业城市的发展与活化，完善城市的景观结构并提升文化内涵[3]。

由此可见，随着生态修复相关理论和实践的深入，采矿迹地景观生态重构后的质量与效果是否达到预期目标备受关注，研究的重心逐步从生态系统修复质量评价转向关注社会 - 经济 - 生态的综合价值评价。此外，随着我国国土空间规划的提出，学界逐渐由建成项目效果评价研究转向价值识别的前端预判，以提出最优综合改造利用方案。

### 2.3.3 从单一地块的案例研究转向区域性景观规划设计研究

采矿迹地随着采矿产业的发展、城市化的推进、资源枯竭型矿区的不断出现而受到人们的关注。国外已形成多层次、多维度的有关采矿迹地景观重塑和景观综合设计的研究，而国内相关研究起步较晚，起初以风景园林学科为主导，研究以景观设计及艺术手段对采矿迹地进行改造。随着城市更新、资源型城市转型及土地置换需求的增大，涌现出许多采矿迹地景观生态重建的案例，如焦作中福矿业遗产保护、陕西榆林金鸡滩矿区景观改造、徐州采煤塌陷地生态修复、包头白云鄂博矿山文化公园建设等。

随着研究尺度的增大，数字技术的进步促进了景观生态重建技术的变革。在不同尺度的景观规划中，数据获取的方式不同。在大尺度的规划中，运用轻小型无人机航测技术，可获得航测区域的高精度大比例尺二维或三维地形图，或者采用高分辨率卫星影像快速、准确地识别矿区塌陷群及其细节特征。在规划分析方面，“千

---

[1] 张璐 . 生态安全格局视角下城市边缘废弃矿山生态修复路径研究——以天津市蓟州区为例 [J]. 景观设计，2019（6）：38-47.

[2] 杨宸，童尧 . 采煤塌陷区人工湿地改造社会影响评价——以江苏省沛县为例 [J]. 安徽农业科学，2016，44（35）：228-231.

[3] 金云峰，方凌波，沈洁 . 工业森林视角下棕地景观再生的场所营建策略研究——以德国鲁尔为例 [J]. 中国园林，2018，34（6）：70-74.

层饼”式的分析方法现已成为 GIS（geographic information system，地理信息系统）技术的标志，但其发展理念仍根植于景观规划思想。数字技术为在景观规划中评价与分析地质、地形、水文、植被、动物、气象、周围环境等提供了可能。此外，越来越多的学者从资源型城市转型角度出发对采矿迹地景观生态重建进行研究，或在资源型城市整体发展系统之中引入景观生态规划，探寻资源型城市可持续发展的理论依据、景观生态规划模式及未来的发展趋势[1]，或从系统论角度，以协同发展理论为基础，构建“矿・城”协同转型系统模型，提出具有针对性的资源枯竭型城市生态规划转型策略[2]。这些研究表明，采矿迹地景观生态重建的研究不再停留于微观的单一地块层面，而是将其纳入国土空间规划体系，基于生态设计的理念，从宏观和中观层面进行区域性、大尺度的空间规划设计。

### 2.3.4 从以责任主体为主的研究转向多方利益主体参与研究过程

欧美国家通过法律明确采矿企业的责任权属，并对闭矿后的土地复垦工作有着明确规划，因此闭矿后的景观生态重建有着较完善的制度基础。美国于 1977 年颁布了第一部全国性的土地复垦法规——《露天采矿管理与复垦法》，明确了矿业废弃地生态恢复的责任权属问题，即历史遗留矿区的生态恢复由政府负责，在采矿区的生态修复由采矿企业负责。德国通过法律条例监督矿业公司的采矿行为和纳税情况，以保证修复工作顺利开展，并通过公众参与和修复技术实现矿区生态补偿和环境效益平衡的目的。1969 年，英国颁布了《矿山采矿场法》，规定由矿业公司负责土地整治，矿山公司在申请开矿时，需提出完整的生态恢复和土地复垦方案。

我国采矿迹地的土地权属复杂，涉及多方主体，本书通过梳理相关政策演变（表 2-3），发现我国采矿迹地景观生态重建正从明确的单一责任主体（企业）向多方利益主体（企业、政府、社会资本）转变，以促进社会各界力量参与国土空间生态保护修复。

---

[1] 董霁红，卞正富，宋冰，等 . 矿业城市景观生态规划的研究——以徐州市为例 [J]. 矿业研究与开发，2006（4）：105-108.

[2] 罗萍嘉，刘茜 . 徐州市“矿・城”协同生态转型规划策略研究 [J]. 中国煤炭，2017，43（12）：5-10，15.

表 2-3 采矿迹地景观生态重建相关责任主体政策演变

| 发布时间 | 责任主体 | 政策文件 |
| --- | --- | --- |
| 1988 | 提出了“谁破坏、谁复垦”的原则，明确了相关企业和个人为复垦责任主体 | 《土地复垦规定》 |
| 2007 | 引导和规范各类市场主体承担资源补偿、生态环境保护与修复等方面的责任和义务，明确企业是资源补偿、生态环境保护与修复的责任主体 | 《国务院关于促进资源型城市可持续发展的若干意见》 |
| 2011 | 按照“谁损毁，谁复垦”的原则，生产建设单位或者个人为生产建设活动损毁土地复垦责任主体；县级以上人民政府为历史遗留损毁土地及自然灾害损毁土地的复垦责任主体 | 《土地复垦条例》 |
| 2017 | 创新机制，厘清政府、市场和社会边界 | 《关于加快建设绿色矿山的实施意见》 |
| 2019 | 历史遗留矿山废弃国有建设用地修复后拟改为经营性建设用地的，在符合国土空间规划前提下，可由地方政府整体修复后，进行土地前期开发，以公开竞争方式分宗确定土地使用权人。坚持“谁破坏、谁治理”“谁修复、谁受益”原则，通过政策激励，吸引各方投入，推行市场化运作、科学化治理的模式，加快推进矿山生态修复 | 《自然资源部关于探索利用市场化方式推进矿山生态修复的意见》 |

（表格来源：作者自绘）

不同的利益主体参与制定规划目标的会议，对场地问题和规划愿景进行探讨以反映使用者需求，是一种较好的协作机制。于明洁等提出了一种基于方法集的组合评价模型，对采矿迹地再开发项目进行组合评价，意在帮助政府、开发商、社区居民实现共赢[1]；徐大伟等基于公众参与理论和博弈论构建了公众、矿企和政府监管者三方博弈模型，分析了矿山环境恢复治理保证金制度中的公众参与行为[2]。采矿迹地景观生态重建研究从明确责任主体到注重多方利益主体的博弈，逐步将公众参与融入景观生态重建过程，以实现可持续性景观管理的目标。

[1] 于明洁，郭鹏，朱煜明 . 基于方法集的棕地再开发项目组合评价研究 [J]. 运筹与管理，2011，20（3）：119-126.

[2] 徐大伟，杨娜，张雯 . 矿山环境恢复治理保证金制度中公众参与的博弈分析：基于合谋与防范的视角 [J]. 运筹与管理，2013，22（4）：20-25.

# 3 采矿迹地景观生态重建评价模型设计

前一章分析了采矿迹地景观生态重建的内涵、要素、目标及其历史演变，要实现资源型城市的可持续发展，必须将采矿迹地置于矿、城、乡统筹的区域视角内。生态重要性是指生态系统或生态空间对于维持区域生态平衡、防止生态恶化或退化的重要程度。建立基于适宜性评价的生态重要性模型，是识别城市重要生态空间保护范围的基础方法。围绕采矿迹地的景观生态重建评价极为重要。生态重要性评价的内容集中体现在生态敏感性与生态适宜性两个方面。采矿迹地景观生态重建应与城市的生态重建目标一致，因此提出了城市绿色基础设施（green infrastructure，GI）引导下的采矿迹地景观生态重建评价模型。核心任务就是在城市绿色基础设施优化的区域整体目标下，对采矿迹地进行空间上的划分和安排，回答哪些采矿迹地对完善城市绿色基础设施系统的贡献度高，适宜纳入城市绿色基础设施；哪些采矿迹地优先恢复，才能够实现整体景观生态重建效率最大化等问题。这些问题的答案将为下一步采矿迹地景观生态重建的绩效评价及策略提出提供指引。

## 3.1 研究思路及技术路线

目标设定是展开景观生态重建评价的第一步。采矿迹地景观生态重建也是实现城市绿色基础设施系统的优化。但采矿迹地景观生态重建通过哪些指标表征城市绿色基础设施系统的优化程度？需要依据不同城市空间发展及采矿迹地景观生态重建的问题和要求来具体设定。本章将采矿迹地景观生态重建的目标设定如下。

（1）增加城市绿色基础设施结构中生态斑块的数量。

（2）扩大原有城市绿色基础设施生态斑块的面积。

（3）提高城市绿色基础设施结构的整体景观连接度。

前两个目标对采矿迹地本身的景观生态重建适宜性提出要求，采矿迹地生态重要性及生态潜力越高，越适合作为城市绿色基础设施斑块或补充斑块。后一个目标反映了采矿迹地斑块对于增加城市绿色基础设施整体景观连接度的作用，这与采矿迹地在原有城市绿色基础设施结构中所处的位置有关。因此，要实现以上目标，必须综合考虑采矿迹地场地本身的属性及其与周边景观格局的关系。

如上所述，采矿迹地景观生态重建不仅强调土地本身的生态属性，而且强调土地在整体城乡区域空间的景观位置。众多学者的研究已经证明，采矿迹地景观生态重建项目的实施效果与其所在区域的景观环境息息相关。因此，本章将体现采矿迹地内部生态属性的生态重要性评价模型与体现其外部生态位的景观连接度评价模型结合起来，研究采矿迹地本身的生态质量及生态用地适宜程度，及其对维持城市绿色基础设施景观连接度的重要程度，建立一种简洁、易操作的采矿迹地景观生态重建区划评价及区划方法。该方法认为采矿迹地斑块生态重要性越高，且对于增加城市景观连接度的贡献度越大，越应该被纳入城市绿色基础设施空间，而避免作为建设用地。评价采矿迹地能否纳入城市绿色基础设施的具体步骤如下（图 3-1）。

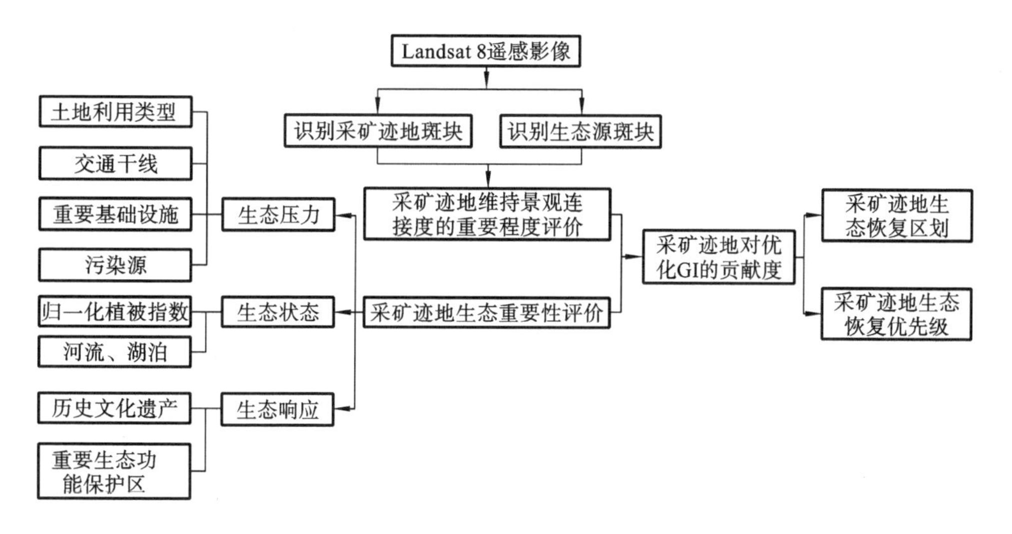


**图 3-1　技术路线图**

（图片来源：作者自绘）

（1）数据处理：解译 Landsat 8 遥感影像，得到土地利用状况图及归一化植被指数（normalized differential vegetation index，NDVI）覆盖图。

（2）识别采矿迹地斑块及城市生态源斑块。

（3）建立采矿迹地生态重要性评价体系并给出指标权重，完成采矿迹地生态重要性综合评价。

（4）确定距离阈值，完成采矿迹地维持景观连接度的重要程度评价。

（5）综合步骤（3）及（4）的评价结果，确定采矿迹地生态恢复区划及时序。

（6）提出区划管制策略。

## 3.2　评价模型设计

本节在明晰生态修复评价目标的前提下，建立一种基于内部景观生态重建重要性评价及外部景观连接度评价的采矿迹地景观生态重建区划评价模型。

### 3.2.1　内部景观生态重建重要性评价模型

PSR 模型是压力（pressure）- 状态（state）- 响应（response）模型的简称。PSR 模型最初由加拿大统计学家 Rapport 和 Friend（1979）提出，随后被联合国（the United Nations，UN）、经济合作与发展组织（Organization for Economic Cooperation and Development，OECD）等国际机构采用。“压力”是指在社会、经济发展过程中由于人类开发自然资源和使用土地而引起的物理环境的变化。这些人为产生的环境压力在自然界中通过转移、转化，最终导致生态环境的改变，这里可以理解为矿产开采活动及人类建设活动对矿区生态环境造成影响而导致的结果。“状态”主要通过定量指标来描述生态环境的物理状态，包括植被生长状况、水文状况等。“响应”所体现的是社会（团体、个人）和政府通过意识和行为阻止、补偿及为适应环境的变化所采取的应对措施。这里包括人类对于重要自然及人文资源采取的主动性保护措施和制定的政策规划。

**1. PSR 模型评价指标体系构建**

本研究按照整体性、层次性及可操作原则，参考相关生态评价体系，分别选择生态压力指标、生态状态指标和生态响应指标，构建采矿迹地景观生态重建重要性评价指标体系（图 3-2）。其中，目标层 A 包括生态重要性评价指标 EI；指标层 B 包括生态压力指标、生态状态指标、生态响应指标；指标层 C 包括土地利用类型，交通干线，重要基础设施，污染源，归一化植被指数，河流、湖泊，历史文化遗产，重要生态功能保护区。交通干线、重要基础设施及污染源属于反向指标，反映采矿迹地受到人类干扰的程度。评价过程由下及上，基于指标层的基础数据计算结果，通过加权总和得到目标层的生态重要性评价指标。

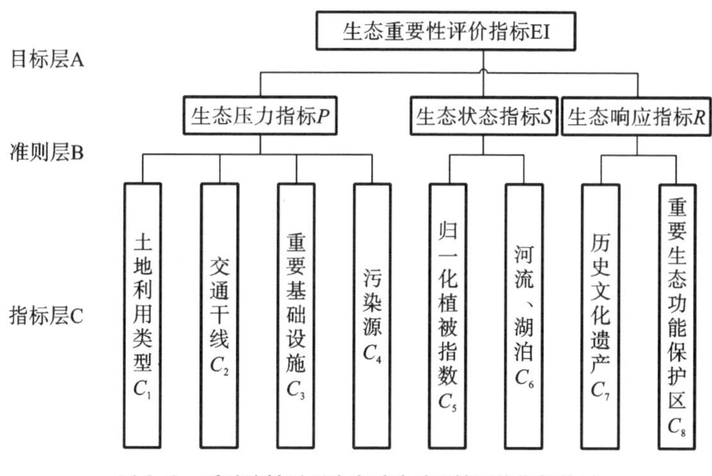


图 3-2　采矿迹地景观生态重建重要性评价指标体系

（图片来源：作者自绘）

1）生态压力指标

（1）土地利用类型。

土地利用类型一定程度上可以反映土地受到的外界干扰程度。水域湿地、林地、耕地、草地、建设用地 5 种土地类型有不同水平的生境质量，根据《生态环境状况评价技术规范》（HJ 192—2015），林地、水域湿地、草地、耕地、建设用地的生境类型分权重分别为 0.35，0.28，0.21，0.11，0.04，林地最高，建设用地最低。其中，林地与水域湿地都是城市重要的生态资源，起到调节小气候、保护生物多样性、维持良好生态环境的作用，是采矿迹地景观生态重建的重要组成部分，生态价值相对较高。

（2）交通干线。

交通干线、重要基础设施、污染源都是作为影响生境质量的风险因素出现的，其风险在于生境所处基质受到人类的干扰与威胁。这 3 个指标都属于反向指标，即离交通干线、重要基础设施及污染源越近，生态压力指标就越大，采矿迹地的生态质量也越低。由于矿区工业生产运输的特征，采矿迹地及其周边往往拥有发达的交通系统，除部分邻近闭矿工业广场的铁路闲置，大部分主要交通干线仍在运行。

（3）重要基础设施。

重要基础设施作为生境干扰源之一，主要指燃煤热电厂、余热再利用电厂、燃烧垃圾电厂等各类电厂及高压走廊。矿区往往是城市重要的能源输送基地，工业广场附近还配套有燃煤热电厂，即使煤炭资源枯竭导致矿井关闭，大多数的电厂仍可依靠由省外运输的煤炭而运营良好。高压走廊分 500 kV 线路及 220 kV 线路等，本研究中仅选取 500 kV 线路作为风险源。

（4）污染源。

污染源是干扰风险扩散的重要因素，主要选取工业用地、矸石山、垃圾填埋场、污水处理厂等作为污染源，尚未考虑不同类型污染源对于不同类型生境威胁程度的差异。

2）**生态状态指标**

（1）归一化植被指数。

植被生长情况是最能反映土地生态状态的指标之一，植被覆盖度与土地生态质量呈正比。归一化植被指数是基于遥感影像进行植被研究时常用的一类指数，能够反映植被覆盖度、植被生长状态及营养信息，是描述生态系统基本特征的重要参数之一，被广泛运用于生态环境评价、地球环境监测等领域。

（2）河流、湖泊。

河流、湖泊等水体在改善城市环境质量、维持正常水循环等方面发挥着重要作用。采矿迹地内部水域的丰富程度决定了其生态质量，水系越丰富、河流的等级越高，则采矿迹地作为城市 GI 用地的适宜性越高。

3）**生态响应指标**

（1）历史文化遗产。

采矿迹地内及周边分布的历史文化遗产，也能够反映其适宜作为 GI 用地的程度。不同年代的历史文物、矿区留存的丰富的工业遗产，反映了矿区承载的重大历史事件，也是城市 GI 的文化载体。

（2）重要生态功能保护区。

该区域界线的划定是政府对人类持续不断的生态破坏行为所采取的响应措施。这些区域必须具有重要的生态系统服务功能，对保护生物多样性和城市生态安全格局发挥重要作用，各保护区划定明确边界和功能并进行严格的保护管控，是制定其他规划的基础。本研究选取能够缓冲采矿迹地影响的各类自然保护区、风景名胜区、森林公园、重要湿地等生态功能保护区，它们具有较高的生态重要性评价分值。

由于指标层的 8 个定量指标的量纲不一致，无法进行直接评价比较，即使是同一个指标，也会因为具体标准的缺失导致无法量化，因此必须对指标因子进行标准化处理。参考相关学者对于生态敏感性、绿地生态适宜性、建设用地生态适宜性等方面的研究成果，结合专家反馈和数据重分类等方法对每一个指标图层数据进行标准化与分类分级，依据一定分类标准将每个因子划分为不同的属性值段，每个具体属性值段对应一个等级，评价分值采用 1、2、3、4、5 五个分值指数，即分值越高，采矿迹地景观生态重建重要性评价指标越高（表 3-1），最终得到 8 张单因子要素分级图。

**表 3-1　采矿迹地景观生态重建重要性评价指标的分级依据**

| 影响因素 | 评价指标 | 分类条件 | 评价分值 | 分级依据 |
|---|---|---|---|---|
| 生态压力 | 土地利用类型 | 林地 | 5 | 根据《生态环境状况评价技术规范》（HJ 192—2015）中表征生境质量指标的各生境类型的权重确定，林地最高，建设用地最低 |
| | | 水域湿地 | 4 | |
| | | 草地 | 3 | |
| | | 耕地 | 2 | |
| | | 建设用地 | 1 | |
| | 交通干线 | 大于 1000 m 缓冲区 | 5 | 参考城市交通体系状况 |
| | | 500 ～ 1000 m 缓冲区 | 4 | |
| | | 200 ～ 500 m 缓冲区 | 3 | |
| | | 100 ～ 200 m 缓冲区 | 2 | |
| | | 0 ～ 100 m 缓冲区 | 1 | |

续表

<table>
<tr><th>影响因素</th><th>评价指标</th><th colspan="2">分类条件</th><th>评价分值</th><th>分级依据</th></tr>
<tr><td rowspan="7">生态压力</td><td rowspan="3">重要基础设施</td><td colspan="2">大于 75 m 缓冲区</td><td>5</td><td rowspan="3">根据《城市电力规划规范》（GB/T 50293—2014）中高压线规划走廊宽度划定缓冲区</td></tr>
<tr><td colspan="2">40 ～ 75 m 缓冲区</td><td>3</td></tr>
<tr><td colspan="2">0 ～ 40 m 缓冲区</td><td>1</td></tr>
<tr><td rowspan="4">污染源</td><td colspan="2">大于 800 m 缓冲区</td><td>5</td><td rowspan="4">参考城市环保环卫规划图，将工业用地、矸石山、垃圾填埋场、污水处理厂设置为污染源，进行了统一的缓冲区划分</td></tr>
<tr><td colspan="2">500 ～ 800 m 缓冲区</td><td>3</td></tr>
<tr><td colspan="2">300 ～ 500 m 缓冲区</td><td>2</td></tr>
<tr><td colspan="2">0 ～ 300 m 缓冲区</td><td>1</td></tr>
<tr><td rowspan="13">生态状态</td><td rowspan="5">归一化植被指数（NDVI）</td><td colspan="2">0.6 ≤ NDVI<1</td><td>5</td><td rowspan="5">等级划分标准参考《基于 GIS 的农村住区生态重要性空间评价及其分区管制——以兴国县长冈乡为例》[1]</td></tr>
<tr><td colspan="2">0.4 ≤ NDVI<0.6</td><td>4</td></tr>
<tr><td colspan="2">0.2 ≤ NDVI<0.4</td><td>3</td></tr>
<tr><td colspan="2">0 ≤ NDVI<0.2</td><td>2</td></tr>
<tr><td colspan="2">NDVI<0</td><td>1</td></tr>
<tr><td rowspan="8">河流、湖泊</td><td rowspan="4">一级河流</td><td>0 ～ 500 m 缓冲区</td><td>5</td><td rowspan="8">一级河流多为主要河流的干流；二级河流包括流经采矿迹地的支流；湖泊包括由采煤塌陷地重建成的城市湖区</td></tr>
<tr><td>500 ～ 1000 m 缓冲区</td><td>3</td></tr>
<tr><td>1000 ～ 2000 m 缓冲区</td><td>2</td></tr>
<tr><td>大于 2000 m 缓冲区</td><td>1</td></tr>
<tr><td rowspan="2">二级河流</td><td>0 ～ 100 m 缓冲区</td><td>3</td></tr>
<tr><td>大于 100 m 缓冲区</td><td>1</td></tr>
<tr><td rowspan="2">湖泊</td><td>0 ～ 500 m 缓冲区</td><td>3</td></tr>
<tr><td>大于 500 m 缓冲区</td><td>1</td></tr>
</table>

[1] 谢花林，李秀彬 . 基于 GIS 的农村住区生态重要性空间评价及其分区管制——以兴国县长冈乡为例 [J]. 生态学报，2011，31（1）：230-238.

续表

| 影响因素 | 评价指标 | 分类条件 | 评价分值 | 分级依据 |
| --- | --- | --- | --- | --- |
| 生态响应 | 历史文化遗产 | 0 ～ 200 m 缓冲区 | 5 | 参考城市风景名胜与历史文化资源图 |
| | | 200 ～ 500 m 缓冲区 | 3 | |
| | | 大于 500 m 缓冲区 | 1 | |
| | 重要生态功能保护区 | 保护区范围内 | 5 | 包括各类自然保护区、风景名胜区、森林公园、重要湿地等 |
| | | 0 ～ 500 m 缓冲区 | 4 | |
| | | 500 ～ 800 m 缓冲区 | 3 | |
| | | 800 ～ 1000 m 缓冲区 | 2 | |
| | | 大于 1000 m 缓冲区 | 1 | |

（表格来源：作者自绘）

### 2. 评价指标的权重计算

权重的适宜选择是保证评价结果科学的重要因素，各因子的权重决定了其对于生态重要性值的贡献程度，本研究采用层次分析法（analytic hierarchy process, AHP）确定因子权重。层次分析法是 20 世纪 70 年代由美国运筹学家 Saaty 提出的定量结合定性的决策分析方法。结合对复杂系统的认知及决策思维的定量化、模型化，构建层次结构确定每个指标因子对整个体系运行的影响程度。将每一层级上的各指标进行两两比较，获得判断矩阵，经计算得到各因子权重。其中，两两比较的原理在于定量描述两个方案对于某一准则的相对优越程度。一般对于单一准则，两个方案的优劣可以经比较得出，并通过二者的重要性对比生成一个比较矩阵 $\boldsymbol{R}$。

$$\boldsymbol{R}=\begin{bmatrix} b_{11} & b_{12} & b_{13} & \cdots & b_{1j} & \cdots & b_{1n} \\ b_{21} & b_{22} & b_{23} & \cdots & b_{2j} & \cdots & b_{2n} \\ \vdots & \vdots & \vdots & & \vdots & & \vdots \\ b_{i1} & b_{i2} & b_{i3} & \cdots & b_{ij} & \cdots & b_{in} \\ \vdots & \vdots & \vdots & & \vdots & & \vdots \\ b_{n1} & b_{n2} & b_{n3} & \cdots & b_{nj} & \cdots & b_{nn} \end{bmatrix} \tag{3-1}$$

式中，$b_{ij}$（$i$=1，2，…，$n$；$j$=1，2，…，$n$）为强度值，应通过专家讨论确定其大小，对同一层级的指标因子的重要性进行两两比较，判断其相对重要程度，并与对应的强度值进行换算（表3-2）。

表 3-2　重要性等级和强度值

| 重要性等级 | 强度值 |
| --- | --- |
| 同等重要 | 1 |
| 比较重要 | 3 |
| 重要 | 5 |
| 特别重要 | 7 |
| 绝对重要 | 9 |
| 中间强度 | 2，4，6，8 |

（表格来源：作者自绘）

之后还需要进行比较矩阵的一致性检验，计算公式为：

$$\mathrm{CI}=\frac{\lambda_{\max}-n}{n-1} \tag{3-2}$$

式中，CI（consistency index）为一致性指标；$\lambda_{\max}$为矩阵最大特征根；$n$为矩阵阶数。

CI 值越大，表明判断矩阵偏离完全一致性的程度越大；CI 值越小且接近 0，则认为矩阵趋于完全一致。此外还需要引入平均随机一致性指标 RI（random index）进行一致性检验，CI 与 RI 的比值称为随机一致性比率（consistency ratio，CR）。

$$\mathrm{CR}=\frac{\mathrm{CI}}{\mathrm{RI}} \tag{3-3}$$

式中，当CR＜0.1时，认为判断矩阵具有可接受的一致性；当CR≥0.1时，需要对判断矩阵进行调整与修正，使其满足CR＜0.1。

### 3.2.2　外部景观连接度评价模型

#### 1. 景观连接度的概念及度量

景观生态重建为研究大尺度采矿迹地提供了一种高效可行的途径。景观特征及相关指标在大尺度的生态恢复区划研究中的作用显著。景观结构关系是生态功能发挥的基础，也是影响景观生态重建行动的重要因素[1]。任何景观生态重建都必须从土

[1] NAVEH Z，LIEBERMAN A S.Landscape ecology：theory and application[M]. New York：Springer，1993.

地自身尺度，向更广阔的景观尺度转变。各类景观格局指标能高度浓缩景观格局信息，对于理解与评价整体景观结构关系意义重大，在探讨退化生态系统的构成及高效恢复生态关键地点的选择等方面具有重要意义。斑块面积、周长、形状，斑块密度，面积方差，斑块距离，优势度，聚集度等景观指标在一定程度上描述了景观生态重建过程。

1984 年 Merriam 首次使用景观连接度概念描述景观结构特征与物种运动行为间的交互作用 [1]。目前较为常用的定义是 Taylor 等在 1993 年提出的：景观连接度是景观促进或阻碍生物体或某种生态过程在生态源斑块间运动的程度 [2]。总之，景观连接度用以描述不同生境斑块之间结构及功能上的联系，既包括可见的结构关联，即绿带、绿廊、河流等生态廊道的连接，也包括功能上的连接关系，比如不同物种在斑块间的扩散能力，斑块之间物质、能量的交换和转移。

在较大尺度的景观连接度评价中，基于图论的连接度评价方法被广泛接受。将斑块面转化为点，计算各点之间的物种扩散能力，能够较为简单地预测出景观连接度。生境斑块间的距离对景观连接度影响较大，增加生境斑块间的距离会显著降低景观连接度。一般采用欧几里得距离和最小费用距离模型的费用距离来衡量景观连接度，本研究采用欧几里得距离进行计算。景观连接度在生物资源管理、生物多样性保护和景观设计与规划方面具有广阔的应用前景。目前已有学者将该景观指标纳入区域生态恢复相关评价。如 Tambosi 等以最大限度保护生物多样性为目标，通过景观连接度及栖息地数量表征恢复地点的生态恢复力，建立多尺度下的生态恢复区划评价框架 [3]；陈杰等以促进森林系统景观连接度为目标，建立了退耕还林过程中待恢复农业斑块的恢复优先次序 [4]。

---

[1] MERRIAM G.Connectivity：a fundamental ecological characteristic of landscape pattern[C]//BRANDT J，AGGER P W.Proceedings of the first international seminar on methodology in landscape ecological research and planning：V：supplementary volume.Roskilde：Roskilde Universitetsforlag，1984：5-15.

[2] TAYLOR P D，FAHRIG L，HENEIN K，et al.Connectivity is a vital element of landscape structure[J].Oikos，1993，68（3）：571-573.

[3] TAMBOSI L R，METZGER J P.A framework for setting local restoration priorities based on landscape context[J].Natureza & Conservação，2013，11（2）：152-157.

[4] 陈杰，梁国付，丁圣彦 . 基于景观连接度的森林景观恢复研究——以巩义市为例 [J]. 生态学报，2012，32（12）：3773-3781.

## 2. 景观连接度分析框架

本书采用了基于图论等用以评价景观连接度及斑块重要性的 Conefor 2.6 软件，该软件可以定量计算栖息地斑块对于维持及改善景观连接度的重要程度，通过对能提升整体景观连接度的关键地段进行辨识及排序，给景观规划及栖息地保护工作提供技术支持。该软件中主要包括基于距离阈值和概率阈值的两个连通体系。本研究使用的 Conefor 2.6 软件具体分析框架及结构见图 3-3、图 3-4，其界面友好，易于使用，与 ArcGIS 具有较高的兼容性。

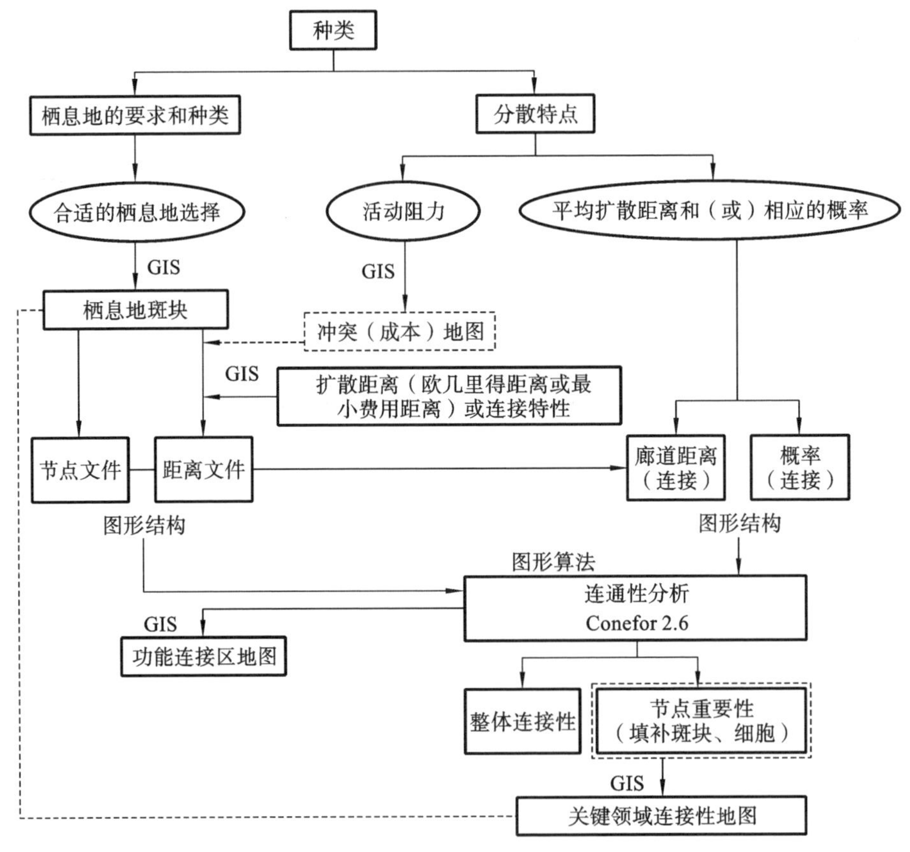


图 3-3　基于 Conefor 2.6 的景观连接度分析框架

（图片来源：《城市 GI 引导下的采矿迹地生态恢复理论与规划研究——以徐州市为例》[1]）

[1] 冯姗姗 . 城市 GI 引导下的采矿迹地生态恢复理论与规划研究——以徐州市为例 [D]. 徐州：中国矿业大学，2016.

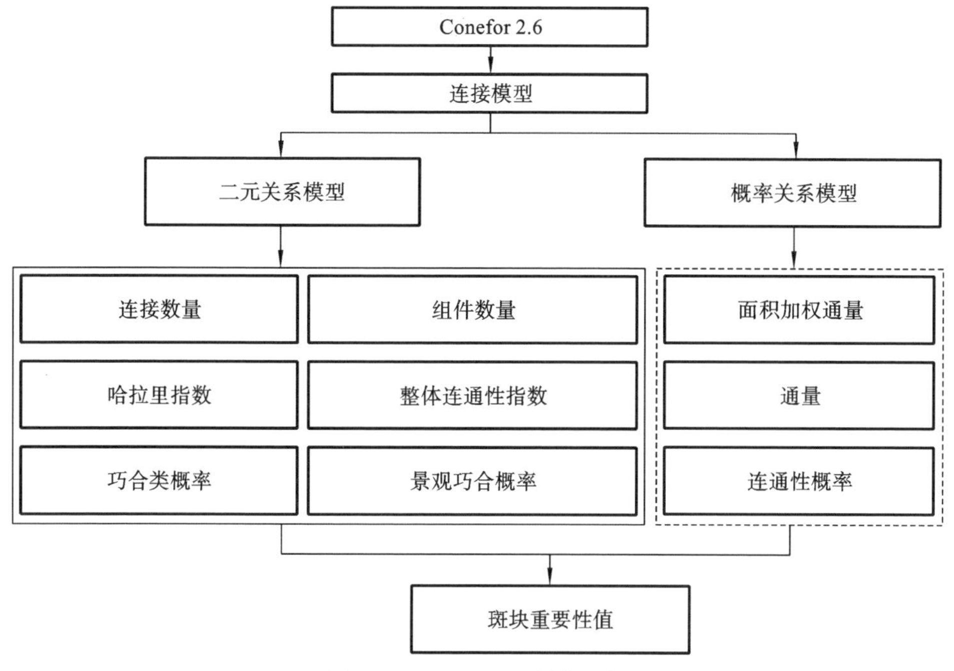


图 3-4　Conefor 2.6 结构示意图

（图片来源：作者改绘）

该软件通过建立不同景观连接度指标计算斑块间的连接度，常用的包括景观巧合概率（landscape coincidence probability，LCP）、整体连通性指数（integral index of connectivity，IIC）和连通性概率（probability of connectivity，PC）。其中，IIC 和 PC 既可反映景观的连接度，又可计算景观中各斑块对景观连接度的重要性[1]，分析斑块对景观连接度的影响。对比 IIC 和 PC，两者均是基于图论的景观连接度评价指标，但 IIC 基于二元连接度模型，表示景观中斑块只有连通和不连通两种情况；而 PC 基于可能性模型，表示斑块之间的连接度可能性与斑块之间的距离有关。由此可见，PC 比 IIC 的优势更多，更具有合理性[2]，故本研究选择 PC 进行计算。

[1] GONZALEZ J R，DEL BARRIO G，DUGUY B.Assessing functional landscape connectivity for disturbance propagation on regional scales—a cost-surface model approach applied to surface fire spread[J].Ecological Modelling，2008，211（1-2）：121-141.

[2] 吴健生，张理卿，彭建，等.深圳市景观生态安全格局源地综合识别[J].生态学报，2013，33（13）：4125-4133.

3. 景观连接度评价模型阈值设定

以城市都市区作为整体背景，将采矿迹地斑块假设为城市的生态斑块，共同与城市其他重要生态源斑块构成生态网络，计算移除每个采矿迹地斑块后城市整体景观连接度的变化程度，变化越大说明采矿迹地斑块对于维持景观连接度的作用越大。采用 PC 表征景观连接度，斑块距离采用欧几里得距离，具体算式如下。

$$\mathrm{PC}=\frac{\sum_{i=0}^{n}\sum_{j=0}^{n}\left(a_i\cdot a_j\cdot P_{ij}^{*}\right)}{A_{\mathrm{L}}^{2}} \tag{3-4}$$

式中，$n$为斑块总数；$a_i$和 $a_j$ 为斑块 $i$ 和斑块 $j$ 的面积；$A_{\mathrm{L}}$为研究区域总面积；$P_{ij}^{*}$ 为物种在斑块 $i$ 和斑块 $j$ 直接扩散的概率。$0<I_{\mathrm{PC}}<1$，$I_{\mathrm{PC}}$为所有斑块的连接度指数值。

斑块重要性是指斑块对于维持景观连接度的重要程度，计算出移除采矿迹地斑块前后的景观连接度变化值，记为 dPC，算法如下。

$$\mathrm{dPC}=\frac{I-I_{\mathrm{remove}}}{I}\times 100\% \tag{3-5}$$

式中，$I$ 为所有斑块的连接度指数值；$I_{\mathrm{remove}}$为移除某个斑块后剩余斑块的连接度指数值。

dPC 越大表示采矿迹地斑块作为生态用地，维持城市景观连接度的作用越大。

以上指数计算均基于 Conefor 2.6、ArcGIS 10.2 及 Conefor_Inputs_10 插件。计算过程中先要确定景观连接的距离阈值。距离阈值决定了两斑块之间连接或不连接，斑块距离大于该阈值表示二者不连接，斑块距离小于该阈值表示二者是连接的。考虑到斑块间生态流的可流通性和生态用地的可达性，经过多个阈值比较试验，PC 值随着阈值的增加而增大，过小的阈值反映出的整体景观连接度较差，基于研究的有效性，选取 10 km 作为距离阈值。

### 3.2.3 城市 GI 引导下的采矿迹地景观生态重建区划评价模型

1. 采矿迹地景观生态重建区划的概念及目标

景观生态重建区划是采矿迹地景观生态重建的重要内容。依据不同景观生态重建目标，对采矿迹地空间进行科学评价及空间划分，有助于制定科学的分区恢复主导功能、管控措施，将区划方法引入景观生态重建决策，修正片面追求经济效益而忽视景观生态重建所带来的生态效益观念[1]。

我国传统采矿迹地景观生态重建评价及区划研究多以土地复垦及再利用为基础，众多学者针对采矿迹地本身，选取土地损毁程度、土壤肥力及 pH 值、排水灌溉条件等指标因子，来判别影响其生态恢复的限制因素及潜力因素，通过生态适宜性评价等方法确定不同功能分区，方法从定性到定量逐渐完善[2-4]。本研究将采矿迹地置于尺度更大的城市背景，根据采矿迹地对优化城市 GI 的贡献度，对其进行景观生态重建类型区划，引导及限定采矿迹地景观生态重建的主要土地功能类型，为实施差异化生态恢复、建设与管理，高效促进生态恢复、生态系统保护和环境改善提供指导。

采矿迹地景观生态重建区划的目的在于：在采矿迹地中划分对城市 GI 具有关键优化、补偿、支撑与调节作用的潜在生态要素，明确其恢复后采取以生态保育优先的管理策略，将其纳入城市 GI 结构，实现城市 GI 资源的整体恢复、保护与管理。

### 2. 采矿迹地景观生态重建区划评价模型计算方法

基于采矿迹地生态重要性评价指标 EI 及景观连接度评价中的斑块重要性指标 dPC 评价结果，可知二者对于衡量采矿迹地完善城市 GI 贡献度（green infrastructure contribution）$C_{\mathrm{gi}}$ 都非常重要。本研究认为二者在采矿迹地景观生态重建区划及区划评价中的权重相等，最终将 EI 值与 dPC 值进行归一化处理，将二者结果等权重叠加得到 $C_{\mathrm{gi}}$ 值，公式如下。

$$C_{\mathrm{gi}}=\sum_{i=1}^{n}(W_iX_i) \tag{3-6}$$

式中，$X_i$为EI及dPC指标的分值；$W_i$为各指标的影响权重。

将 $C_{\mathrm{gi}}$ 值划分为 5 个等级，依据该等级确定采矿迹地景观生态重建功能区划及优先时序。

---

[1] 王霖琳，胡振琪 . 资源枯竭矿区生态修复规划及其实例研究 [J]. 现代城市研究，2009，24（7）：28-32.

[2] 程琳琳，李继欣，徐颖慧，等 . 基于综合评价的矿业废弃地整治时序确定 [J]. 农业工程学报，2014，30（4）：222-229.

[3] 何书金，苏光全 . 矿区废弃土地复垦潜力评价方法与应用实例 [J]. 地理研究，2000（2）：165-171.

[4] 毛汉英，方创琳 . 兖滕两淮地区采煤塌陷地的类型与综合开发生态模式 [J]. 生态学报，1998（5）：3-8.

### 3. 采矿迹地景观生态重建区划

按照 $C_{gi}$ 值的等级，建议将 GI 贡献度“非常高”与“高”的采矿迹地纳入城市 GI 系统，GI 贡献度“中等”的采矿迹地可以考虑纳入城市 GI 系统，GI 贡献度“低”的采矿迹地在城市建设需要时可以考虑作为建设用地。针对不同的区划，提出采矿迹地景观生态重建区划建议及管控措施（表 3-3），对各个区划的主要用地功能提出一定的引导和限制，具体包括以下几种目标模式。

表 3-3 采矿迹地景观生态重建区划建议及管控措施

| $C_{gi}$ 值等级 | 区划名称 | 与城市 GI 的关系 | 景观生态重建区划建议及管控措施 |
|---|---|---|---|
| 非常高 | 保育型采矿迹地景观生态重建区 | 强烈建议纳入城市 GI | 建议恢复为禁止开发的生态保育空间，保证以栖息地支持、生物多样性保护、水源涵养等服务功能为主，严格禁止大规模人为建设活动，可考虑恢复建设为较少人为干扰的自然栖息地、湿地保护区，同时强烈建议优先予以恢复 |
| 高 | 游憩型采矿迹地景观生态重建区 | 建议纳入城市 GI | 建议恢复为限制开发的城市开敞空间，加强现有植被的保育，恢复为城市及郊野公园、户外运动场地等适度人为干扰的空间，注意建设过程中避免过多的人工痕迹和商业气息，建议优先予以恢复 |
| 中等 | 生产型采矿迹地景观生态重建区 | 可以纳入城市 GI | 建议恢复为协调生态保护和经济发展的生产性开敞空间，在考虑经济社会效益的前提下保护生态环境，对区域内污染严重的小工业作坊进行迁移，可以恢复为经济型农林用地、可再生能源基地等非建设用地 |
| 低 | 建设用地型采矿迹地景观生态重建区 | 可不纳入城市 GI | 在城市扩展过程中可以考虑恢复为开发建设用地 |

（表格来源：作者自绘）

#### 1）保育型采矿迹地景观生态重建区

很多学者的研究证明了建立避免人为干扰的自然栖息地是采矿迹地景观生态重建的良好途径之一。利用自然演替能力进行采矿迹地的生态恢复被众多生态学家所推崇。有学者对后矿业景观中栖息地的视觉偏好（visual perception）进行研究，认为自然演替形成的落叶森林比人工干预形成的森林在视觉上更加优美，因此建议采矿迹地保留更多的自身生态演替环境，逐渐建立起稳定的、自然的及审美价值较高的栖息地[1]。还有学者论证了自然保护区的设立比复垦为农用地成本更低，将采矿迹地重建为自然栖息地，并不用像复垦为农用地那样需要进行大量的土地平整。相反，粗糙、不均匀及多石的地表更有利于生物的存活，可以为某些生物提供恰当的地表覆盖。通过保持良好的水径流和减少侵蚀，微起伏地形更有利于树木的存活和成长。

Bockwitz 湖位于莱比锡市以南约 30 km 的褐煤产区，占地 1510 hm$^2$。这一地区在闭矿后的几十年中，从一个封闭的露天开采区转变为一个真正意义上的自然天堂，自然演替过程使得多种栖息地与群落结构得以发展和稳定，最近几年生物学家在这里发现了 390 种高等生物物种。同样，位于德国 Bitterfeld 市中心东北部的 Goitzsche，1908 年到 1991 年的褐煤开采使得该地区近 60 km$^2$ 的土地遭遇生态危机，三条河流改道，数个村庄被迫搬迁。1991 年煤矿关闭后，废弃的采矿迹地主要被恢复为湖泊和森林，在矿区南部，采矿后的原始景观被完整保留下来［荒野项目（wilderness project）］，保护其自我恢复和演替过程并取得了良好效果（图 3-5）。北部地区由于地下水位上升而形成的五个湖体及其周边生态景观也完全处于一种自由发展状态[2]。这种景观在人为开采活动和自然系统恢复中不断变化和平衡。

**图 3-5　作为自然栖息地的采矿迹地**

（图片来源：常江拍摄）

[1] SKLENICKA P，MOLNAROVA K.Visual perception of habitats adopted for post-mining landscape rehabilitation[J].Environmental Management，2010，46（3）：424-435.

[2] 常江，文德尔，罗萍嘉，等 . 走近“老矿”——矿业废弃地的再利用 [M]. 上海：同济大学出版社，2011.

2）**游憩型采矿迹地景观生态重建区**

采矿迹地景观生态重建不仅可为生物提供自然栖息场所，还可以将相应区域纳入城市绿色基础设施系统，为人类提供休息、游览、锻炼、交往的空间，满足城市居民的休闲需要。资源型城市大量的采矿迹地成为城市游憩公园及开敞空间的适宜载体。在东部平原的高潜水位地区，很多城市都依托采矿迹地中的塌陷水域建立城市景观公园，还有将原有工业广场融入公园设计的优秀案例。这类矿业景观公园是立足城市环境，留存矿业文化特征，同时承载城市功能，服务城市社区的采矿迹地。

西大井采矿迹地位于焦作市西部的王封矿，王封・西大井 1919 便是“煤城”焦作市围绕这座百年老矿打造的重点文旅项目，是城市 GI 的重要载体。项目利用废弃矿车、生产工具等工业元素，打造“西大井之光”游憩主题雕塑，让行走其中的市民时刻感受到穿越时空的“大井”印记，体现了王封矿采矿迹地从“黑色印象”到“生活秀带”的重建。休憩型采矿迹地的景观生态重建，不仅盘活了焦作市采矿迹地的工业文化资源，而且探索了焦作市的工业文化旅游新路径（图 3-6）。

**图 3-6　焦作市王封・西大井 1919**

（图片来源：https://baijiahao.baidu.com/s?id=1654604984949705932）

3）**生产型采矿迹地景观生态重建区**

农林用地、可再生能源基地等非建设用地也是采矿迹地景观生态重建的重要目标模式，这些土地类型在考虑生态保护的同时也可实现一定的经济、社会效益。农林用地在国内外都是采矿迹地景观生态重建的主要功能类型（图 3-7），也是为了保障我国粮食生产安全所必须重视的恢复目标，对于我国东部平原粮煤复合区域尤为重要。除此之外，可再生能源基地是国外采矿迹地利用中出现的新模式，受到了政府的大力支持。美国国家环境保护局于2012年出台了“美国土地再生计划”（re-powering America’s land initiative），鼓励在采矿迹地等已开发土地上建立可再生能源基地。德国也将能源景观重建作为矿区景观变迁的可持续途径之一。例如，劳齐茨地区曾经是拥有三个大型褐煤发电站的地区，也响应“中欧新能源基地建设”倡议，将采矿迹地作为新能源开发和建设的新空间，积极向创新性能源基地转变。众多学者也从景观视角研究矿区景观变迁下的土地可持续利用决策。新能源基地包括生物能源基地、风能基地、太阳能基地等，在提供能源的同时，保留了大面积的开敞空间。

**图3-7　采矿迹地景观生态重建后作为农业用地、鱼塘、生物质能用地**

（图片来源：常江拍摄）

**4）建设用地型采矿迹地景观生态重建区**

将采矿迹地再开发利用是缓解城市用地紧张状况的有效途径之一。可以考虑将生态潜力较低、景观不突出的采矿迹地优先作为城镇集中建设用地。其中，原有的工业广场、矸石压占地可以经过场地污染处理直接作为建设用地。随着产业结构调整和用地效率优化，城市的发展机遇增加，开始注重生态、生产、生活空间的结合与均衡发展。应打破长久以来工业广场与城市隔离的局面，根据发展需要制定统一的发展战略和规划，引导城市转型。比如晋城市王台铺矿（图3-8）位于城区北石店镇，超5000 $m^2$的厂房及办公区见证了王台铺矿曾经的辉煌，因为资源枯竭，王台铺矿于2017年正式关井。原矿业集团积极融入城市发展，利用原工业广场开发建设符合城市发展需要的物流园区和特种建材园区，在保留矿井原有景观特色的基础上赋予其新的使命。

图 3-8 王台铺矿

（图片来源：常江拍摄）

## 3.3 采矿迹地景观生态重建区划重要性评价

徐州市作为一个有着百年采煤历史的城市，有着丰富多样的采矿迹地，尤其是在其北部，有着大小不一、赋存形式多样的采煤塌陷地，数量多达 24 万亩。如何利用这些量大面广的采矿迹地一直是城市政府所关注的问题。本研究探讨了城市绿色基础设施引导下的采矿迹地的再利用，从徐州市采矿迹地内部景观生态、外部景观连接度及城市 GI 引导下的采矿迹地景观生态重建区划三个层面进行重要性评价。

### 3.3.1 徐州市采矿迹地内部景观生态重要性评价

徐州市采矿迹地内部景观生态重要性评价主要采用前述 PSR 模型，采用层次分析法和专家打分法，分析生态压力指标、生态状态指标和生态响应指标的权重，并进一步得到各指标因子权重值，最终计算得到生态重要性评价指标总权重及排序（表 3-4）。

生态重要性评价指标计算方法的核心是基于垂直图形叠加的生态适宜性评价方法。该方法即经典的麦克哈格“千层饼模式”生态评价方法，通过单因子分层评价及图层叠加技术，将生态环境作为一个包括气候、地形地貌、水文条件、土地利用、植被及野生动物等因素并相互联系的整体来看待，强调规划应该遵循自然规律和自

表 3-4　生态重要性评价指标总权重及排序

| 目标层 A | 准则层 B | | 指标层 C | | 总权重 | 总排序 |
|---|---|---|---|---|---|---|
| | 因素名称 | 因素相对于 A 层权重 | 指标名称 | 因素相对于 B 层权重 | | |
| 生态重要性评价指标 EI | 生态压力 $P$ | 0.4934 | 土地利用类型 $C_1$ | 0.5981 | 0.2951 | 1 |
| | | | 交通干线 $C_2$ | 0.1064 | 0.0525 | 7 |
| | | | 重要基础设施 $C_3$ | 0.1064 | 0.0525 | 7 |
| | | | 污染源 $C_4$ | 0.1891 | 0.0933 | 5 |
| | 生态状态 $S$ | 0.3108 | 归一化植被指数 $C_5$ | 0.6667 | 0.2072 | 2 |
| | | | 河流、湖泊 $C_6$ | 0.3333 | 0.1036 | 4 |
| | 生态响应 $R$ | 0.1958 | 历史文化遗产 $C_7$ | 0.6667 | 0.1305 | 3 |
| | | | 重要生态功能保护区 $C_8$ | 0.3333 | 0.0653 | 6 |

（表格来源：作者自绘）

然过程，发挥其最适宜的土地价值。

因此，每一个指标因子评价结果在 ArcGIS 10.2 平台中显示为一个图层，采用多因子加权叠加命令，将各因子的评价结果图层按以上权重进行叠加，最终得到生态重要性评价值图，模型如下。

$$\mathrm{EI}=\sum_{i=1}^{n}(W_iX_i) \tag{3-7}$$

式中，EI为生态重要性评价指标；$X_i$ 为各分项指标的分值；$W_i$为各指标的影响权重。

采用ArcGIS 10.2空间分析中的重分类工具将生态重要性评价指数值划分为5级，1～5级表示生态重要性非常低、低、中等、高、非常高。

### 1. 单因子评价结果

根据建立的采矿迹地景观生态重建重要性评价指标体系及各指标权重，基于 ArcGIS 10.2 平台，采用缓冲区等技术，将各个采矿迹地景观生态重建重要性影响因子依据上述分类标准赋予 1、2、3、4、5 五个分值，分别对应非常低生态重要性区、低生态重要性区、中等生态重要性区、高生态重要性区、非常高生态重要性区，最终形成一系列评价结果图（图 3-9），以此建立单因子评价栅格数据库。

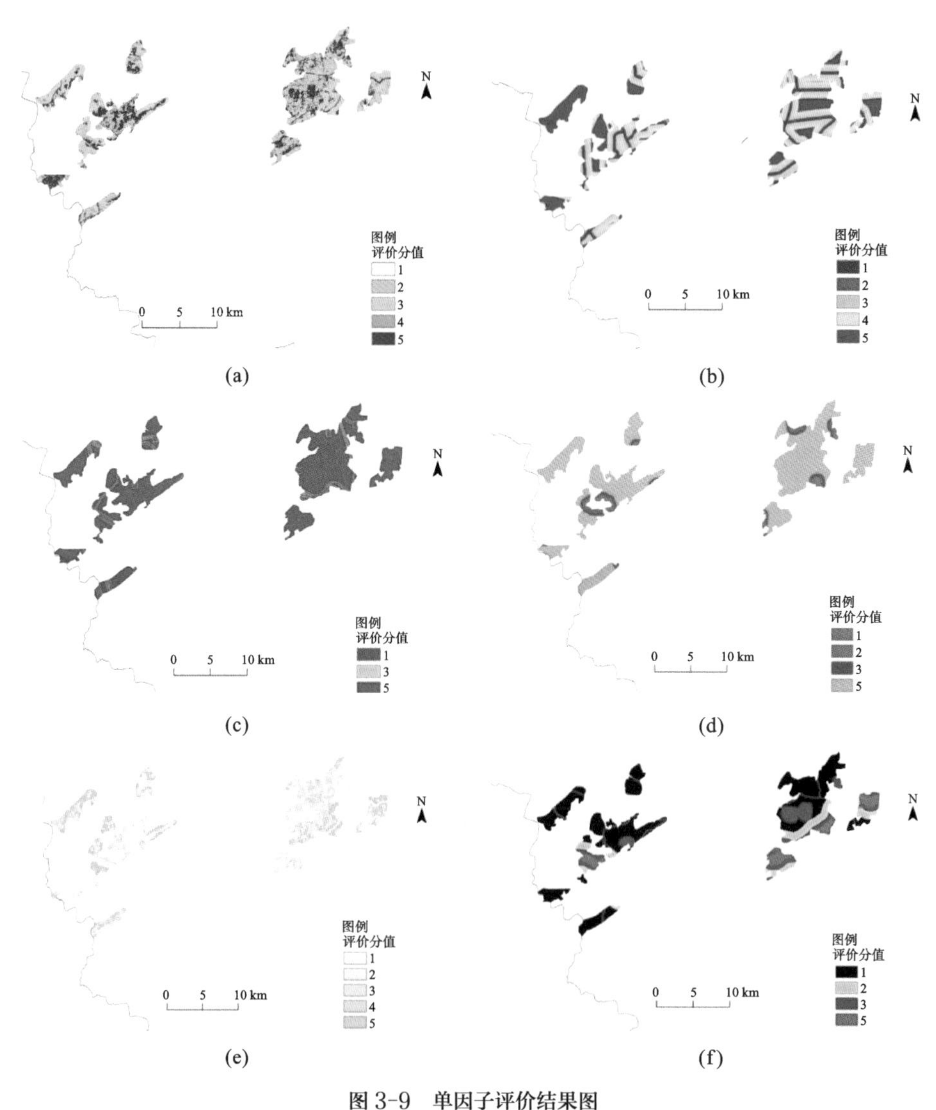


图 3-9 单因子评价结果图

（a）土地利用类型；（b）交通干线；（c）重要基础设施；（d）污染源；

（e）归一化植被指数；（f）河流、湖泊；（g）历史文化遗产；（h）重要生态功能保护区

（图片来源：作者自绘）

续图 3-9

## 2. 综合评价结果

基于 ArcGIS 10.2 平台，利用空间分析工具中加权总和的叠加命令，输入各因子权重值，垂直叠加 8 项单因子评价结果图层信息，得到采矿迹地生态重要性评价计算结果（图 3-10）。可以看出徐州市采矿迹地的生态重要性评价指标值分布在 1.2072 ~ 4.5558，分值较高地区集中于贾汪片区中部、董庄片区北部、大黄山片区北部、庞庄西片区故黄河两岸；庞庄东片区中部及贾汪片区北部生态重要性评价指

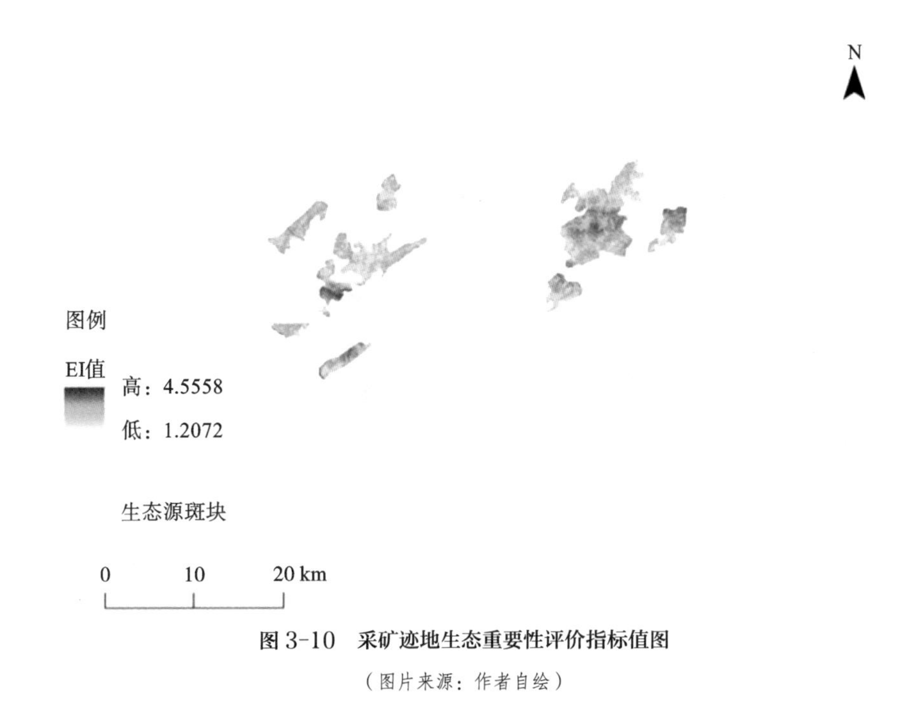


图 3-10　采矿迹地生态重要性评价指标值图

（图片来源：作者自绘）

标值最低。结合评价结果，认为生态重要性评价指标值较高区域至少具有以下特点之一：在徐州市已划定的重要生态功能区域的缓冲影响范围内；城市重要河流，如故黄河、京杭运河及不老河流经采矿迹地；交通干线、重要基础设施等干扰较少，植被覆盖度高。庞庄东片区中部位于城市北部的城乡边缘带，贾汪片区北部也邻近贾汪区集中建设用地，因此受到各方面的干扰较多，如仍在运营的燃煤电厂（江苏徐矿综合利用发电有限公司）、密集的交通系统、新建设的工业园区等对区域生态质量及生态用地适宜程度带来影响。

由于叠加单因子结果后的总分值在图中是渐进分布的，为了更好地进行分片区数据统计与分析，必须对该评价结果进行提炼，将分值进行进一步的聚类，即进行重分类。重分类是将属性数据的类别合并或转换成新类别，常见的方法有手工分类、自然断点法（natural break）分类、*K*-Means 等，选择自然断点法将采矿迹地生态重要性评价结果重新划分为 5 个等级，1 ～ 5 分别代表非常低生态重要性区、低生态重要性区、中等生态重要性区、高生态重要性区和非常高生态重要性区（图 3-11、表 3-5），其中具有“非常高”景观生态重建重要性的采矿迹地面积为

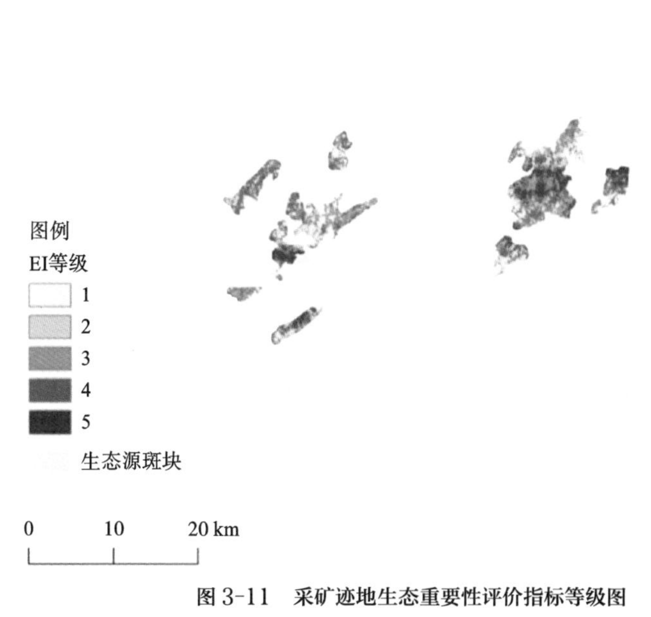


**图 3-11　采矿迹地生态重要性评价指标等级图**

（图片来源：作者自绘）

2357.78 $hm^2$，占采矿迹地总面积的 15.58%，具有“高”景观生态重建重要性的采矿迹地面积为 4025.92 $hm^2$，占 26.61%（表 3-6）。

表 3-5 采矿迹地景观生态重建重要性等级划分

| 生态重要性等级划分 | 非常低生态重要性 | 低生态重要性 | 中等生态重要性 | 高生态重要性 | 非常高生态重要性 |
| --- | --- | --- | --- | --- | --- |
| 等级划分 | 1 | 2 | 3 | 4 | 5 |

（表格来源：作者自绘）

表 3-6 景观生态重建重要性分区面积及比例

| 景观生态重建重要性分区 | 面积 /$hm^2$ | 比例 /（%） |
| --- | --- | --- |
| 非常高生态重要性区 | 2357.78 | 15.58 |
| 高生态重要性区 | 4025.92 | 26.61 |
| 中等生态重要性区 | 3470.67 | 22.94 |
| 低生态重要性区 | 2227.00 | 14.71 |
| 非常低生态重要性区 | 3050.10 | 20.16 |

（表格来源：作者自绘）

### 3.3.2 徐州市采矿迹地外部景观连接度重要性评价

本研究将徐州市 9 个采矿迹地片区按土地类型划分为 361 个斑块，与 28 个已存在的城市生态源斑块通过 ArcGIS 10.2 平台中的合并工具叠加于同一图层进行景观连接度评价，参与评价的斑块数为 389。选取 Conefor 2.6 中的 PC 与 d*A* 两个指标进行分析计算。PC 为连通性概率，d*A* 为各斑块占总面积的比例。dPC 为斑块重要性指标，该指标越大，代表斑块重要性越高，即该斑块维持及增加城市整体景观连接度的能力越强，越适宜作为城市 GI 用地。

基于 Conefor 2.6 软件，将斑块距离阈值设置为 10 km，表示当两个斑块之间的距离小于 10 km 时，认为两个斑块之间具有连接度，连接度计数为 1，否则为 0。具体参数设置如图 3-12 所示。运行该软件，得到最终计算结果。该结果显示，斑块的 dPC 值变化幅度非常大，说明各斑块的重要性差别显著。

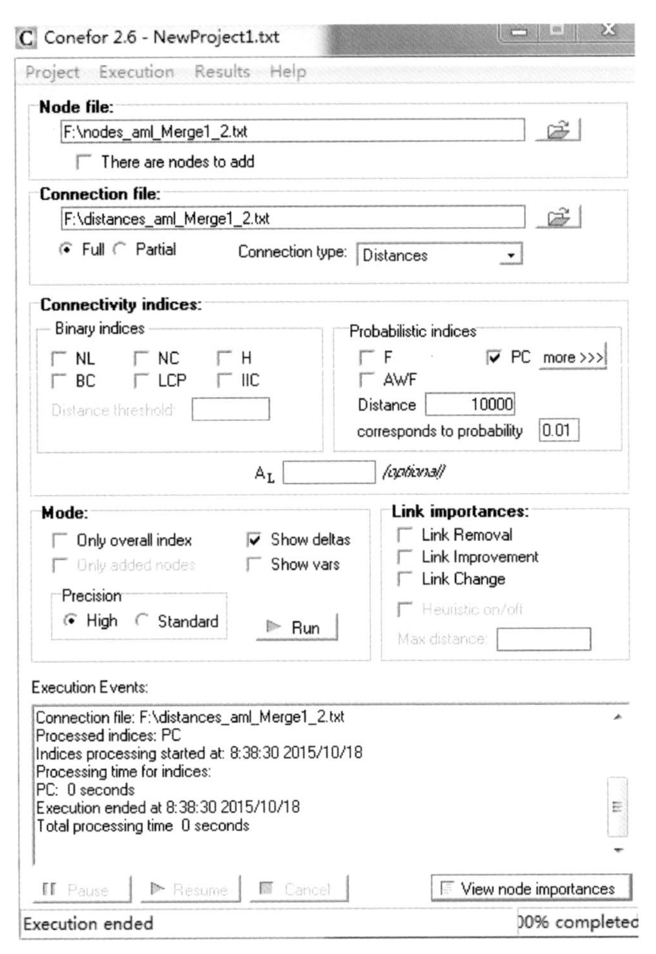


图 3-12 Conefor 2.6 软件参数设置界面

（图片来源：软件截图）

比较生态斑块 d*A* 值与 dPC 值的输出结果（图 3-13），可看出各生态斑块相应值的分布曲线走向一致。说明斑块维持景观连接度的重要性与斑块自身面积相关，面积比较大的生态斑块的重要性也较高，但二者并不存在严格的正相关关系。景观连接度不仅与斑块面积有关，还与斑块所处位置、斑块形状、斑块距离等因素相关。

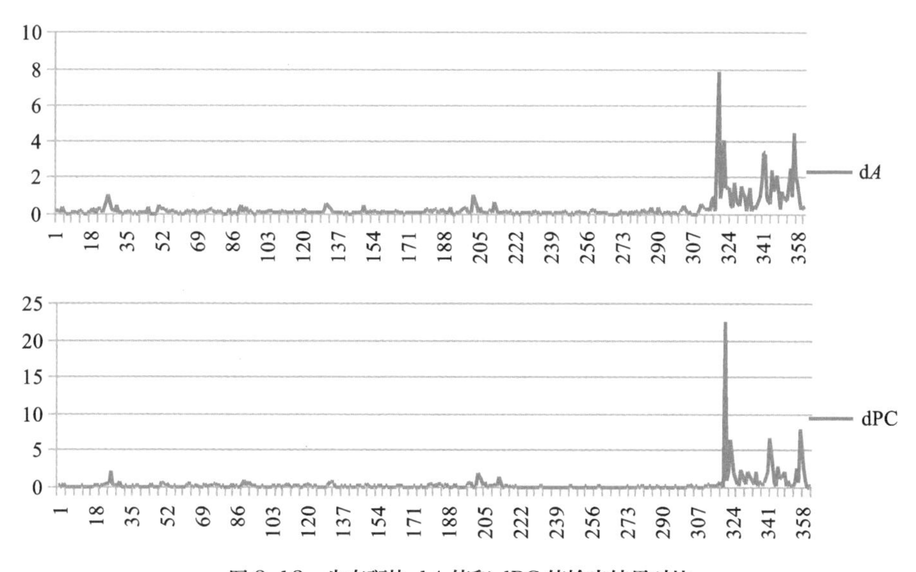


图 3-13　生态斑块 d*A* 值和 dPC 值输出结果对比

（图片来源：作者自绘）

总体来看，徐州市都市区采矿迹地斑块维持景观连接度的重要性指标值为 0.004 ～ 2.270，但其分布极不均匀（图 3-14）。其中，分值在 0.2 以下的塌陷斑块

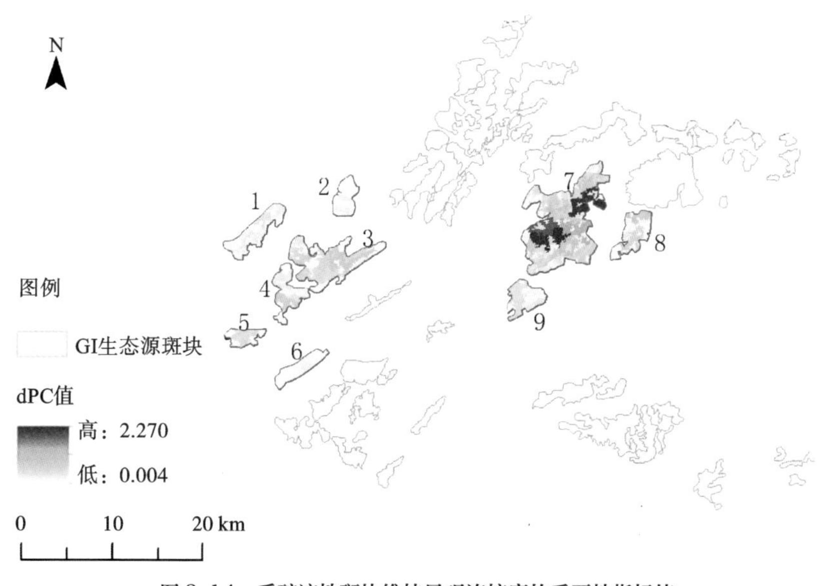


图 3-14　采矿迹地斑块维持景观连接度的重要性指标值

（图片来源：作者自绘）

共 242 个（占塌陷斑块总数的 78.06%），这些塌陷斑块的面积（共 6054.84 $hm^2$）占塌陷总面积的 40.37%，说明大多数采煤塌陷斑块对于维持 GI 景观连接度的作用较小；分值为 0.2 ～ 1.0 的塌陷斑块共 64 个（占 20.65%），面积（共 7468.33 $hm^2$）占塌陷总面积的 49.79%，这些塌陷斑块对维持城市 GI 具有一定的作用；分值在 1.0 以上的塌陷斑块仅有 4 个，占塌陷斑块总数的 1.29%，占塌陷斑块总面积的 9.84%（共 1476.83 $hm^2$），这些斑块集中分布于 7 区的中部（潘安湖周边）和东北部（贾汪片区西侧），对于维持城市 GI 的稳定具有非常重要的作用。

### 3.3.3 城市 GI 引导下的采矿迹地景观生态重建区划重要性评价

利用 ArcGIS 10.2 平台中的加权叠加工具，以等权重叠加生态重要性评价指标（EI）与维持景观连接度重要程度（即斑块重要性指标 dPC），得到采矿迹地优化 GI 的贡献度值（图 3-15）。结果显示，徐州市采矿迹地的 $C_{gi}$ 值分布于 1 ～ 5，较高的分值集中分布在贾汪片区、庞庄东片区、董庄片区北部与庞庄西片区故黄河两岸，总体上以上片区的生态重要性及维持景观连接度重要程度都较高。其中庞庄东片区生态重要性整体较低，但由于其 dPC 值相对较高，即在城市 GI 景观结构中具有重要的位置，因此综合后 $C_{gi}$ 值也有所提升。

为了更好地进行分区统计与分析，同样采取自然断点法，将渐进分布的 $C_{gi}$ 值进行提炼，本研究基于 ArcGIS 10.2 平台空间分析工具中的重分类功能，将 $C_{gi}$ 值划分为 4 个等级，从 4 到 1 分别代表优化 GI 的贡献度非常高、高、中等和低。

根据该划分依据，确定相应区划，认为优化 GI 贡献度越高的采矿迹地，越应该被纳入城市 GI 系统，同时由于其具有重要的生态适宜性及处于关键的区位，应恢复为较少人为干扰的 GI 用地。因此，非常高 $C_{gi}$ 等级对应保育型采矿迹地景观生态重建区；高 $C_{gi}$ 等级对应游憩型采矿迹地景观生态重建区；中等 $C_{gi}$ 等级对应生产型采矿迹地景观生态重建区；低 $C_{gi}$ 等级对应建设用地型采矿迹地景观生态重建区。各区划采矿迹地面积及其比例见表 3-7，各区划面积比例分布较为均衡。非常高 $C_{gi}$ 等级区划面积比例达到 24.76%，这些采矿迹地是完善及优化城市 GI 最具潜力的资源；而低 $C_{gi}$ 等级区划面积比例为 11.16%，这些采矿迹地对于优化城市 GI 的作用相对较小。

图 3-15 采矿迹地优化 GI 的贡献度值

（图片来源：作者自绘）

表 3-7 各区划采矿迹地面积及其比例

| 优化 GI 贡献度等级划分 | 等级划分 | 比例 | 面积 /hm² |
| --- | --- | --- | --- |
| 非常高 | 4 | 24.76% | 3703.035 |
| 高 | 3 | 33.19% | 4963.614 |
| 中等 | 2 | 30.89% | 4619.992 |
| 低 | 1 | 11.16% | 1668.856 |

（表格来源：作者自绘）

# 4

# 采矿迹地景观生态重建绩效评价

我国黄淮东部平原地区因煤炭资源开采形成了大量的采矿迹地，其中采煤塌陷湿地是主要表现形式。采煤塌陷湿地不仅导致周边地区生态环境恶劣、良田荒废、作物产量减少、基础设施破坏等问题，更是区域社会安定、经济协调及可持续发展的重要制约因素。采矿迹地景观生态重建作为实现煤炭资源型城市 GI 增量的重要途径，不但提升了城市生态系统服务功能，更产生了显著的外部效益。我国在对采矿迹地进行景观生态重建的基础上，探索出了以改善生态环境和人居环境为目标，建设湿地公园的有效路径。在增强城市居民幸福感与获得感的大背景下，湿地公园的建设逐步受到各界的重视，而其建成效果和综合效益也得到越来越多学者的关注。

党的十八大以来，深受环境之困的徐州市努力践行新发展理念，迎来由“黑”变“绿”的生态逆转，将大量的采矿迹地重新融入城市生态空间，建成潘安湖、九里湖、龙吟湖等湿地公园。其中，九里湖国家湿地公园是徐州市首个国家级湿地公园，并且是全国采煤塌陷湿地景观生态重建的示范性项目。本章基于绩效评价相关研究，构建采矿迹地景观生态重建的评价体系，以徐州市九里湖国家湿地公园为研究对象进行实证研究。

## 4.1 采矿迹地景观生态重建绩效评价体系构建

### 4.1.1 社会景观绩效评价指标集建立

采煤塌陷湿地公园的社会景观绩效评价指标体系的构建，是研究方案的重点和难点。美国风景园林基金会（Landscape Architecture Foundation，LAF）基于生态系统服务理论，构建了环境效益、社会效益和经济效益三位一体的开放式景观绩效度量体系的基本框架。综合考虑较为成熟的景观绩效系列（landscape performance series，LPS）中的社会层面、生态系统文化服务（cultural ecosystem services，CES）及采煤塌陷湿地公园的特征进行指标集的构建。指标集构建以文献调查法为基础，通过大量文献的阅读，提取和归纳社会绩效的评价指标、数据来源、评价方法等信息，筛选适用于采煤塌陷湿地公园的社会景观绩效评价指标。

### 1. 景观绩效系列

针对景观绩效系列中评价指标的维度、指标、指标描述、数据获取进行整理，并以此作为构建评价指标体系的基础。将相似评价指标进行归纳与整合，总共可得到 35 个社会景观绩效评价指标（表 4-1）。

表 4-1　社会景观绩效评价指标归纳

| 评价因子 | 对应指标 |
| --- | --- |
| 游憩和社会价值 | 停留时间 |
| | 为居民、游客提供参与户外活动的空间与机会 |
| | 举办各类公众活动（元宵节、国庆节等节日聚会场所） |
| | 访客数量 |
| 文化保护 | 古树数量 |
| | 文化遗产（物质文化遗产、非物质文化遗产） |
| 健康与优质生活 | 游客兴趣与满意度 |
| | 缓解情绪压力，放松心情 |
| | 提高生活质量 |
| | 社区公共设施建设（公园在改善社区公共环境方面做的改造与设计） |
| | 就业率（湿地公园提供的就业岗位） |
| | 影响学校申请选择、增加入学需求 |
| | 降低噪声 |
| 安全 | 游客安全性体验（能见度、开放性，减少交通事故与死亡事件） |
| | 防灾避险设施 |
| | 减少光侵扰 |
| | 降低灾难性大火产生的风险 |
| | 减少居民与病原体接触，降低患病率 |

续表

| 评价因子 | 对应指标 |
| --- | --- |
| 教育价值 | 提供教育机会（自然教育、园艺课堂、儿童科普项目等） |
| | 志愿者人数 |
| | 提高场所感知度及身份认同感 |
| | 提升公众对可持续性设计和规划的理解与认知 |
| 食品生产 | 产出食物 |
| 景观与风景品质 | 基础设施品质 |
| | 改变审美倾向（欣赏野草之美） |
| | 使用满意度（园内构筑物视觉观赏体验） |
| | 舒适度（绿视率） |
| 交通安全与可达性 | 步行系统品质（完整的人行道连接、无障碍设施等） |
| | 交通流线品质（人车分流、贯通的骑车通道） |
| | 出行方式及所占比重（小汽车、公交、自行车、步行） |
| | 可达性 |
| | 公共交通品质（地铁站、公交车站、电动车停车场） |
| | 交通事故减少量 |
| 可用性与使用公平 | 公众参与度 |
| | 支持各类群体游赏 |

（表格来源：作者自绘）

### 2. 生态系统文化服务

生态系统文化服务将自然生态与人的价值观联系起来，反映出人类社会的态度与偏好，为生态文明建设创造了良好的精神文明基础[1]。将生态系统文化服务指标进行筛选作为社会景观绩效评价的有效依据，有助于完善和补充现有的评价体系。由于不同类型生态系统的特性不同导致评价内容有所差异，因此需将生态系统文化服务与采煤塌陷湿地的景观特征进行关联，提炼出相关景观要素特征因子，筛选出5

[1] 孙艳芝，张同升 . 生态系统服务社会价值研究综述 [J]. 四川林业科技，2020，41（3）：143-152.

个维度，共计 28 个指标（表 4-2）。

表 4-2 生态系统文化服务评价指标归纳

| 生态系统文化服务评价因子 | 对应指标 |
| --- | --- |
| 游憩及生态旅游 | 支付意愿 |
| | 人口密度 |
| | 场地可达性 |
| | 人均绿地面积 |
| | 娱乐设施的数量、质量、类型 |
| | 绿色空间周边居住人口比例 |
| 文化遗产价值 | 植物乡土性 |
| | 游憩活动本土性 |
| | 景观主题特色 |
| 美学价值 | 植物季相和色相 |
| | 植物群落层次性 |
| | 水质 |
| | 水景多样性 |
| | 景观主题特色 |
| | 环境卫生维护水平 |
| | 水生植物丰富性 |
| | 城市天际线美感度 |
| | 岸线形态美感度 |
| | 社交网络景点照片的出现频率 |
| | 公共艺术性标志 |
| | 夜景品质 |
| 社会关系 | 景观支持、促进人们进行社交互动的能力 |

续表

| 生态系统文化服务评价因子 | 对应指标 |
|---|---|
| 教育价值 | 野生动物科普及书籍 |
| | 教育项目的数量 |
| | 遗产与自然资源保护水平 |
| | 服务设施完善性 |
| | 活动全龄性 |
| | 智能化设施 |

（表格来源：作者自绘）

### 3. 采煤塌陷湿地公园的特征

采煤塌陷湿地公园评价指标集的建立需以公园的特征为基础，选取适用的评价指标。采煤塌陷湿地公园具有特殊性，生态修复为其建设的前提条件，工业文化景观为其特色内涵，区域协同发展为其动态特征，周边居民为其发展见证者。

（1）基于生态修复的环境质量提升。地下煤炭资源的开发导致地表塌陷，在降水和地下潜水的作用下形成了湿地景观，而经过人工修复形成的公园改善了矿区的生态环境，更促进了周边居民的身心健康。

（2）具有工业文化特色的景观。煤炭开采带动经济发展的同时导致生态环境问题层出不穷，而将代表城市历史的工业文化融入景观，通过公园建设凸显城市历史，对于居民和城市转型都具有特殊意义。

（3）生态转型促进区域协同发展。生态修复能够带动周边区域的协同发展，如完善基础设施、带动产业转型、提升城市形象，通过“绿水青山”实现“金山银山”的生态发展。

（4）周边居民具有特殊性。失地农民作为公园建设的利益相关者，在这一动态发展过程中，既得到了改善生态环境和人居环境的红利，又被迫适应从农民到市民的身份转变。

## 4.1.2　社会景观绩效评价指标筛选

结合文献研究及研究对象等，进一步与相关专家、学者对各维度指标进行评价分析，并实地预调查，优化和修改测量量表，结合适用于采煤塌陷湿地公园的筛选原则，剔除无关指标，确定合适的评价工具。筛选过程主要遵循以下原则。

**1. 适应采煤塌陷湿地公园特征**

由于采煤塌陷湿地公园环境的特殊性，其主要社会价值为游憩及景观价值，食品生产已经不在研究范围内，所以进行剔除。

**2. 数据可获取性**

一般数据来源为文献资料、专家咨询、问卷调查、监测数据等。由于文献资料的统计数据和监测数据较难获得，如就业率等，而降低灾难性大火产生的风险、减少光侵扰等指标不能确定是因公园的建设而产生的社会价值，因此予以剔除。

**3. 评价工具的适用性**

由于评价工具的可靠性对评价结果产生的影响较大，社会绩效的评价工具又多以绿色基础设施的价值认知评价为主，因此，基于评价工具的适用性应选取便于计算的评价指标，并以现场调查能够获得的指标为主。

最终结合文献研究及特定研究对象等，确定采煤塌陷湿地公园社会景观绩效评价体系包含 5 个维度，共 28 项指标（表 4-3）。

表 4-3　采煤塌陷湿地公园社会景观绩效评价指标选取

| 准则层 | 指标层 | 指标解释 | 数据来源、工具 |
| --- | --- | --- | --- |
| 游憩和社会价值（$B_1$） | 访客数量（$C_1$） | 公园建成后一段时间内接待游客总人次 | 旅游者流量监测与统计 |
| | 停留时间（$C_2$） | 游客在游览公园时停留的时间 | 问卷调查 |
| | 出行频率（$C_3$） | 游客在一段时间内到达公园的频率 | 问卷调查 |
| | 场地计划性、组织性活动频次（$C_4$） | 公园举办节日庆典、音乐会、文化活动等的频率 | 访谈及部门数据统计 |
| | 交通可达性（$C_5$） | 出入口设置、交通换乘便利程度 | 问卷调查 |
| | 旅游线路便捷性（$C_6$） | 公园车行系统、人行系统、停车设施、无障碍设施布置合理 | 问卷调查 |
| | 使用者安全性体验（$C_7$） | 扩大可见视野、增加安保人员、公园开放性 | 问卷调查 |

续表

| 准则层 | 指标层 | 指标解释 | 数据来源、工具 |
| --- | --- | --- | --- |
| 景观与风景品质（$B_2$） | 水体美感度（$C_8$） | 水体面积、颜色、沉积物 | 问卷调查 |
|  | 岸线美感度（$C_9$） | 人工驳岸、半人工驳岸、自然驳岸 | 问卷调查 |
|  | 亲水空间趣味性（$C_{10}$） | 池塘、开敞湖面 | 问卷调查 |
|  | 植物丰富度（$C_{11}$） | 水生、陆生植物，如乔木、灌木、草本植物 | 问卷调查 |
|  | 公共艺术标志性（$C_{12}$） | 景观雕塑、特色小品 | 问卷调查 |
|  | 夜景品质（$C_{13}$） | 夜间灯光系统的路灯数量、分布合理性及照明效果 | 问卷调查 |
| 科普教育价值（$B_3$） | 科普教育活动频率（$C_{14}$） | 自然教育、园艺课堂、儿童科普等活动举办频率 | 访谈及部门数据统计 |
|  | 教育服务设施完善性（$C_{15}$） | 科普馆、标识系统、观察站等教育设施种类丰富、分布合理 | 访谈及部门数据统计 |
|  | 博览展示与解说系统完善性（$C_{16}$） | 动植物解说牌及生态修复技术标识牌显著，导游解说详细 | 问卷调查 |
|  | 参与式体验感知度（$C_{17}$） | 湿地博物馆、湿地公园庆典活动，采煤塌陷湿地形成及修复模式体验式学习 | 问卷调查 |
|  | 科普宣传感知度（$C_{18}$） | 提高人们的生态环境保护意识 | 问卷调查 |
|  | 科研检测与成果（$C_{19}$） | 水文水质、湿地、生物多样性调查与监测 | 访谈及部门数据统计 |
| 文化遗产价值（$B_4$） | 城市形象塑造（$C_{20}$） | 改善城市形象、宣传本地区的地域特色 | 问卷调查 |
|  | 历史文脉传承性（$C_{21}$） | 见证城市煤炭工业发展历史，记录城市的发展历程 | 问卷调查 |
|  | 生态文化弘扬（$C_{22}$） | 记录了城市生态转型发展，体现了“绿水青山就是金山银山”的生态文明理念 | 问卷调查 |
| 社区服务价值（$B_5$） | 场所感（$C_{23}$） | 使用人群对公园是否有认同感、归属感 | 问卷调查 |
|  | 促使社区居民收入增加（$C_{24}$） | 周围居民感知收入是否增加 | 问卷调查 |
|  | 提高公众健康水平（$C_{25}$） | 缓解情绪压力、抑制噪声、提升生活质量与视觉体验 | 问卷调查 |

续表

| 准则层 | 指标层 | 指标解释 | 数据来源、工具 |
| --- | --- | --- | --- |
| 社区服务价值（$B_5$） | 丰富居民的精神文化生活（$C_{26}$） | 举办社区文娱活动，促进邻里交往 | 问卷调查 |
| | 改善社区公共设施（$C_{27}$） | 公园建成后在改善社区公共环境方面做的改造与设计 | 问卷调查 |
| | 防灾避险（$C_{28}$） | 公园有效避灾面积、人口承载力，防灾设施是否满足应急救护需求 | 问卷调查 |

（表格来源：作者自绘）

### 4.1.3 社会景观绩效评价权重确定

通过构建判断矩阵——一致性检验—计算各层指标权重的步骤对采煤塌陷湿地公园的社会景观绩效权重进行确定。首先，将评价指标构建为判断矩阵，设计电子问卷，向高等院校、湿地公园管理部门及采煤塌陷湿地领域的 10 位专家发放并回收整理；其次，对判断矩阵的评价结果进行一致性检验，对不符合结果的数据进行修正；最后，通过软件 yaahp V10.3 的算术平均法来求因子权重值。

**1. 构建判断矩阵**

判断矩阵通过任意两个指标的比较获得重要性的差异，能够反映不同指标的重要性程度。该方法可在同一个层次中就影响因素的有效性按照 1 ～ 9 的分值对重要性感知程度进行两两比较并赋值。其中，9、7、5、3、1 分别对应极端重要、非常重要、明显重要、稍微重要、同样重要；8、6、4、2 表示重要程度介于相邻的两个等级之间，如表 4-4 所示。本书采用德尔菲法邀请 10 位采煤塌陷湿地及湿地公园领域的专家，进行调查问卷的填写，问卷回收率为 100%。

表 4-4　采煤塌陷湿地公园社会景观绩效评价指标重要程度含义及说明

| 标度 | 含义 | 说明 |
| --- | --- | --- |
| 1 | 同样重要 | 两因素比较，具有相同的重要性 |
| 3 | 稍微重要 | 两因素比较，前一个比后一个稍微重要 |

续表

| 标度 | 含义 | 说明 |
| --- | --- | --- |
| 5 | 明显重要 | 两因素比较，前一个比后一个明显重要 |
| 7 | 非常重要 | 两因素比较，前一个比后一个重要得多 |
| 9 | 极端重要 | 两因素比较，前一个比后一个极端重要 |
| 2、4、6、8 | — | 上述相邻等级的中间值 |
| 倒数 | — | 另一因素对原因素的反比 |

（表格来源：作者自绘）

例如，对于采煤塌陷湿地公园的社会景观绩效，评价主体认为游憩和社会价值相比景观与风景品质是极端重要、非常重要、明显重要、稍微重要还是同样重要？如果评价主体认为游憩和社会价值相比景观与风景品质稍微重要则打 3 分，景观与风景品质相比游憩和社会价值分值为 1/3，此为正反矩阵。

### 2. 一致性检验

对定性事物进行定量评价的过程中难免存在主观判断误差，为减小评价结果的误差，需要对评分结果进行一致性检验，以获得合理可靠的数据。判断矩阵一致性检验指标为 CI，当检测数据的 CI $<$ 0.1 时，则满足一致性要求，否则就需要对数据进行修正，其中 CI 的计算公式见式（3-2），其中：

$$\lambda_{\max} = \frac{1}{n}\sum_{i=1}^{n}\frac{(AW)_i}{W_i} \tag{4-1}$$

式中，$\lambda_{\max}$为矩阵最大特征根；$n$为矩阵阶数；$(AW)_i$为$AW$的第$i$个元素；$W_i$是特征向量$W$的第$i$个元素。

### 3. 计算各层指标权重

运用 yaahp V10.3 软件将 10 位专家的评分结果输入构建的层次结构中，将判断矩阵通过一致性检验的专家评分运用计算结果集结，得出采煤塌陷湿地公园社会景观绩效评价的一级评价目标层指标的权重值和二级评价准则层指标的权重值，对 10 位专家的调查结果进行平均，即为该指标的权重。通过以上步骤，最终得到采煤塌陷湿地公园社会景观绩效评价指标层因子权重。

## 4.2 采矿迹地景观生态重建绩效评价模型

### 4.2.1 绩效评价模型的选取

湿地公园与城市居民息息相关，其发挥的社会价值不以货币形式呈现，而是通过无形的外部效应被使用者感知。因此，采煤塌陷湿地公园的多元社会价值须通过建立科学可行的评价体系进行定量研究。评价方法的选择一方面为评价结果和内容分析提供支持，另一方面能够为难以定量化的社会价值研究提供方法与思路。

通过对绿地社会景观绩效评价方法的梳理，结合采煤塌陷湿地公园社会景观绩效的思考，基于以下原因选取层次分析法、模糊综合评价法和重要性 - 绩效分析法（importance - performance analysis，IPA）构建评价体系。

（1）层次清晰的框架构建。第 4.1 节提出了采煤塌陷湿地公园社会景观绩效的 5 个维度，基于此构建层次等级清晰的评价框架，以层次分析法为工具，明确评价指标之间的关系，对社会效益进行多层次的系统性评价。

（2）主观感知的量化评价。社会景观绩效测度的量化研究，通常以问卷调查方式获取评价主体的满意度。模糊综合评价法能够将评价主体对于景观感知的定性评价转化为可量化研究的数据，以此进行社会景观绩效测度的量化研究。

（3）评价指标优先级分析。以提升采煤塌陷湿地公园社会景观绩效为目标，通过不同评价主体的重要性 - 绩效分析，能够对评价指标优先级进行分析，以指导公园有步骤地优化提升社会景观绩效。

综上，选择层次分析法与模糊综合评价法构建采煤塌陷湿地公园社会景观绩效评价体系，基于 IPA 提出公园社会景观绩效优化策略。整体评价流程分为两步。

（1）框架构建。建立社会景观绩效评价指标集并进行指标筛选，通过专家打分法确立各层级指标权重，并以模糊综合评价法得出评价结果，最终形成采煤塌陷湿地公园社会景观绩效评价框架。

（2）综合评价。基于评价框架设计调查问卷，以获取相关数据。通过各评价要素的计算得到社会景观绩效的总值。通过不同评价主体的重要性 - 绩效分析，得到公园社会景观绩效指标优化提升的优先级。

### 4.2.2 评价指标量化方法及评价标准

#### 1. 评价指标量化方法

根据采煤塌陷湿地公园社会景观绩效评价指标表现形式的不同，针对定量指标和定性指标采取不同的量化处理方法。

（1）定量评价的指标等级。依据《国家湿地公园评估标准》（LY/T 1754—2008）、《国家湿地公园管理办法》等制定指标各等级的标准值。

（2）定性评价的指标等级。这类评价分为两部分，交通可达性（$C_5$）、水体美感度（$C_8$）、岸线美感度（$C_9$）通过对使用者做问卷调查得到各等级评价人数百分比进行评价；科研检测与成果（$C_{19}$）等指标由公园管理处、政府相关工作人员、生态修复专家等组成的评价专家组对指标所考核的内容进行等级评价。

#### 2. 评价标准

**1）社会景观绩效评价指标含义**

（1）游憩和社会价值（$B_1$）。

采煤塌陷湿地公园作为城市绿色基础设施的一部分，具备城市绿地的多元社会功能，其中包括提供休闲娱乐场所、增强人们的交流与联系、组织节庆活动等基本游憩和社会功能。因此，在评价指标体系中考虑两方面，即从评价主体视角出发关注公园的基本使用情况，从公园外部区位条件出发考虑影响游憩和社会价值的可达性及安全性因素。

访客数量（$C_1$）：湿地公园游憩效果可通过访客数量进行反映，为消除采煤塌陷湿地公园的面积规模对游客量的影响，采用年均游客量占游客容量的百分比进行计算。

停留时间（$C_2$）：通过游客在公园停留的时间判断公园游憩价值的发挥情况。公园通过提供休闲娱乐空间、趣味性丰富的游览路线吸引游客，因此，通过游客在采煤塌陷湿地公园的停留时间来评定公园的社会价值。

出行频率（$C_3$）：与 $C_2$ 指标的含义相似，出行频率越高则表明公园对游客的吸引力越大，即游客对公园的游憩和社会价值越满意。

场地计划性、组织性活动频次（$C_4$）：公园举办一些主题突出、内容丰富、宣传力度大、社会影响广泛的文化活动，可以推介公园景观、展示保护建设成果、丰富旅游产品、拓展旅游市场，游客不仅可以在此受到教育、获取知识，还能愉悦身心。

交通可达性（$C_5$）：湿地公园为周边居民提供了更易到达的绿色空间，而交通便利程度是影响湿地公园游客数量的重要因素，其出入口设置是否合理、交通换乘便利程度都是在调查问卷中有所体现的内容。

旅游线路便捷性（$C_6$）：公园内部道路的便捷性是影响游客对公园满意度的因素之一。公园内部的车行系统、人行系统、停车设施、无障碍设施布置的合理性，对社会效益的发挥产生间接影响。

使用者安全性体验（$C_7$）：从评价主体的角度对公园安全性进行评价。由于公众安全是空间使用最为基础的要求，关注采煤塌陷湿地公园的安全性，主要是考虑湿地亲水空间安全性设计、由自然植被围合的可见视野、摄像头设置、安保人员配置等。

（2）景观与风景品质（$B_2$）。

采煤塌陷湿地在生态修复和景观重构后，能够充分展现湿地生态系统的景观特色，湿地水体、驳岸、植物都能够给人以舒畅放松的视觉体验，而景观小品和夜景则可以吸引游客。以公众偏好为基础的评价能够促进公众理解湿地的物质景观，并且帮助设计者针对有特殊性的景观进行设计。因此，在调查问卷中通过评价主体打分（1 ～ 5 分）的方式获取其对湿地公园风景美学的感知程度。

水体美感度（$C_8$）：水体的流动性与美观性决定了水景的设计是湿地景观营造的核心。针对湿地水体景观中水体透明度、颜色、是否有异味、是否存在沉积物等，向评价主体进行询问，将满意程度得分作为评判标准。

岸线美感度（$C_9$）：岸线景观的美感度是由水位、潮汐、驳岸类型共同决定的。不同的驳岸类型可以展现或凹或凸、或曲或直、或虚或实、或连续或间断的线性景观。将评价主体对公园岸线的景观偏好作为评判标准。

亲水空间趣味性（$C_{10}$）：亲水台阶、亲水平台等灵活多变的滨水活动空间是使用者对湿地公园功能的诉求之一。塑造亲近湿地的开放空间能够增强公园活力、提升使用体验。通过问卷调查以评判滨水活动空间的趣味性。

植物丰富度（$C_{11}$）：湿地生态系统的植物群落比陆生生态系统更加复杂，湿地公园植被很容易疯长，从而形成杂乱、难以进入的自然景观。公众对于湿地植物的整体协调性、色彩的搭配及丰富的种类都有一定程度的偏好。以公众感知评判植物丰富度。

公共艺术标志性（$C_{12}$）：合理、美观、科学的公共艺术能够营造湿地公园的地域文化氛围，同时充分利用湿地资源的功能。公共艺术设计不仅需要考虑其周围的景观环境，还需要满足不同类型游客的需求，以提升湿地公园风景品质。

夜景品质（$C_{13}$）：湿地公园的亮化能够在夜晚为周边社区居民提供较好的景观特色，不仅延长了湿地公园的使用时间，同时丰富了公园的功能，有助于提升公园的知名度。

（3）科普教育价值（$B_3$）。

《国家湿地公园管理办法》中规定："国家湿地公园应当设置宣教设施，建立和完善解说系统，宣传湿地功能和价值，普及湿地知识，提高公众湿地保护意识。"向社会宣传采煤塌陷湿地的生态保护修复历史，以此来提高公众对湿地及生态保护的意识和积极性，也能够让公众认识到保护湿地、恢复湿地、工业遗产再利用的重要性。评价标准除使用者的感知外，还参考了《国家湿地公园评估评分标准》《国家湿地公园试点验收办法（试行）》。

科普教育活动频率（$C_{14}$）：科普教育活动的频率能够表明公园在宣传湿地功能、价值方面的积极性，同时是湿地保护及管理工作的重要环节。

教育服务设施完善性（$C_{15}$）：评价公园的科普展览馆、标识系统、野外观察站等教育设施是否种类丰富、分布合理。

博览展示与解说系统完善性（$C_{16}$）：博览展示与解说系统是湿地公园科普教育的重要载体。博览展示与解说系统通过评价主体的感知程度进行度量。

参与式体验感知度（$C_{17}$）：可以组织丰富多样、生动形象的湿地科普实践活动，让大众能够参与其中，感知湿地的文化及湿地保护和恢复的重要性，通过互动交流的方式加深游客对展示内容的印象，达到寓教于乐的目的。

科普宣传感知度（$C_{18}$）：由评价主体感知湿地公园组织的各种科普宣传活动的程度，评判其提高公众生态环境保护意识的作用。

科研检测与成果（$C_{19}$）：围绕湿地公园保护和发展进行湿地保护项目研究，提高科研能力，与有关科研院所合作，提高公园检测技术和监测管理能力。

（4）文化遗产价值（$B_4$）。

采煤塌陷湿地公园作为一种特殊的生态系统和景观类型，不仅使城市具有显著的景观特异性，而且能够体现煤炭资源型城市深厚的工业文化积蕴和丰富的物质文明。其文化遗产价值主要通过修复与保护后的状况来展现。一方面生态修复改善了城市形象、恢复了生态系统稳定性；另一方面公园作为煤炭资源型城市工业历史的体现，传承了历史文脉，继而带来文化遗产价值。评价标准以评价主体感知度为依据。

城市形象塑造（$C_{20}$）：煤炭资源型城市通过生态修复工程和湿地公园建设，改善了矿区生态环境，宣传了本地区的地域特色和形象，提升了社会公众对煤炭资源型城市的认知，为其他煤炭资源型城市采煤塌陷湿地转型发展提供了一定的指导和示范作用。

历史文脉传承性（$C_{21}$）：湿地公园是城市煤炭工业发展历史的见证载体，记录了城市的发展，通过景观小品、基础设施及湿地公园的建筑景观，能够让公众感知到历史文化的价值。

生态文化弘扬（$C_{22}$）：采煤塌陷湿地公园记录了城市生态转型发展，体现了“绿水青山就是金山银山”的生态文明理念，也向大众宣传和证明了生态保护的重要性和必要性。

（5）社区服务价值（$B_5$）。

社区服务价值是采煤塌陷湿地公园发挥社会效益的重要内容之一，通过周边社区居民的感知情况展现其效益。

场所感（$C_{23}$）：采煤塌陷湿地公园的场所感是融于城市发展过程中的情感表达，可通过公园的建设激活城市周边区域，促进城市街区有机更新，提升人民群众的获得感、幸福感和安全感。

促使社区居民收入增加（$C_{24}$）：湿地公园的建设能够有效带动周边产业发展并

且提供大量的就业岗位，而公园内部也可以提供部分岗位，帮助解决周边社区居民就业问题。

提高公众健康水平（$C_{25}$）：煤炭开采导致周边土地损毁、地表景观破坏、地表水和地下水污染、空气污染，湿地公园的建设能够改善生态环境和人居环境，如降低居民健康风险、缓解情绪压力、提高生活质量。

丰富居民的精神文化生活（$C_{26}$）：湿地公园给周边市民增添了休闲运动的场地，丰富了居民的生活元素。同时，依托湿地公园进行宣传活动也丰富了居民的文化生活，促进了邻里交往。

改善社区公共设施（$C_{27}$）：社区是建设公园城市的重要载体，以公园建设为契机对社区公共服务设施、公共活动空间、市政基础设施等进行改善，让居民享受到公园城市带来的福祉。

防灾避险（$C_{28}$）：建立健全的湿地公园灾害防御体系，完善公共突发事件、自然山体滑坡及灾害性恶劣天气等可预见性事件的应急对策，增加湿地公园的避险功能。

**2）评价等级的标准**

基于采煤塌陷湿地公园的指标内涵及数据来源，构建采煤塌陷湿地公园社会景观绩效评价标准，如表 4-5 所示。

**表 4-5　采煤塌陷湿地公园社会景观绩效评价标准**

| 指标 | 评价标准 | | | | |
|---|---|---|---|---|---|
| | 1 | 2 | 3 | 4 | 5 |
| 访客数量（年均游客量 / 游客容量 ×100%）（$C_1$） | ≤ 30%，>120% | （30%，40%]（110，120] | （40%，50%]（100%，110%] | （50%，70%] | （70%，100%] |
| 停留时间（$C_2$）/min | ≤ 30 | （30，60] | （60，90] | （90，120] | > 120 |
| 出行频率（$C_3$） | 第一次 | 偶尔 | 每月几次 | 每周几次 | 每天 |
| 场地计划性、组织性活动频次（$C_4$）/（次 / 年） | ≤ 5 | （5，10] | （10，15] | （15，20] | > 20 |

续表

| 指标 | 评价标准 | | | | |
|---|---|---|---|---|---|
| | 1 | 2 | 3 | 4 | 5 |
| 交通可达性（$C_5$） | 1 | 2 | 3 | 4 | 5 |
| 旅游线路便捷性（$C_6$） | 1 | 2 | 3 | 4 | 5 |
| 使用者安全性体验（$C_7$） | 1 | 2 | 3 | 4 | 5 |
| 水体美感度（$C_8$） | 1 | 2 | 3 | 4 | 5 |
| 岸线美感度（$C_9$） | 1 | 2 | 3 | 4 | 5 |
| 亲水空间趣味性（$C_{10}$） | 1 | 2 | 3 | 4 | 5 |
| 植物丰富度（$C_{11}$） | 1 | 2 | 3 | 4 | 5 |
| 公共艺术标志性（$C_{12}$） | 1 | 2 | 3 | 4 | 5 |
| 夜景品质（$C_{13}$） | 1 | 2 | 3 | 4 | 5 |
| 科普教育活动频率（$C_{14}$） | ≤ 5 | (5，10] | (10，15] | (15，20] | ＞20 |
| 教育服务设施完善性（$C_{15}$） | 宣教方式单一，无互动性 | 设计科学合理，宣教方式单一，互动性较少 | 有解说系统，设计科学合理，宣教方式一般，有一定的互动性 | 有解说系统，设计科学合理，宣教方式较多，互动性较强 | 有完备的解说系统，设计科学合理，宣教方式丰富，互动性强 |
| 博览展示与解说系统完善性（$C_{16}$） | 1 | 2 | 3 | 4 | 5 |
| 参与式体验感知度（$C_{17}$） | 1 | 2 | 3 | 4 | 5 |
| 科普宣传感知度（$C_{18}$） | 1 | 2 | 3 | 4 | 5 |
| 科研检测与成果（$C_{19}$） | 无监测仪器和研究成果 | 监测仪器较差，成果较少 | 监测仪器一般完善，具有基础成果 | 监测仪器较完善，成果较丰富 | 具有多种高质量湿地监测仪器和丰富的科研成果 |

续表

| 指标 | 评价标准 | | | | |
|---|---|---|---|---|---|
| | 1 | 2 | 3 | 4 | 5 |
| 城市形象塑造（$C_{20}$） | 1 | 2 | 3 | 4 | 5 |
| 历史文脉传承性（$C_{21}$） | 1 | 2 | 3 | 4 | 5 |
| 生态文化弘扬（$C_{22}$） | 1 | 2 | 3 | 4 | 5 |
| 场所感（$C_{23}$） | 1 | 2 | 3 | 4 | 5 |
| 促使社区居民收入增加（$C_{24}$） | 1 | 2 | 3 | 4 | 5 |
| 提高公众健康水平（$C_{25}$） | 1 | 2 | 3 | 4 | 5 |
| 丰富居民的精神文化生活（$C_{26}$） | 1 | 2 | 3 | 4 | 5 |
| 改善社区公共设施（$C_{27}$） | 1 | 2 | 3 | 4 | 5 |
| 防灾避险（$C_{28}$） | 有效避灾面积不满足人口需求，人口承载力差；防火能力很差；设施不完善，不满足灾民应急救护需求 | 有效避灾面积基本不满足人口需求；防火能力较差；设施基本不完善，基本不满足灾民应急救护需求 | 有效避灾面积基本满足人口需求；防火能力中等；设施基本完善，基本满足灾民应急救护需求 | 有效避灾面积比较满足人口需求；防火能力较强；设施比较完善，比较满足灾民应急救护需求 | 有效避灾面积大，人口承载力佳；防火能力强；设施完善，满足灾民应急救护需求 |

（表格来源：作者自绘）

3）评价等级的确定

根据模糊综合评价法的原理，将评价等级集合设为 $V$，各评价指标分为 $n$ 个不同的评价等级，即 $V=\{v_1,\ v_2,\ \cdots,\ v_n\}$。每个评价指标被划分为 5 个等级，即 $n=5$。5 个等级分别是很差（1 分）、较差（2 分）、一般（3 分）、较好（4 分）和很好（5 分），即评价指标等级集合表示为 $V$={ 很差，较差，一般，较好，很好 }，如表 4-6 所示。

表 4-6 采煤塌陷湿地公园社会景观绩效评价等级

| 评价得分 | 评价等级 |
| --- | --- |
| $0 < X_i \leqslant 1$ | 很差 |
| $1 < X_i \leqslant 2$ | 较差 |
| $2 < X_i \leqslant 3$ | 一般 |
| $3 < X_i \leqslant 4$ | 较好 |
| $4 < X_i \leqslant 5$ | 很好 |

（表格来源：作者自绘）

## 4.3 采矿迹地景观生态重建绩效评价实例

### 4.3.1 研究范围及评价主体特征

**1. 研究范围**

九里湖国家湿地公园的研究区域分为两个层次：九里湖国家湿地公园内部与公园周边社区。①九里湖国家湿地公园占地面积 250.62 $hm^2$，其中湿地总面积达到 179.11 $hm^2$，包括湿地保育区、恢复重建区、宣教展示区、合理利用区和管理服务区（图 4-1）。游客多集中于西湖和东湖片区，小北湖和北湖属于不对外开放的湿地保育区。②公园周边社区的研究范围划定为西湖和东湖片区向外扩展 1 km 涵盖的社区，公园北侧的居民区虽然距离公园较近，但不属于使用者活动区域，因此，将社区范围进行缩小。

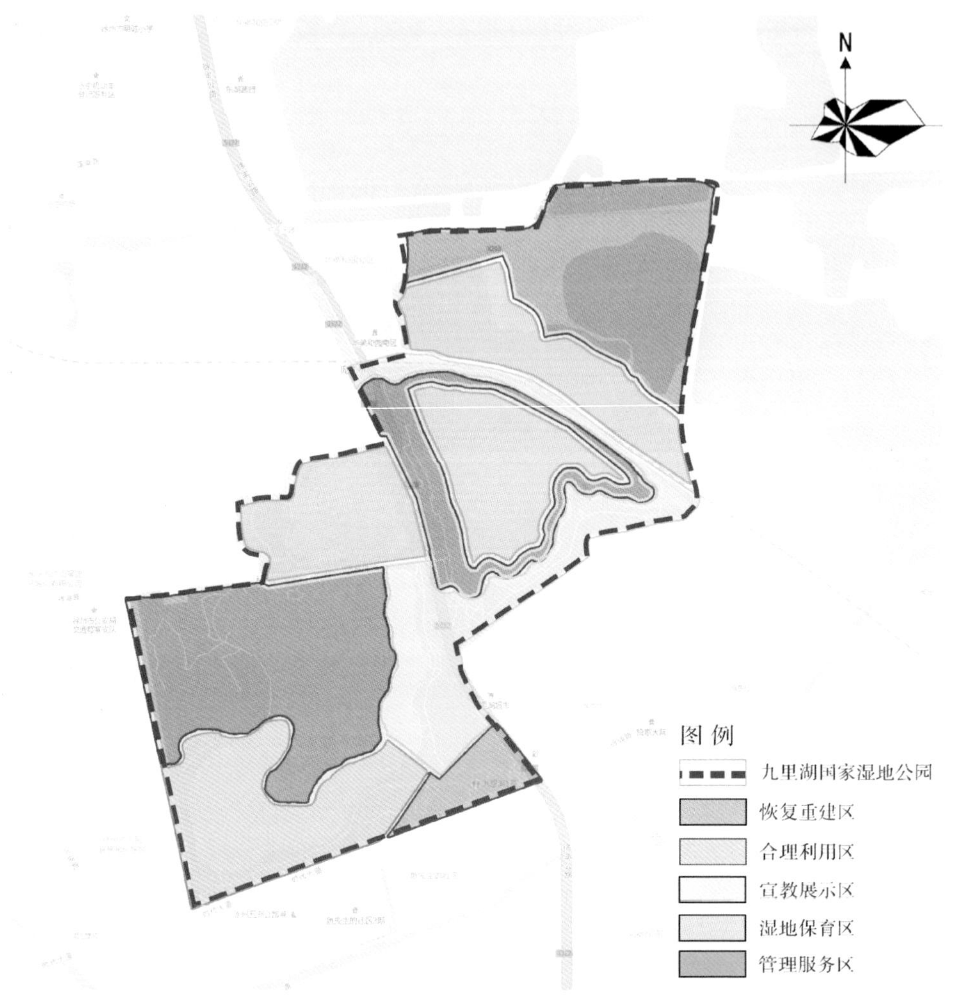


**图 4-1　九里湖国家湿地公园功能分区**

（图片来源：作者自绘）

在公园内部集中于合理利用区和宣教展示区发放调查问卷，在公园外部对周边8 个社区发放调查问卷，其中包括 4 个村庄，分别为拾西村、邓庄新村、新庞庄、西邓庄；4 个小区，分别是鱼先生的城、中欧尚郡、老旧小区华美和园和张小楼新村（图 4-2）。

**图 4-2　九里湖国家湿地公园研究范围**

（图片来源：作者自绘）

## 2. 评价主体基本信息

对九里湖国家湿地公园内部游客及周边社区居民进行调研，从整体来看，使用群体以中老年为主，学历以初中及以下，高中、中专及职校居多，职业多为企事业单位职员、在校学生和离退休人员，收入多为 2000 ～ 5000 元（表 4-7）。与潘安湖国家湿地公园的调研情况相同，对游客和居民两个群体进行对比发现差异性较为显著（图 4-3）。

**表 4-7　九里湖国家湿地公园评价主体基本信息统计数据**

| 调查对象信息 | 人口统计学特征 | 频数 | 比率 | 调查对象信息 | 人口统计学特征 | 频数 | 比率 |
|---|---|---|---|---|---|---|---|
| 性别 | 男 | 102 | 52.31% | 教育程度 | 初中及以下 | 73 | 37.44% |
| | 女 | 93 | 47.69% | | 高中、中专及职校 | 57 | 29.23% |
| 年龄 | 18 岁以下 | 11 | 5.64% | | 大专及本科 | 46 | 23.59% |
| | 18 ～ 30 岁 | 44 | 22.56% | | 硕士及以上 | 19 | 9.74% |
| | 31 ～ 45 岁 | 53 | 27.18% | 职业 | 在校学生 | 39 | 20.00% |
| | 46 ～ 60 岁 | 50 | 25.64% | | 企事业单位职员 | 41 | 21.03% |
| | 60 岁以上 | 37 | 18.98% | | 机关单位工作人员 | 10 | 5.13% |
| 收入 | 2000 元以下 | 61 | 31.28% | | 商业、服务业职员 | 11 | 5.64% |
| | 2000 ～ 5000 元 | 81 | 41.54% | | 私营企业主、个体工商户 | 12 | 6.15% |
| | 5000 ～ 8000 元 | 35 | 17.95% | | 工人 | 20 | 10.26% |
| | 8000 ～ 10000 元 | 10 | 5.13% | | 自由职业者 | 25 | 12.82% |
| | 10000 元以上 | 8 | 4.10% | | 离退休人员 | 37 | 18.97% |

（表格来源：作者自绘）

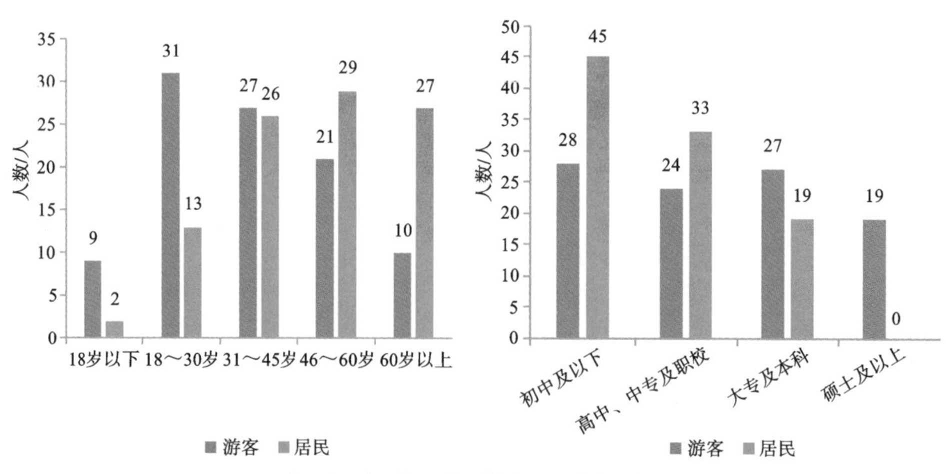


**图 4-3　九里湖国家湿地公园评价主体特征**

（图片来源：作者自绘）

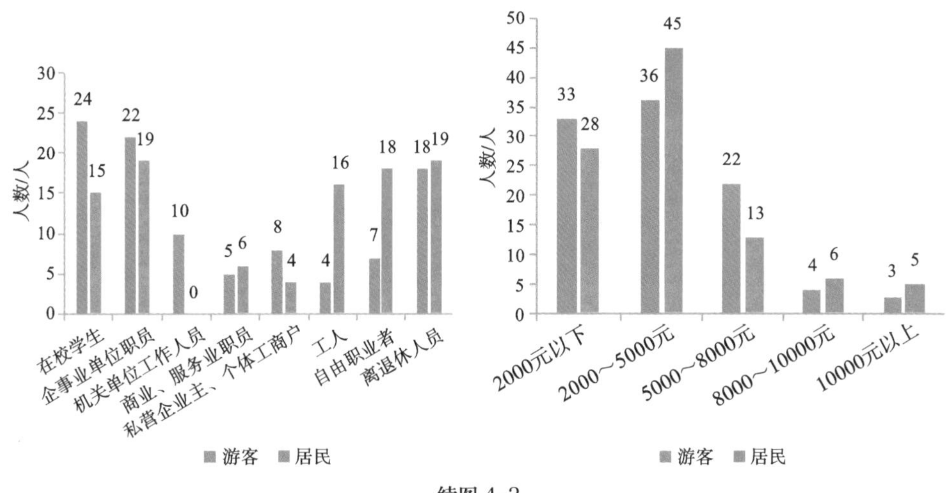


续图 4-3

游客以初中及以下、大专及本科学历的 18 ～ 30 岁的在校学生和企事业单位职员等为主，周边社区居民则以初中及以下学历、46 岁及以上离退休人员和企事业单位职员为主。评价主体的差异性在于年龄和职业，游客多为上学或工作的中青年，而居民多为离退休人员或企事业单位职员。

### 3. 评价主体使用特征

九里湖国家湿地公园的居民和游客在出行时间、结伴方式及来园频率上存在共性，大多选择休息日与家庭成员一起出游，并且每天都来此游玩的使用者最多（图 4-4）。而在到达时段、出行方式、停留时间、来园目的、吸引原因方面具有一定的差异性（图 4-5）。

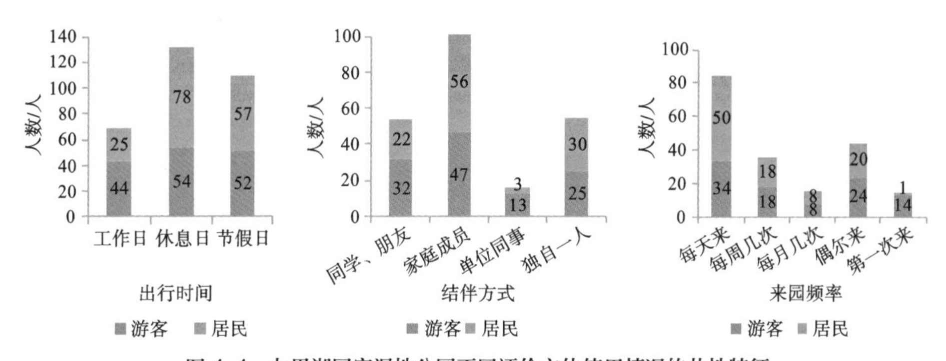


**图 4-4　九里湖国家湿地公园不同评价主体使用情况的共性特征**

（图片来源：作者自绘）

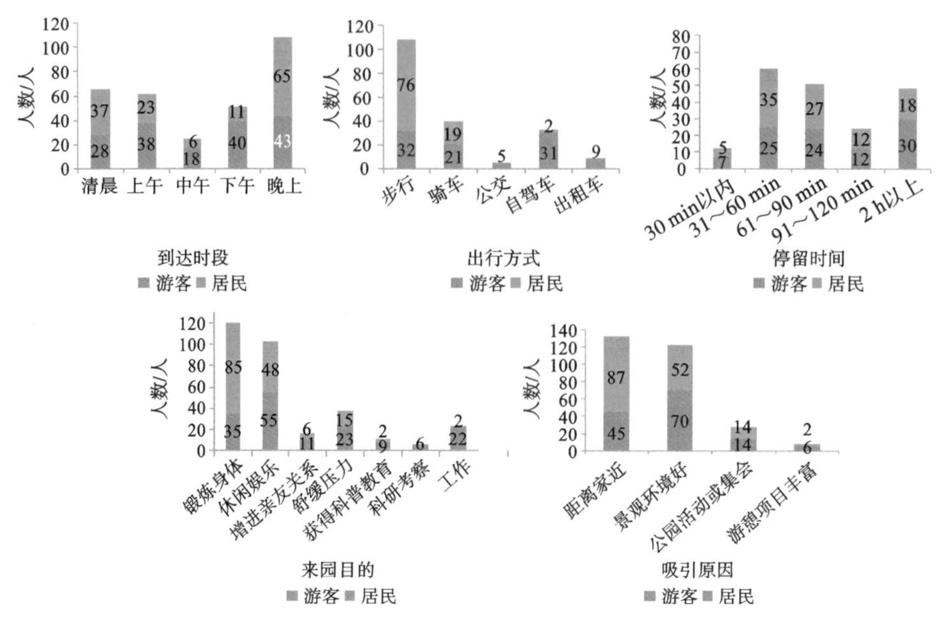


**图 4-5　九里湖国家湿地公园游客与居民基本使用特征的差异性**

（图片来源：作者自绘）

游客大多通过步行和自驾车等方式到达九里湖国家湿地公园，公园早晚的使用频率较高。由于九里湖国家湿地公园景观环境好而且能够提供休闲娱乐的场所，较多游客在公园内的停留时间为 2 h 以上。周边居民的基本使用特征则有所不同，由于到九里湖国家湿地公园游玩的周边居民大多为中老年人，他们将其视为具有锻炼身体与休闲娱乐功能的城市绿色空间，因此多以步行的方式在清晨和晚上两个时间段在公园锻炼身体或进行休闲娱乐活动，而时间也缩短为 1 h 左右。

周边居民赋予了九里湖国家湿地公园一种与公园城市类似的承载市民休闲娱乐活动的功能。居民群体大多以家庭为单位在休息日出行，呈现出出行范围小、频率高、游玩时间紧凑的特征，而游客群体则呈现出出行范围大、频率低、游玩时间较长的特征。

### 4.3.2　社会景观绩效要素评价特征

与潘安湖国家湿地公园相同，分游憩和社会价值（$B_1$）、景观与风景品质（$B_2$）、科普教育价值（$B_3$）、文化遗产价值（$B_4$）和社区服务价值（$B_5$）5 个维度对九里湖国家湿地公园进行评价要素特性分析。

### 1. 游憩和社会价值（$B_1$）评价特征

《江苏九里湖国家湿地公园总体规划（2017—2020）》计算游客容量为 85.92 万人次 / 年，由于该公园属于公益性城市绿地并且不售门票，因此年游客量为估算数值。据 2019 年数据统计，约有 10 万人次前往湿地公园参观旅游，带动了湿地公园周边产业的发展。公园结合世界湿地日、世界地球日、世界水日等环保纪念日活动，向公众宣传普及湿地生态科学知识，与绿色之家协会、中国环境保护协会、中国野生动物保护协会、爱鸟协会等组织开展丰富多彩的科普宣传活动。

针对交通可达性、旅游线路便捷性和使用者安全性体验 3 个方面，评价主体的反馈如图 4-6 所示。51.28% 的评价主体对交通可达性表示满意，不满意的群体占 3.08%，表明评价主体认为公园既处于城市内部，周边又有公交车站，其可达性较好；对旅游线路便捷性，55.90% 的评价主体持满意态度，非常满意的评价主体占比 22.05%，而不满意和非常不满意的人数较少，说明评价主体对公园内部交通较为满意；在使用者安全性体验方面，评价主体的满意度较前两个指标有所下降，有 6.15% 的评价主体对其不满意。

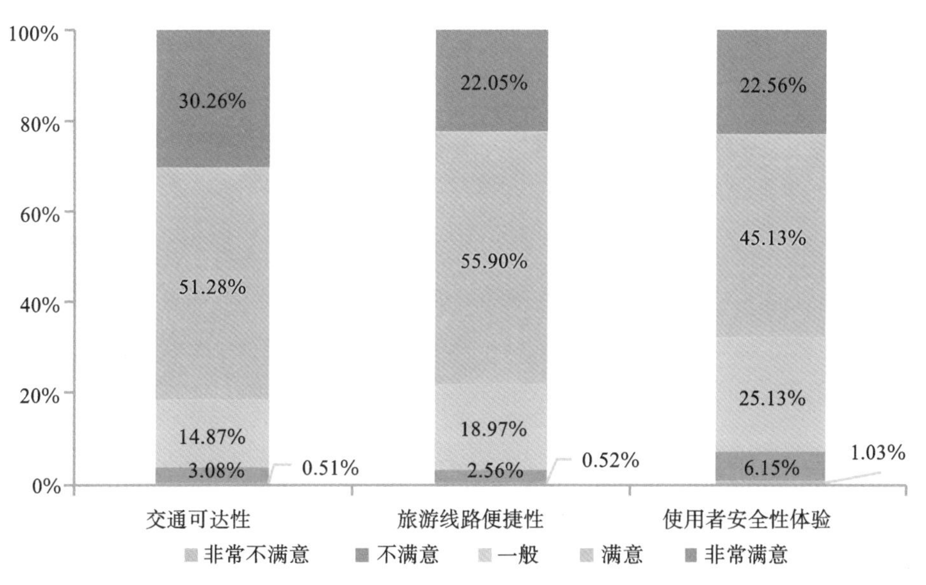


**图 4-6 评价主体对九里湖国家湿地公园游憩和社会价值（$B_1$）的感知**

（图片来源：作者自绘）

总体来说，评价主体对游憩和社会价值方面不满的原因有以下几点。①心理安全感弱。公园虽然配备了安保人员并安装了防盗监控系统，但是大多数人反映湖边的芦苇过高导致心理安全感下降，在西湖北侧区域不敢单独活动。②公园内的基础设施较为老旧。木栈道破损或老化、地面铺装破碎、排水槽裂缝等，存在安全隐患（图4-7）。③公园内部缺乏紧急救护站等相关医疗设施，不便应对意外情况。

**图 4-7　九里湖国家湿地公园基础设施**

（图片来源：作者自摄）

## 2. 景观与风景品质（$B_2$）评价特征

九里湖国家湿地公园的各评价指标分为水体要素、植被要素、空间要素和基础设施，评价主体的感知情况如图 4-8 所示，景观风貌如图 4-9 所示。

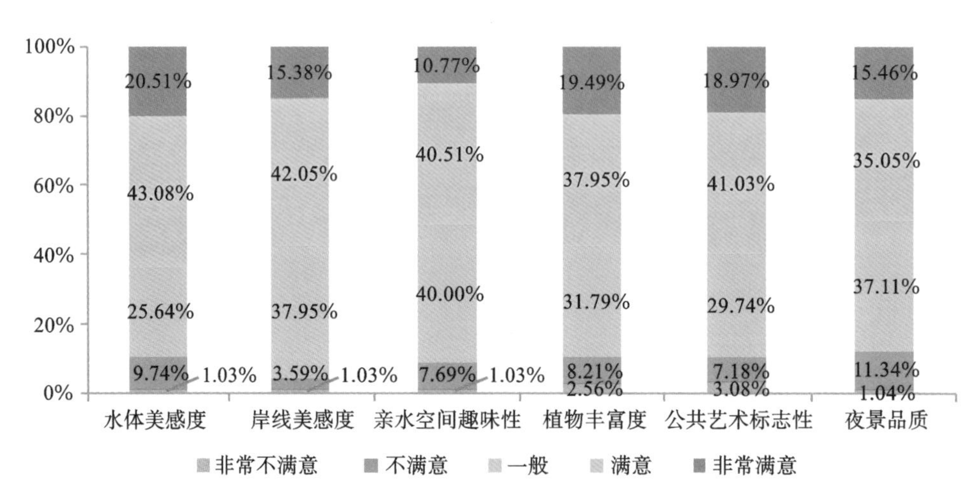


**图 4-8　评价主体对九里湖国家湿地公园景观与风景品质（$B_2$）的感知**

（图片来源：作者自绘）

**图 4-9　九里湖国家湿地公园景观风貌**

（图片来源：作者自摄）

水体要素：在区域水系中，九里湖国家湿地公园与故黄河、拾屯河、丁万河、京杭运河共同构成了城北水网和生态屏障，是南水北调东线的重要节点，也是贯通故黄河与京杭运河的纽带。水质监测方面，湿地公园主要水域水质符合湿地水生态功能要求，基本维持在地表水Ⅲ类水质标准。43.08% 的人对水体美感度持满意态度，对其感到一般的人占比次之，为 25.64%。

植被要素：九里湖国家湿地公园生物资源丰富，其多样化的湿地生态系统孕育了丰富的动植物资源，成为许多珍稀濒危动植物的栖息繁衍场所，2019 年和 2020 年分别有 2 批天鹅在此栖息。同样，植物资源也较为丰富，公园内共调查出维管束植物 70 科 167 属 213 种。从感知程度上来看，31.79% 的人认为公园的植物丰富度一般。

空间要素：公园的西湖区域建有较多的滨湖、亲水水岸、平台等设施，承载了休闲与游憩功能，东湖宣教展示区面积较小，岸线建设多个开敞和闭合的空间序列，营造出不同的滨水空间氛围。评价主体对岸线美感度和亲水空间趣味性的感知情况均较好，但认为一般和满意的人群占比相近。

基础设施：基础设施评价涉及公共艺术标志性和夜景品质。九里湖国家湿地公园通过入口的景观雕塑体现公园的煤炭文化传承。此外，宣教展示区的休闲座椅、标识牌等基础设施是利用煤矸石或固体废弃物制作的，能够体现公园的煤炭工业文化特色。夜晚的亮化设计是公园非常重要的内容，使用者集中于晚上进行各类娱乐活动，其灯光对于周边居民来说是开展休闲活动不可缺少的。评价主体感知中对公共艺术标志性的满意度较高，满意的人群占比 41.03%；而对夜景品质的满意度相对较低，满意的人群占比 35.05%，觉得一般的人群最多，占比 37.11%。

从以下几个方面分析评价主体满意度较低的原因：①九里湖国家湿地公园水体的景观设计偏向自然简约，与一般的湿地公园没有太大区别；②公园的植物种植设计多保留自然生长状态，视觉上有荒野感，部分人认为应该保留公园的本土植物，同时应该营造层次丰富的植物景观；③评价主体选择的游玩场地多局限于开阔区域，对整个公园的滨水活动空间的体验具有局限性；④电厂作为标志性建筑，无论从哪个角度观察，都能存在于滨水景观的欣赏视野中，影响了滨水景观的美感；⑤公园晚上仅开启入口广场的照明，而关闭公园环路和其他区域的照明，导致部分居民晚上的活动场地由于照明不足而仅局限于入口广场。

### 3. 科普教育价值（$B_3$）评价特征

在科普教育价值方面，由九里湖国家湿地公园管理中心科普宣教科主导，开展了一系列环境教育等宣教活动，包括“九里湖湿地守望者”行动、湿地摄影大赛、创办湿地自然学校等，并且具有系统的环境解说体系，包括专门的导游解说队伍、咨询服务队伍、公园宣传资料等。此外，公园具备监测站 1 处、鸟类监测点 2 个，设置湿地植物监测点 3 个、水质监测取水点 14 个。在科研成果方面，公园积极与南京大学、南京农业大学、中国矿业大学、南京大学常熟生态研究院等高校和科研单位合作，对湿地生态环境质量和湿地生物多样性进行监测（图 4-10）。

**图 4-10　九里湖国家湿地公园科普教育展览设施**

（图片来源：作者自摄）

对博览展示与解说系统完善性、参与式体验感知度和科普宣传感知度选择一般的评价主体占比分别为40.51%、54.87%和31.28%（图4-11）。评价主体对博览展示与解说系统完善性和参与式体验感知度选择一般的原因可能为其对这两方面不太熟悉，并且经调研发现，科普宣传资料的可获得性也会影响评价主体的感知。很多人不了解科普展览馆仅通过预约才能进行游览。

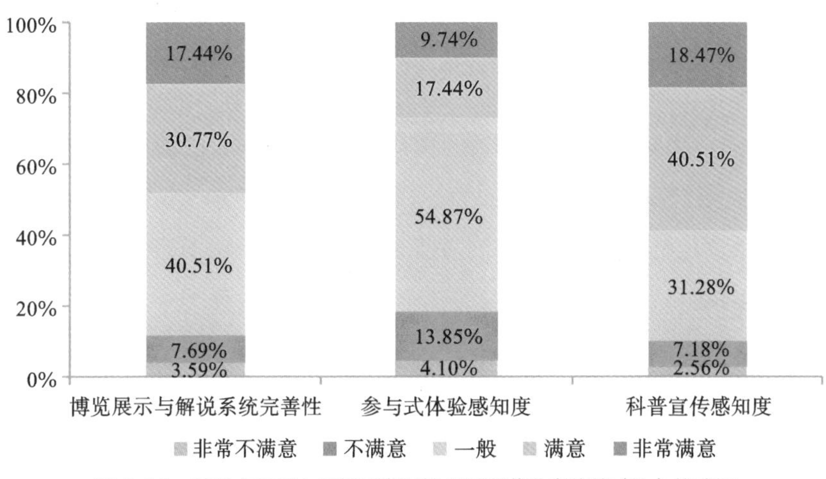


**图4-11　评价主体对九里湖国家湿地公园科普教育价值（$B_3$）的感知**

（图片来源：作者自绘）

### 4. 文化遗产价值（$B_4$）评价特征

九里湖国家湿地公园内自然景观与人文景观交融，由采煤塌陷地恢复而来的历程反映了当地政府与群众重视保护湿地的文化，拓展湿地生态旅游的文化内涵。九里湖国家湿地公园对湿地文化的保护、挖掘与利用主要分为两个方面。一是徐州本土文化的弘扬、传播与传承。据考证，苏轼在任期间，曾登顶九里山，称九里湖区域为“吸百川”，如今，在东湖南岸专门设立了“百川亭”，内设苏轼手迹“吸百川”的石碑，不仅纪念了苏轼，也充分反映出九里湖的历史。二是采煤塌陷地生态修复的科普、展示与传播。采煤塌陷地的生态恢复和重建是九里湖国家湿地公园在过去的十余年间最重要的一段历史文化。目前在西湖北部区域还存有因塌陷而沉降于湖中的栈道、亭子等设施，体现了九里湖湿地曾经的塌陷历程（图4-12）。

**图 4-12 九里湖国家湿地公园文化遗产景观**

（图片来源：作者自摄）

由图 4-13 可看出评价主体对公园文化遗产价值的认知程度较高，45.64% 的评价主体满意公园对徐州市的城市形象塑造，也有 43.08% 的人满意公园的历史文脉传承性，但对生态文化弘扬的满意度较前两项低一些，可能是由于部分评价主体对公园的了解程度不够。

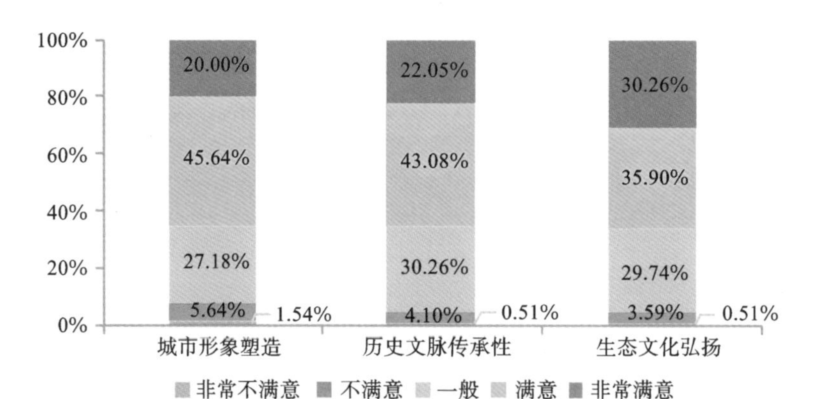


**图 4-13 评价主体对九里湖国家湿地公园文化遗产价值（$B_4$）的感知**

（图片来源：作者自绘）

### 5. 社区服务价值（$B_5$）评价特征

自九里湖国家湿地公园 2017 年通过验收至 2021 年，从周边社区聘用管护人员累计达 246 人，包括安保、保洁、绿化养护人员，实现了湿地与社区关系的协调可持续发展。公园先后大力实施了水系贯通工程，在湿地公园居民点布设生活污水排污管网，避免生活污水对湿地公园造成影响。此外，九里湖国家湿地公园及周边的住宿、餐饮业以周边社区居民为主要营业人员，为游客提供餐饮、娱乐等服务。但附近村庄的物质空间有待提升，拾西村的公共设施条件较差，存在路面凹凸不平、房屋外立面不统一、环境脏乱差等问题（图 4-14）。

**图 4-14　九里湖国家湿地公园周边社区景观**

（图片来源：作者自摄）

如图 4-15 所示，评价主体对公园提高公众健康水平的满意度最高，选择非常满意和满意的居民分别占比 31.96% 和 52.58%。对公园场所感、丰富居民的精

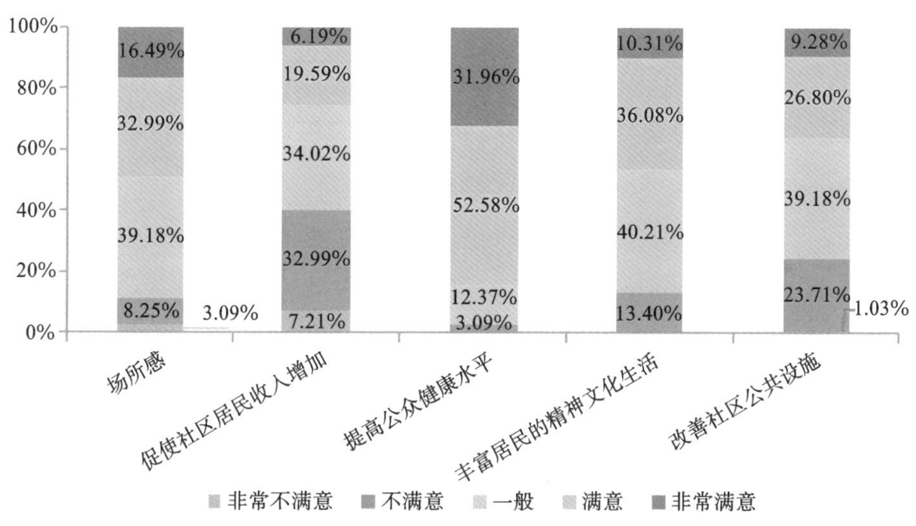


**图 4-15　评价主体对九里湖国家湿地公园社区服务价值（$B_5$）的感知**

（图片来源：作者自绘）

神文化生活和改善社区公共设施的满意度接近，选择满意的评价主体占比分别为32.99%、36.08%和26.80%，同时对这三项指标选择一般的评价主体占比更为接近，分别为39.18%、40.21%和39.18%，表明居民对于这三项并不是特别满意。评价主体对公园促使社区居民收入增加的满意度最低，有32.99%的居民表示不满意，调研中很多居民反映既没有了土地，又因文化程度、年龄等限制找不到工作，生活水平较低。

### 4.3.3 社会景观绩效总值测度

#### 1. 九里湖国家湿地公园各维度模糊综合评价

在九里湖国家湿地公园的问卷调查中发出游客问卷100份，收回有效问卷98份；发出九里湖周边居民问卷100份，收回有效问卷97份。下面给出九里湖国家湿地公园社会景观绩效的计算结果。

**1）对游憩和社会价值（$B_1$）的评价**

游憩和社会价值的权向量 $\boldsymbol{A}_1$=（0.177 0.177 0.114 0.122 0.111 0.114 0.185），由问卷统计结果可知 $B_1$ 指标的隶属矩阵：

$$\boldsymbol{R}_1=\begin{bmatrix} 1.000 & 0.000 & 0.000 & 0.000 & 0.000 \\ 0.062 & 0.308 & 0.262 & 0.123 & 0.246 \\ 0.077 & 0.226 & 0.082 & 0.185 & 0.431 \\ 0.000 & 0.000 & 0.000 & 1.000 & 0.000 \\ 0.005 & 0.031 & 0.149 & 0.513 & 0.303 \\ 0.005 & 0.026 & 0.190 & 0.559 & 0.221 \\ 0.010 & 0.062 & 0.251 & 0.451 & 0.226 \end{bmatrix}$$

使用加权平均模糊算子，得到游憩和社会价值评价结果矩阵：

$$\boldsymbol{B}_1=\boldsymbol{A}_1\times\boldsymbol{R}_1=[0.200\quad 0.098\quad 0.140\quad 0.369\quad 0.193]$$

基于以上结果，计算游憩和社会价值的评价得分：

$$X_1=0.200\times1+0.098\times2+0.140\times3+0.369\times4+0.193\times5=3.257$$

可知通过模糊综合评价，游憩和社会价值指标的评分为3.257分。由表4-6可知，游憩和社会价值评分在（3，4]这一区间内。因此，在游憩和社会价值方面九里湖国家湿地公园的评价为较好。

**2）对景观与风景品质（$B_2$）的评价**

景观与风景品质的权向量 $\boldsymbol{A}_2$=（0.235 0.181 0.255 0.183 0.083 0.063），由问卷统计结果可知 $B_2$ 指标的隶属矩阵：

$$\boldsymbol{R}_2=\begin{bmatrix}0.010 & 0.097 & 0.256 & 0.431 & 0.205\\ 0.010 & 0.036 & 0.379 & 0.421 & 0.154\\ 0.010 & 0.077 & 0.400 & 0.405 & 0.108\\ 0.026 & 0.082 & 0.318 & 0.379 & 0.195\\ 0.031 & 0.072 & 0.297 & 0.410 & 0.190\\ 0.010 & 0.113 & 0.371 & 0.351 & 0.155\end{bmatrix}$$

使用加权平均模糊算子，得到景观与风景品质评价结果矩阵：

$$\boldsymbol{B}_2=\boldsymbol{A}_2\times\boldsymbol{R}_2=[0.015\quad 0.077\quad 0.337\quad 0.406\quad 0.165]$$

基于以上结果，计算景观与风景品质的评价得分：

$$X_2=0.015\times1+0.077\times2+0.337\times3+0.406\times4+0.165\times5=3.629$$

可知通过模糊综合评价，景观与风景品质指标的评分为 3.629 分。由表 4-6 可知，景观与风景品质评分在（3，4] 这一区间内。因此，在景观与风景品质方面九里湖国家湿地公园的评价为较好。

**3）对科普教育价值（$B_3$）的评价**

科普教育价值的权向量 $\boldsymbol{A}_3$=（0.145 0.275 0.183 0.084 0.145 0.168），由问卷统计结果可知 $B_3$ 指标的隶属矩阵：

$$\boldsymbol{R}_3=\begin{bmatrix}0.000 & 1.000 & 0.000 & 0.000 & 0.000\\ 0.000 & 0.000 & 0.300 & 0.400 & 0.300\\ 0.036 & 0.077 & 0.405 & 0.308 & 0.174\\ 0.041 & 0.138 & 0.549 & 0.174 & 0.097\\ 0.026 & 0.072 & 0.313 & 0.405 & 0.185\\ 0.000 & 0.000 & 0.200 & 0.400 & 0.400\end{bmatrix}$$

使用加权平均模糊算子，得到科普教育价值评价结果矩阵：

$$\boldsymbol{B}_3=\boldsymbol{A}_3\times\boldsymbol{R}_3=[0.014\quad 0.181\quad 0.282\quad 0.307\quad 0.217]$$

基于以上结果，计算科普教育价值的评价得分：

$$X_3=0.014\times1+0.181\times2+0.282\times3+0.307\times4+0.217\times5=3.535$$

可知通过模糊综合评价，科普教育价值指标的评分为 3.535 分。由表 4-6 可知，科普教育价值得分在（3，4] 这一区间内。因此，在科普教育价值方面九里湖国家湿地公园的评价为较好。

4）**对文化遗产价值（$B_4$）的评价**

文化遗产价值的权向量 $A_4$ =（0.37 0.232 0.399），由问卷统计结果可知 $B_4$ 指标的隶属矩阵：

$$\boldsymbol{R}_4=\begin{bmatrix}0.015 & 0.056 & 0.272 & 0.456 & 0.200\\ 0.005 & 0.041 & 0.303 & 0.431 & 0.221\\ 0.005 & 0.036 & 0.297 & 0.359 & 0.303\end{bmatrix}$$

使用加权平均模糊算子，得到文化遗产价值评价结果矩阵：

$$\boldsymbol{B}_4=\boldsymbol{A}_4\times\boldsymbol{R}_4=[0.009\quad 0.045\quad 0.289\quad 0.412\quad 0.246]$$

基于以上结果，计算文化遗产价值的评价得分：

$$X_4=0.009\times1+0.045\times2+0.289\times3+0.412\times4+0.246\times5=3.844$$

可知通过模糊综合评价，科普教育价值指标的评分为 3.844 分。由表 4-6 可知，文化遗产价值得分在（3，4] 这一区间内。因此，在文化遗产价值方面九里湖国家湿地公园的评价为较好。

5）**对社区服务价值（$B_5$）的评价**

社区服务价值的权向量 $\boldsymbol{A}_5$=（0.159 0.168 0.345 0.115 0.124 0.088），由问卷统计结果可知 $B_5$ 指标的隶属矩阵：

$$\boldsymbol{R}_5=\begin{bmatrix}0.031 & 0.082 & 0.392 & 0.330 & 0.165\\ 0.072 & 0.330 & 0.340 & 0.196 & 0.062\\ 0.000 & 0.331 & 0.124 & 0.526 & 0.320\\ 0.000 & 0.134 & 0.402 & 0.361 & 0.103\\ 0.010 & 0.237 & 0.392 & 0.268 & 0.093\\ 0.000 & 0.100 & 0.100 & 0.300 & 0.500\end{bmatrix}$$

使用加权平均模糊算子，得到社区服务价值评价结果矩阵：

$$\boldsymbol{B}_5=\boldsymbol{A}_5\times\boldsymbol{R}_5=[0.018\quad 0.236\quad 0.266\quad 0.368\quad 0.214]$$

基于以上结果，计算社区服务价值的评价得分：

$$X_5=0.018\times1+0.236\times2+0.266\times3+0.368\times4+0.214\times5=3.830$$

可知通过模糊综合评价，社区服务价值指标的评分为 3.830 分。由表 4-6 可知，社区服务价值得分在（3，4] 这一区间内。因此，在社区服务价值方面九里湖国家湿地公园的评价为较好。

### 2. 九里湖国家湿地公园社会景观绩效模糊综合评价

九里湖国家湿地公园社会景观绩效的权向量 $\boldsymbol{A}$=（0.271 0.349 0.131 0.138 0.113），由问卷统计结果可知其隶属矩阵：

$$\boldsymbol{R}=\begin{bmatrix} 0.200 & 0.098 & 0.140 & 0.369 & 0.193 \\ 0.015 & 0.077 & 0.337 & 0.406 & 0.165 \\ 0.014 & 0.181 & 0.282 & 0.307 & 0.217 \\ 0.009 & 0.045 & 0.289 & 0.412 & 0.246 \\ 0.018 & 0.133 & 0.266 & 0.368 & 0.214 \end{bmatrix}$$

使用加权平均模糊算子，得到社会景观绩效评价结果矩阵：

$$\boldsymbol{B}=\boldsymbol{A}\times\boldsymbol{R}=[0.065 \quad 0.098 \quad 0.262 \quad 0.380 \quad 0.196]$$

基于以上结果，计算社会景观绩效综合评价得分：

$$X=0.065\times1+0.098\times2+0.262\times3+0.380\times4+0.196\times5=3.547$$

可知通过模糊综合评价，九里湖国家湿地公园社会景观绩效综合得分为 3.547 分。由表 4-6 可知，九里湖国家湿地公园社会景观绩效得分在（3，4] 这一区间内。因此，评价结果为较好。

综上，九里湖国家湿地公园社会景观绩效得分见表 4-8。

**表 4-8 九里湖国家湿地公园社会景观绩效得分**

| 目标层 | 准则层 | 权重 | 得分 |
| --- | --- | --- | --- |
| 九里湖国家湿地公园社会景观绩效（$A$） | 游憩和社会价值（$B_1$） | 0.271 | 3.257 |
| | 景观与风景品质（$B_2$） | 0.349 | 3.629 |
| | 科普教育价值（$B_3$） | 0.131 | 3.535 |
| | 文化遗产价值（$B_4$） | 0.138 | 3.844 |
| | 社区服务价值（$B_5$） | 0.113 | 3.830 |
| | 平均权重 / 平均得分 | 0.200 | 3.547 |

（表格来源：作者自绘）

在 5 个维度中，得分最高的为文化遗产价值，最低的为游憩和社会价值。游憩和社会价值反映使用者的第一直观感受或综合感受，决定使用者重游意愿，影响建设成效，因此提升九里湖国家湿地公园的游憩和社会价值十分重要。

以上结果可以在图 4-16 中更加清晰地得以体现，其中右图横坐标的坐标轴值为平均权重 0.200，纵坐标的坐标轴值为平均得分 3.547 分。就得分情况而言，各维度得分差异性较为明显。其中，文化遗产价值、社区服务价值、景观与风景品质的得分高于平均分，而科普教育价值、游憩和社会价值的得分均低于平均分。就权重而言，社区服务价值、文化遗产价值和科普教育价值的权重相对较低，而景观与风景品质、游憩和社会价值的权重相对较高。由权重可见，使用者认为景观与风景品质最为重要，其得分高于平均分，使用者对该方面较为满意。游憩和社会价值的权重居第二，可得分却最低，这表明当前九里湖国家湿地公园的游憩和社会价值发挥不佳，这是日后亟待改善的重要方面。

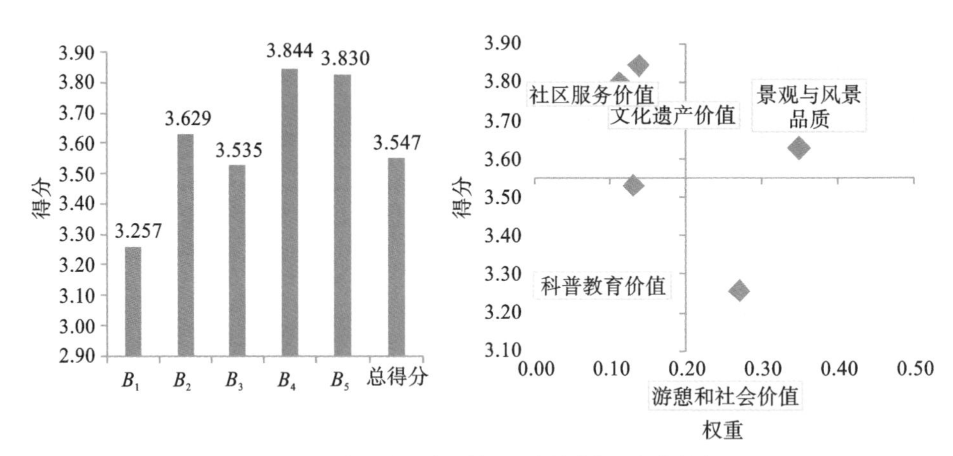


**图 4-16 九里湖国家湿地公园各维度得分与总得分**

（图片来源：作者自绘）

### 4.3.4 重要性 - 绩效分析

#### 1. 居民重要性 - 绩效分析

居民的重要性及满意度评价平均得分较高，分别为 4.13 分和 3.59 分（图 4-17），表明周边居民对九里湖国家湿地公园的社会绩效各指标持积极态度。

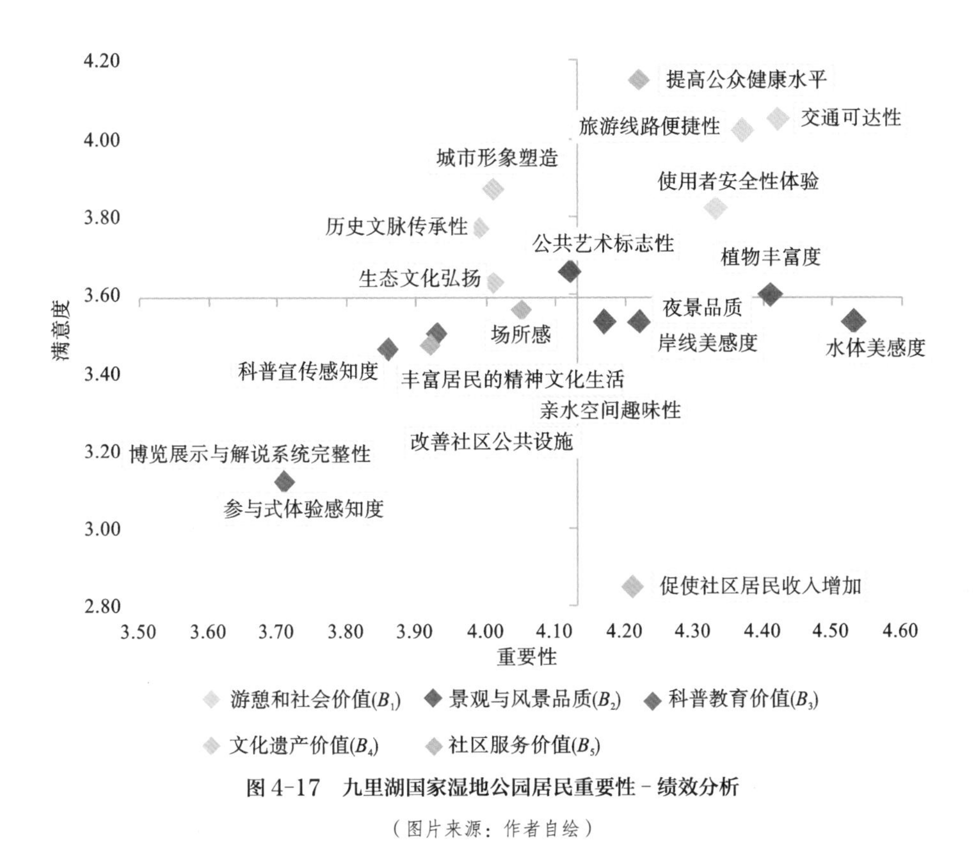


**图 4-17　九里湖国家湿地公园居民重要性 - 绩效分析**

（图片来源：作者自绘）

1）**优势保持区**

象限Ⅰ包含提高公众健康水平、交通可达性、旅游线路便捷性、使用者安全性体验、植物丰富度 5 个指标，这是九里湖国家湿地公园的优势所在，表明公园建设在这 5 个方面的投入是有效的。其中游憩和社会价值（$B_1$）的较多指标均在该区域，说明公园在该方面能够较好地满足周边居民的需要，要继续保持其优势。

2）**淡然保持区**

象限Ⅱ包含城市形象塑造、生态文化弘扬、历史文脉传承性与公共艺术标志性 4 个指标，这些指标显示出高满意度、低重要性，应继续保持其高满意度水平。虽然文化遗产价值和景观与风景品质不能对周边居民的生活产生直接的经济效益，但是生活在山清水秀的公园周边，同时公园的建设能够承载采煤塌陷湿地的特殊景观及历史，是周边居民普遍满意的地方。

3）从容改进区

象限Ⅲ包含科普宣传感知度、博览展示与解说系统完善性、参与式体验感知度、场所感、丰富居民的精神文化生活、改善社区公共设施 6 个指标，这些指标显示出低重要性、低满意度。表明在科普教育价值及社区服务价值方面，仍应加强投入，以提高这些指标因子的满意度，从而提升整体评价的满意度，为城市居民提供更健康的生活方式。

4）重点改善区

象限Ⅳ有亲水空间趣味性、岸线美感度、水体美感度、夜景品质、促使社区居民收入增加 5 个指标，这些指标均指向景观与风景品质和社区服务价值。表明周边居民认为九里湖国家湿地公园的景观与风景品质方面存在可以改善的空间。部分居民反映湿地景观的滨水活动空间可以增加层次性、趣味性及美感性。应提高滨水活动空间景观的趣味性，丰富近、中、远景的美学体验，满足周边居民夜晚使用空间的需求，依靠公园的旅游产业带动其他产业的多元化发展，增加周边居民的就业机会，发挥积极的社会效益。

2. 游客重要性 - 绩效分析

游客的重要性及满意度评价平均得分较高，分别为 4.33 分和 3.78 分（图 4-18）。与居民评价相比，游客的满意度与重要性评分更高，可能是由于游客对九里湖国家湿地公园的认同感较高。大部分指标集中于第Ⅰ、Ⅲ象限，表明游客对九里湖国家湿地公园的社会景观绩效各指标持较满意态度。

1）优势保持区

象限Ⅰ包含城市形象塑造、生态文化弘扬、交通可达性、旅游线路便捷性、岸线美感度、水体美感度、使用者安全性体验 7 个指标，这些指标的重要性高，相应的满意度也较高，表明游客对公园的游憩和社会价值、景观与风景品质及文化遗产价值是十分认可和满意的。公园未来应在继续保持自身特色的基础上提升景观与风景品质的质量，充分发挥优势效能。同时也表明了对于游客而言，特色的煤炭开采文化、优美的自然生态环境与其具备的游憩和社会价值是吸引其前往公园开展游憩活动的首要因素，是采煤塌陷湿地公园生态修复与规划设计者应重点关注的方向。

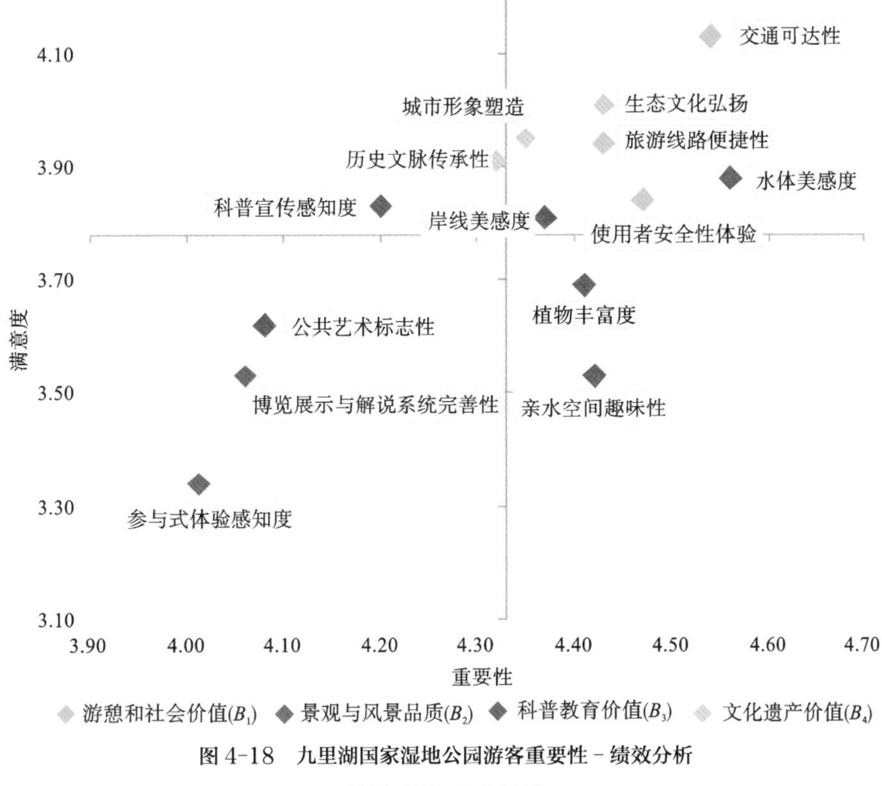


**图 4-18　九里湖国家湿地公园游客重要性 - 绩效分析**

（图片来源：作者自绘）

2）**淡然保持区**

象限Ⅱ仅包含历史文脉传承性和科普宣传感知度 2 个指标，应继续保持其高满意度的水平。也说明游客对以上两个指标需求不高，因此，九里湖国家湿地公园的历史文化及科普宣传等景观小品的建设需要继续保持。通过调研访谈了解到大部分游客认为通过科普宣传及景观小品展示可以更充分地了解采煤塌陷湿地公园的历史，但是目前发现部分展示牌因建造时间久远需要进行维护与更新，以便让更多慕名而来的游客能够了解公园的建设史及有关湿地的科学知识。

3）**从容改进区**

象限Ⅲ包含公共艺术标志性、博览展示与解说系统完善性、参与式体验感知度 3 个指标，这些指标显示出低重要性、低满意度。由于九里湖国家湿地公园是全国首个利用采煤塌陷湿地修复的湿地公园，其煤矿工业遗产和采煤塌陷湿地生态修复的鲜明主题特色使游客对九里湖国家湿地公园的感官体验为城市中的自然与生态空间，而较少有潘安湖国家湿地公园旅游胜地式的多样的游憩项目。因此，建议九里湖国家湿地公园拉动更多的游客群体参与科普宣教工作，缓慢整改即可。

4）**重点改善区**

象限Ⅳ包含植物丰富度和亲水空间趣味性 2 个指标，表明对于游客群体来说，九里湖国家湿地公园的植被丰富度及滨水景观是十分重要的，直接影响游客对九里湖国家湿地公园的游览体验。由于游客集中于西湖和东湖片区，因此，两个片区的滨水景观设计需要考虑近、中、远景结合及竖向层次的丰富性，同时植被在种植时需要考虑郁闭度、植物种类，形成开合有序的景观空间，有序列、高潮迭起的景观游览路线才能吸引游客。此外，公园植被的定期修剪与养护同样是必不可少的。公园在维护管理上需要进行整改，更加重视细节。

### 3. 综合不同评价主体的重要性 - 绩效分析

社区居民与游客对九里湖国家湿地公园的满意度较高，需要改善的评价指标是具有相对性的。两类评价主体对公园的评价具有共性特征：亲水空间趣味性均在重点改善区，表明评价主体对九里湖国家湿地公园的该评价指标感知度相同，需要公园在相应方面重点进行改善。

同时，不同评价主体对公园的评价也具有差异性。社区居民认为除亲水空间趣味性外，还有岸线美感度、水体美感度、夜景品质需提升，同时促使社区居民收入增加也是需要重点改善的内容，而需要长期努力改善的内容包括参与式体验感知度、博览展示与解说系统完善性、改善社区公共设施等 6 个指标。游客认为植物丰富度要进行重点改善，而参与式体验感知度、博览展示与解说系统完善性和公共艺术标志性 3 个指标需要长期缓慢整改。

综上，不同的评价主体对九里湖国家湿地公园关注的指标不同，居民更聚焦于公园的社区服务价值，并认为有进一步改善的必要；游客则关注公园植被要素与水体要素等景观与风景品质。

5

# 采矿迹地景观生态重建规划策略

在前一章的研究中，已经针对采矿迹地景观生态重建的绩效进行了评价，而相应问题的落脚点最终都体现在实施策略上。随着生产力的发展，城镇化进程迈入新阶段，城乡资源、人口、资本、技术等要素相互融合、相互服务。一方面，在国土空间规划层面，采矿迹地存在大量的闲置土地，这些土地的重新利用与开发有助于缓解城市土地资源稀缺压力，解决经济转型和不平衡发展等城市问题，因此需要盘点清楚采矿迹地的资源本底，更好地服务于“绿水青山”和“金山银山”建设。另一方面，对城市而言，采矿迹地景观生态重建是构建区域安全格局的关键节点。采矿迹地景观生态重建并不是以抹除矿区为手段，而是在城市的国土空间规划中完善生态服务功能，提升区域配套设施服务能力，保留矿区特色，以此来促进城市的经济、社会、生态协调发展。

## 5.1　采矿迹地景观生态重建规划原则

### 5.1.1　区域性原则

采矿迹地景观生态重建由传统的小尺度景观生态重建，扩展到解决城市及区域生态问题，服务城市绿色基础设施系统，重视景观及区域尺度的景观生态重建对生物多样性保护、生态系统恢复的作用。采矿迹地景观生态重建的效果很大程度上取决于其所在区域的景观环境，如栖息地覆盖度、景观连接性与孤立性等。不能静止和孤立地看待问题，而应整体、动态、综合地分析采矿迹地在区域景观结构和功能中发挥的作用，探索生态系统退化的机理及景观生态重建的潜力。统筹考虑采矿迹地景观生态重建对区域景观生态结构和生态过程的影响及二者的联系。

采矿迹地景观生态重建的定位应符合城市发展总体定位，使用资源环境承载能力评价和国土空间开发适宜性评价等方法，依据现有资源和开发潜力确定采矿迹地的各类适宜开发空间，确定空间发展方向。

### 5.1.2 系统性原则

在整个研究过程中都应关注局部与整体的关系。基于系统性原则，从研究孤立的个体到研究个体之间的关系是结构研究范式中的重要思想。采矿迹地景观生态重建强调不能仅仅关注采矿迹地本身的生态退化机理及生态适宜性，而要立足于更广阔的系统视野，研究孤立个体与整体结构的关系。研究采矿迹地在整个城市中所处的生态位和生态功能，从而从整体最优的角度来确定采矿迹地的生态修复时序及建设分区控制策略。

采矿迹地景观生态重建应以国土空间规划为蓝本，强调国土空间规划对采矿迹地的导控。城市通过空间规划带动矿区转型发展，采矿迹地通过景观生态重建“造血”提升城市竞争力，最终实现矿城之间在经济、社会、生态等多领域的协调发展。

### 5.1.3 分级分区原则

分级分区是从大尺度研究采矿迹地景观生态重建必须遵循的基本原则和实践方法。采矿迹地景观生态重建要求根据某一景观生态重建目标，对城乡区域内采矿迹地的自身生态潜力及与周边景观结构的关系进行评价，根据各地块对实现该目标的贡献度进行景观生态重建区划排序，同时科学分区。在不同分区采取不同的景观生态重建策略，从而达到局部治理到位、整体生态环境最优的景观生态重建目的。

“三线”划定是国土空间规划的重要内容，采矿迹地景观生态重建在城市整体空间管控下，遵从依据城市发展条件和生态本底划定的城镇开发边界、永久基本农田和生态保护红线，确保开发建设与生态保护相协调。

### 5.1.4 多功能原则

采矿迹地景观生态重建强调采矿迹地恢复功能的多样化，打破传统上将采矿迹地优先恢复为耕地的理念，尤其强调采矿迹地的生态潜力及其恢复后所发挥的生态系统服务功能的多样性，认为自然保护、物种栖息地恢复、生态功能恢复与土地经济用途及社会效益实现同样重要。因此在保护我国永久基本农田的基础上，按照科学的适宜性评价结果，鼓励将采矿迹地恢复为自然保护区、自然保护优先区、城市公园及开敞空间，促进城市物种多样性，保护并增加物种基因资源。

采矿迹地景观生态重建过程中涉及经济、社会、生态三方面的效益，根本原则为追求综合效益最优化。在采矿迹地景观生态重建过程中，鼓励矿区产业转型升级、优化用地结构，促进社会经济可持续发展，坚持以节约优先、保护优先、自然恢复为主的方针，形成经济、社会、生态统一的空间格局。

### 5.1.5 高效性原则

所谓高效性，即在采矿迹地景观生态重建的过程中避免资源的浪费。面对大规模的生态退化及受损区域，以有限的资金不可能对所有地区一一进行重建。那么首先恢复哪些地段，可以实现高投入产出比，成为景观生态重建工作中首先提出的问题。采矿迹地景观生态重建研究将予以回答。通过将采矿迹地纳入城市绿色基础设施统筹考虑，建立选择景观生态重建优先地段的策略及方法，以最大化景观生态重建的效用。这里的高效性衡量取决于景观生态重建的目标及尺度。景观生态重建目标由单一物种栖息地恢复到生物多样性保护，再到实现社会经济效益，呈现了从生态到生态 - 经济 - 社会多元评价的发展态势。景观生态重建高效性研究的尺度也分布在土地本身（local）、景观（landscape）及区域（region）等各个尺度中，尤其体现于景观尺度。

## 5.2 国土空间规划视角下采矿迹地景观生态重建策略

建立国土空间规划体系是党中央、国务院做出的重大部署，是促进国家治理体系和治理能力现代化，落实生态文明建设，建设美丽中国，实现“两个一百年”奋斗目标的必然要求。对于采矿迹地景观生态重建而言，显然需要遵循国土空间规划的要求来开展转型工作，谋求科学发展途径，合理配置资源及空间。国土空间规划要求统筹考虑生态、生产和生活空间，实现“多规合一”，编制过程中集聚各级部门的共同努力，上下联动，通过刚性与弹性相结合实现规划闭环。

### 5.2.1 国土空间规划的导引

#### 1.“五级三类”规划体系

《中国共产党第十九届中央委员会第五次全体会议公报》提道：“优化国土空间布局，推进区域协调发展和新型城镇化。坚持实施区域重大战略、区域协调发展战略、主体功能区战略，健全区域协调发展体制机制，完善新型城镇化战略，构建高质量发展的国土空间布局和支撑体系。”根据《中共中央 国务院关于建立国土空间规划体系并监督实施的若干意见》（下文简称《若干意见》），我国纵向分级、横向分类的“五级三类”国土空间规划体系已基本确立。纵向上“五级”对应我国行政体系，包括国家、省、市、县、镇（乡），横向上“三类”对应规划类型，包括国土空间总体规划、详细规划、相关专项规划。总体规划对各类相关专项范围的空间需求进行全面统筹和综合平衡；详细规划则以批准的总体规划为依据进行编制和修改；相关专项规划与详细规划做好衔接，相互协同。在国土空间规划竖向层级中，国家级规划注重战略性，省级规划强调协调性，市、县、镇（乡）级规划着眼于实施性（表 5-1）。与国家级、省级规划相比，市级及以下的空间规划对应的行政主体与空间资源尺度更小，需要充分体现地方资源禀赋与发展需求，在落实规划用途管制、建设发展空间布局等方面具备良好的实施性与适应性。

表 5-1 “五级三类”规划体系

<table>
<tr><th></th><th colspan="4">三类</th></tr>
<tr><td rowspan="6">五级</td><td>总体规划</td><td>详细规划</td><td colspan="2">相关专项规划</td></tr>
<tr><td>全国国土空间规划</td><td>—</td><td>国家专项规划</td><td>战略性</td></tr>
<tr><td>省级国土空间规划</td><td>—</td><td>省级专项规划</td><td>协调性</td></tr>
<tr><td>市国土空间规划</td><td>市级详细规划</td><td>市级专项规划</td><td rowspan="3">实施性</td></tr>
<tr><td>县国土空间规划</td><td>县级详细规划</td><td>县级专项规划</td></tr>
<tr><td>镇（乡）国土空间规划</td><td>镇（乡）级详细规划</td><td>镇（乡）级专项规划</td></tr>
</table>

（表格来源：根据《若干意见》绘制）

综上，采矿迹地景观生态重建与国土空间规划体系的衔接点主要在国土空间规划的理念上。破解采矿迹地美好生活需要与发展约束增强的矛盾需要新理念、新内容、新措施和新机制。作为区域协调规划的有效手段，国土空间规划就是对解决这一问题的贯彻落实。采矿迹地景观生态重建要以市国土空间规划为纲领，加强综合性思维，全面考虑景观生态重建的功能定位、地域文化特色、产业结构和布局、人口规模、建设管理、生态环境承载力、城镇环境容量等多种因素。统筹三大主导功能（生态空间、生产空间、生活空间）分区管控和发展关系，发挥市国土空间规划层面中城市规划的宏观导控作用[1]，以人为本，使采矿迹地突破资源、环境、空间约束，科学配置，协调好矿区和城市的发展关系。

### 2. 国土空间“双评价”

国土空间“双评价”指资源环境承载能力评价和国土空间开发适宜性评价，是构建国土空间规划体系时起前置和基础性作用的制度与技术，能够帮助识别规划区域内资源条件的真实状态，对资源的保护及开发提供客观参照。

关于资源环境承载能力评价，构建评价指标体系时通常使用层次分析法进行分级。准则层（一级指标）多选用环境、资源、社会经济三要素的承载力[2-3]。也有选择将准则层分为自然资源环境支撑力、社会经济资源环境支撑力、资源环境压力和社会润滑力四类的[4]。准则层分类完成后，进一步选取二级指标：资源承载力指标侧重土地资源、水资源、森林资源、矿产资源等方面；环境承载力指标主要选用工业废弃物排放、水土流失面积和绿化面积等，针对资源型城市，可以增加地质环境方面的内容；社会经济承载力指标分成社会和经济两个部分，社会指标包含城镇化率、人口密度等方面，经济指标包含人均 GDP、三产比值等方面[5]。

---

[1] 武廷海. 国土空间规划体系中的城市规划初论 [J]. 城市规划，2019，43（8）：9-17.

[2] 姜长军，李贻学. 基于熵值法 TOPSIS 模型的陕西省资源环境承载力研究 [J]. 资源与产业，2017，19（3）：53-59.

[3] 卢亚丽，徐帅帅，沈镭. 河南省资源环境承载力的时空差异研究 [J]. 干旱区资源与环境，2019，33（2）：16-21.

[4] 吴大放，胡悦，刘艳艳，等. 城市开发强度与资源环境承载力协调分析——以珠三角为例 [J]. 自然资源学报，2020，35（1）：82-94.

[5] 杨帆，宗立，沈珏琳，等. 科学理性与决策机制：“双评价”与国土空间规划的思考 [J]. 自然资源学报，2020，35（10）：2311-2324.

关于国土空间开发适宜性评价，部分学者认为它是在资源环境承载能力评价基础上的层递。先对资源环境因素进行单项评价，接着集中评价资源环境承载能力，最后再对国土空间开发适宜性进行评价[1]。国土空间开发适宜性评价指标体系的构建，多以“三生”空间（生产空间、生活空间、生态空间）为要素[2]，或者采用开发强度和发展潜力指标[3]。国土空间开发适宜性评价以生态文明建设为导向，从生态、环境、土地资源、水资源等多种要素中选取指标评判国土资源状况，依据政策及规划对指标体系进行完善。

国土空间“双评价”揭示了采矿迹地资源环境禀赋的状况，通过展示了优劣势的结果发现未来发展的潜力所在。同时，也可以通过对比现状对现有规划成果进行评价及校正。另外，国土空间“双评价”成果不但从空间上清晰点明规划区域内景观生态重建的关键点，而且对未来国土空间资源环境承载能力持续提升的路径研究提供了数据支撑（图 5-1）。

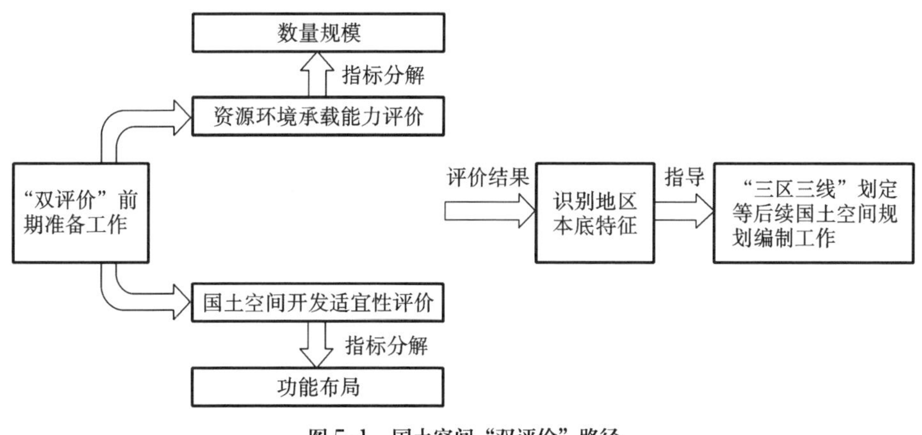


**图 5-1　国土空间“双评价”路径**

［图片来源：根据《资源环境承载能力和国土空间开发适宜性评价指南（试行）》绘制］

---

[1] 吴宇哲，潘绘羽 . 国土空间规划中“双评价”的内在逻辑与外部定位 [J]. 河海大学学报（哲学社会科学版），2021，23（1）：73-79，107.

[2] 吴艳娟，杨艳昭，杨玲，等 . 基于“三生空间”的城市国土空间开发建设适宜性评价——以宁波市为例 [J]. 资源科学，2016，38（11）：2072-2081.

[3] 朱明仓，辜寄蓉，江浏光艳，等 . 四川省国土空间开发适宜性评价 [J]. 中国国土资源经济，2018，31（12）：51-56.

### 3.“三区三线”划定

2018 年自然资源部成立，提出以“三线”为核心的空间管控对“三区三线”进行划定，统一空间底数。其中，“三区”是指城镇空间、农业空间、生态空间三类空间；“三线”是指根据三类空间划定的城镇开发边界、永久基本农田和生态保护红线三条控制线（表 5-2）。

表 5-2 “三区三线”划定

<table>
<tr><th colspan="3">三区</th><th>三线</th></tr>
<tr><td rowspan="2">城镇空间</td><td>城镇建设空间</td><td>居住生活区、商业服务区、文化娱乐区、产业区、物流仓储区、历史文化区</td><td>城镇开发边界</td></tr>
<tr><td>城镇开发建设预留空间</td><td>城镇开发建设预留区</td><td>—</td></tr>
<tr><td rowspan="2">农业空间</td><td>永久基本农田</td><td>永久基本农田</td><td>永久基本农田保护红线</td></tr>
<tr><td>一般农业区</td><td>村庄建设区、林业用地区、牧业用地区</td><td>—</td></tr>
<tr><td rowspan="2">生态空间</td><td>生态保护红线区</td><td rowspan="2">森林、草原、湿地、河流、滩涂</td><td>生态保护红线</td></tr>
<tr><td>一般生态区</td><td>—</td></tr>
</table>

（表格来源：依据《新型空间规划体系下的县级“三生空间”布局与“三线”划定》[1] 绘制）

三类空间中的城镇空间主要包括城镇建设空间和城镇开发建设预留空间。城镇开发边界指的是中心城区的边界而不是市辖区的边界。划定该边界有利于解决城市开发强度过高、建设布局散乱、无序扩张等问题。农业空间主要包括永久基本农田、一般农业区。永久基本农田的划定基于维护粮食安全的优质耕地集中连片式保护。生态空间主要涵盖森林、草原、湿地、河流等用地。生态保护红线原则上按禁止开发区域的要求进行管理。“三区”空间的划分是为了“三生”空间功能的集聚和统筹 [2]，其兼顾了国土空间结构和功能完整性，同时体现了区域内部异质性的特征。对于采矿迹地景观生态重建而言，“三区三线”划定的作用主

[1] 刘志超 . 新型空间规划体系下的县级“三生空间”布局与“三线”划定 [J]. 规划师，2019，35（5）：27-31.

[2] 王颖，刘学良，魏旭红，等 . 区域空间规划的方法和实践初探——从“三生空间”到“三区三线”[J]. 城市规划学刊，2018（4）：65-74.

要体现在以“三线”为管控，在城镇空间及生态空间范围内对采矿迹地进行景观生态重建。

针对采矿迹地景观生态重建，首先需要“摸清家底”，以“双评价”为规划编制前置条件，深入掌握和挖掘采矿迹地的空间资源潜力。从市国土空间规划的角度出发，集合地质环境治理、土地复垦、产业发展规划、城市风貌规划、市政工程规划、旅游规划等确定矿区再开发的改造规模、用地结构和功能布局。在采矿迹地景观生态重建中，理清土地的合法权属，明确更新的方向至关重要。在矿区土地再开发过程中，涉及政府、产权人和开发主体三方主体，彼此间的利益诉求既有关联也存在争议。政府希望通过开发获得更高的城市价值，开发主体及产权人则追求利益的最大化。因此，平衡三方主体利益诉求尤为重要。在保障主体和公共利益的基础上，确定多方的权利、义务和法定责任，确保土地空间资源的合理转化和提高分配效率，才能更好地适应采矿迹地与城市长远发展的需要。在采矿迹地景观生态重建的过程中，土地再开发利用的科学性十分重要，而且必须遵循城镇开发边界、永久基本农田、生态保护红线等空间管控边界，强化底线约束。科学化和合理化分区能够更好地发挥矿区的空间价值，促进矿城融合，最终形成“生产空间集约高效、生活空间宜居适度、生态空间山清水秀”的国土空间开发格局（表 5-3）。

**表 5-3　采矿迹地空间功能分类**

| 一级 | 二级 | 土地功能 | 主要功能 | 目标 |
|---|---|---|---|---|
| 生产 | 工矿仓储用地<br>交通运输用地 | 生产主 - 生活次 - 生态副 | 生产 | 集约高效 |
| 生活 | 住宅用地<br>空闲地 | 生活主 - 生产次 - 生态副<br>生活主 - 生态次 - 生产副 | 生活 | 宜居适度 |
| 生态 | 水域及水利设施用地<br>裸土地<br>林地 | 生态主 - 生活次 - 生产副<br>生态主 - 生产次 - 生活副 | 生态 | 山清水秀 |

（表格来源：作者自绘）

对生产空间而言，主要面临产业发展模式的转变对生产空间的分配问题，生产空间不仅需要考虑保护脆弱的生态环境，还需要追求效益最大化以支撑采矿迹地的长久发展。作为从事工业生产活动及服务活动的地理空间，生产空间为生活空间提供物质产品和精神文化产品。生产空间的合理配置与更新是实现产业高效生产和土地集约、节约、安全利用的重要内容。生产空间的更新主要是淘汰矿产资源开采等第二产业，尽量发展对环境的负面影响小的接续产业，有序推进生产空间的内部置换，打造具有区域特色的生产空间，形成最优的产业空间布局。

生活空间是满足人们居住、出行、消费和休闲娱乐等生活需求，承担和保障矿区生活功能的空间。采矿迹地生活空间的基本配套设施与理想的人居环境相比仍有较大差距，同时，与城市交通网络和公共配套设施的联系存在阻塞，周边公园绿地面积不足都是再开发需要重点关注的问题。生活空间的优化需求主要是居民生活环境的改善、便捷全面的服务普惠、生活满意度及生活品质的提升，最终实现生活品质与经济、生态环境的和谐可持续发展。

在采矿迹地中，由于矿区生产活动造成地面塌陷积水、煤矸石堆积等，不但对生态空间产生侵害，而且对整个区域的生态本底造成影响，进而导致土地资源浪费。作为调节、维持、传递和维护整体生态系统的区域，生态空间是矿区依托和发展的基石，直接反映自然环境保护与生态文明建设的成果。由于矿区生产活动造成的种种负面影响，采矿迹地的景观生态重建是营造优越生态空间的首要需求。

### 5.2.2 国土空间生态修复的要求

随着对矿企环保管控政策的加强，国家也为采矿迹地景观生态重建提供了政策支持。采矿迹地由于矿产资源开采特征，需要优先保护生态环境，提高资源环境承载能力，合理利用土地资源，提升城镇环境容量，维护人类宜居空间，从而使采矿迹地获得可持续发展的能力。此外，居民的生态保护意识、生态环境需求也不断提高。应在国土空间规划思路的指导下，主动采取有效措施，对修复后的生态环境加强保护和优化，促进景观生态重建。通过修复和优化，采矿迹地的生态环境实现绿色可持续发展，在保障生态本底安全的基础上，创造“山清水秀”的采矿迹地景观生态环境。

### 1. 国家政策支持

近年来，国家高度重视城市生态环境的问题，2014 年出台《国家新型城镇化规划（2014—2020 年）》，对生态环境给予了前所未有的高度重视。2015 年，住房和城乡建设部将海南省三亚市列为“生态修复、城市修补”（以下统称“城市双修”）首个试点城市之后，开启了全国范围内的“城市双修”活动。在此背景下，针对城市的生态环境修复，提出了全面调查评估城市自然环境质量、加强规划引导以确定城市总体空间格局和生态保护建设要求，以及根据评估和规划统筹制定“城市双修”实施计划，从而有计划、有步骤地修复被破坏的山体、河流、湿地、植被等。2018 年我国组建自然资源部，进一步落实国土空间规划，推动山水林田湖草一体化保护和修复。对生态修复规划由早期的单一要素研究，逐渐走向涵盖国土空间生态系统多要素的综合研究，并且生态修复规划研究的尺度，由土地整治、水环境治理、生物多样性保护等单一指向性独立工程，逐步转向构建国土空间生态安全格局、加强生态系统基础网络建设等多尺度研究。

2019 年 5 月颁布的《若干意见》对国土空间规划体系的建立及国土空间规划编制提出具体要求，提出应统筹考虑生态、生产和生活空间，实现“多规合一”。2020 年，自然资源部在《关于开展省级国土空间生态修复规划编制工作的通知》中明确指出：“针对各种生态退化、破坏问题，按生态系统恢复力程度，科学确定保育保护、自然恢复、辅助修复、生态重塑等生态修复目标和措施，维护生态安全，提升生态功能。”采矿迹地景观生态重建对建设生态缓冲带、连通生态廊道、发挥生态修复作用、形成生态功能互为支撑的国土空间格局具有积极作用。2023 年，《自然资源部办公厅关于加强国土空间生态修复项目规范实施和监督管理的通知》（自然资办发〔2023〕10 号）指出，国土空间生态修复需要扎实开展实地踏勘、调查评价、问题识别等，围绕修复模式、技术措施、实施保障等开展深入研究。从国土空间规划层面对采矿迹地景观生态重建提出了明确要求。

### 2. 构建国土空间生态修复信息支持系统

生态修复是需要长效维持的工作，在国土空间规划改革和精细化管理趋势引导下，采矿迹地协助城市建立信息监管系统，有利于规划前期的勘测及规划后的评估反馈。结合城市基础地理信息和规划信息数据库，以“双评价”为理论支撑，建构融合地上地下的信息采集数据库，建立 GIS、OA（office automation，办公自动化）系统、MIS（management information system，管理信息系统）一体化的生态修复管理信息系统，建立地图数据的索引体系，实现分布式的数据共享和数据更新，通过图文一体化的协同工作应用环境，将地图应用、地理信息、地质信息和预测信息紧密结合，实时动态监控采矿迹地景观生态重建（图 5-2）。

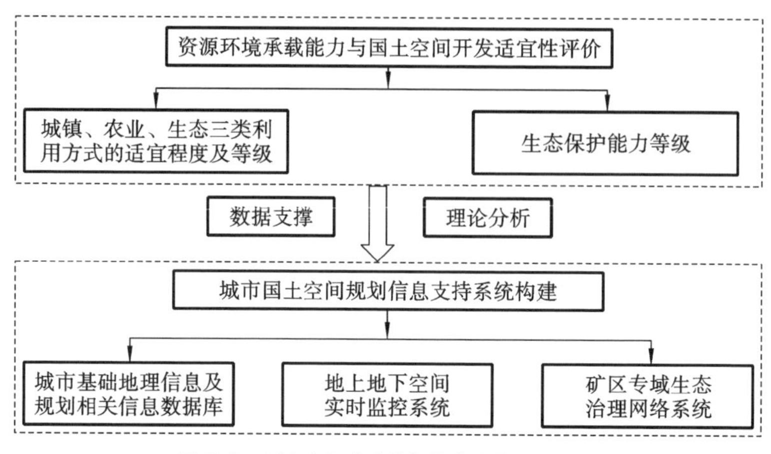


图 5-2　国土空间生态修复信息支持系统构建

（图片来源：作者自绘）

采矿迹地的工业活动对地质安全产生影响的同时，对城市的扩张也会造成阻碍，采矿迹地景观生态重建不仅是矿区自身发展的基石，更关乎城市的可持续发展，是国土空间生态修复的重要组成部分。依据城市生态修复规划方案，对采矿迹地生态空间进行土地综合整治和空间利用结构调整，探究矿区再开发与地质环境整治相互协调的路径，从而实现采矿迹地景观生态重建与城市生态修复相结合，达成经济、社会、环境协调发展目标。

### 5.2.3　矿区产业转型的需要

国家发展改革委、财政部、自然资源部 2021 年印发的《推进资源型地区高质量发展“十四五”实施方案》中指出，推进资源型地区高质量发展，是维护国家资源能源安全的重要保障。需要深入实施采煤塌陷区综合治理工程和独立工矿区改造提升工程，支持开展重大安全隐患区居民避险搬迁、生态修复和环境整治、基础设施和公共服务设施、接续替代产业平台等项目建设，有效改善矿区的生产生活条件。高质量发展的需求，也为采矿迹地景观生态重建提出了全新的要求。

采矿迹地必须为区域产业发展战略规划提供支撑，为产业更迭助力。采矿迹地的经济效益好，也可带动周边地区的发展，成为城市新的发展极，有利于推进城镇化进程。采矿迹地与城市在产业结构、功能布局、生活空间、生态环境保护等方面是相互影响的，采矿迹地景观生态重建有利于城市整体协同发展的实现。

采矿迹地景观生态重建对原有生产用地进行调整，在“双评价”中，土地资源承载能力和适宜性是采矿迹地景观生态重建的重要约束条件。土地资源的合理利用是提高资源的经济效益，优化采矿迹地景观生态的基础。根据“双评价”的结果，采矿迹地景观生态重建后，应明确可利用土地的发展潜力，寻求适合的产业完成接续或替换，对城市产业结构调整、合理布局产业空间、综合提升产业发展、提振地方经济具有重要意义。

## 5.3 城市尺度视角下采矿迹地景观生态重建策略

采矿迹地具有极大的开发潜力、独特的生态系统结构和功能，其景观生态重建是一个全方位的转化过程，不仅包括区域物质空间形态的变化，还包括与城市公共基础设施规划、区域生态安全格局、社会结构网络等方面关系的重建。采矿迹地大多位于规划区构建绿地系统的关键位置，急需将这些拥有景观生态重建潜力的采矿迹地纳入生态系统。具体而言，景观生态重建前期注重采矿迹地的调查和评价，统筹考虑其周边、城市及区域尺度，从景观生态重建策略、土地利用等角度着手，将采矿迹地作为生态斑块，呼应城市绿色体系，使采矿迹地更好地发挥增强城市生态廊道连通性的作用。同时，将其纳入绿地系统，形成具备生态、景观、游憩和防灾等综合功能的绿地斑块与公共开敞空间。为实现节约土地、资源共享，在采矿迹地景观生态重建中，基础设施的建设是区域发展的有力支撑，应依托重点发展区域，实施阶段式递进配建。

### 5.3.1 优化城市绿色基础设施

从总体分布来看，采矿迹地斑块面积不等、形状各异，有较为均衡呈中心集聚状的，也有带状的，这些斑块的形成与矿产资源的分布有关，较为离散，相互独立，与现有的城市绿色基础设施重要源斑块一起穿插分布在城市建成区的边缘及外围空间。

采矿迹地与城市绿色基础设施系统的空间关系，与城市建设空间类型、矿产资源开采阶段相关。基于城市绿色基础设施系统基本构架，将采矿迹地重建为人工湿地、自然保护地等生态空间，以增加新生态斑块、增大源斑块面积、增加斑块之间连接度的方式加强城市绿色基础设施的关系，能够增强资源型城市生态空间的完整性及连接度。

理顺采矿迹地与城市绿色基础设施系统的功能关系，有必要从采矿迹地景观生态重建后所发挥的生态系统服务功能角度来分析。城市绿色基础设施系统可从三个层面服务生态系统：提供资源供应途径、满足生物栖息地要求、服务生态环境调节。包含农地、林地、湿地、草地、水域等在内的不同景观生态重建目标为采矿迹地融入城市绿色基础设施系统指明了方向。

**1. 提供资源供应途径**

采矿迹地重建为农地及林地可实现城市绿色基础设施的供应服务功能，这些土地为人类提供了食物、木材等自然资源，是人类社会发展的基础。重建为农林用地是世界上普遍采用的采矿迹地景观生态重建途径。根据《土地复垦条例》（2011），我国复垦土地的利用方向以农业用地为主，其中以耕地和水产养殖为主要的利用途径。同样在发达国家，第二次世界大战后英国超过 50% 的采矿迹地被恢复为农业用地 [1]，德国劳齐茨矿区 85% 的陆上采矿迹地都被用于森林或农业用途。此外欧美政府鼓励在采矿迹地上建立新能源基地，为人类持续提供能源。

**2. 满足生物栖息地要求**

采矿迹地重建为野生动植物栖息地和自然保护区是充分尊重场地自然力量、保

---

[1] SCHULZ F，WIEGLEB G.Development options of natural habitats in a post-mining landscape[J].Land Degradation & Development，2000，11（2）：99-110.

护其自然演替过程的结果，对于丰富区域生物多样性有积极作用。这种景观生态重建途径在发达国家较为普遍，在我国单纯将采矿迹地作为自然保护区并不常见。在德国劳齐茨矿区，约 15% 的陆上废弃地被划定为自然保护区 [1]，Hüttl 和 Weber 对这些野生动植物栖息地进行跟踪调研，发现采矿迹地上自然演替形成的新生境，在生态系统功能和视觉景观方面并不比同区域未受开采干扰的地区差 [2]。因此，在景观生态重建过程中要注重发挥自然演替的力量，保护采矿迹地上形成的新的生态系统和栖息物种。此外，受矿井酸性排水污染河流的治理对重新连接分散的栖息地、疏通物种迁徙通道起到积极作用。通过景观生态重建，重新联系这些河流，重建鱼类或鸟类迁徙通道，在区域范围减少了生物多样性减损的可能。同时把采矿迹地作为城市绿色基础设施系统的连接廊道，重新联系孤岛网络中心，对城市绿色基础设施系统的完整性构建意义重大。

**3. 服务生态环境调节**

采矿迹地景观生态重建对区域生态环境有积极的调节作用，比如改善区域气候及提升空气质量、增加碳吸收及储存、防止土壤侵蚀、增加土壤肥力、促进植物授粉过程等。采矿迹地上湿地的建立还对废水净化和处理有明显作用。在洪水高发地区，将采矿迹地变为绿色开敞空间是降低洪水、风暴等极端事件风险的适宜的景观生态重建模式。另外，湿地对于城市生态系统的调节作用尤为重要。如上所述，采矿迹地中的塌陷湿地水域不仅可以为鸟类和鱼类等提供高价值的栖息地，而且矿区的污染物负荷可以通过湿地的生态过程及其中的微生物矿化过程得以消除。这种自然的景观生态重建和清洁过程将带来可持续的、低维护成本的后矿业景观。

### 5.3.2 构建区域生态安全格局

随着采矿迹地景观生态重建的开展，采煤塌陷地等重点区域逐步成为城市内部

[1] SCHULZ F，WIEGLEB G.Development options of natural habitats in a post-mining landscape[J].Land Degradation & Development，2000，11（2）：99-110.

[2] HÜTTL R F，WEBER E.Forest ecosystem development in post-mining landscapes：a case study of the Lusatian lignite district[J].Naturwissenschaften，2001，88（8）：322-329.

重要的生态用地。原有存量空间被盘活，迎来新的发展契机。土地利用的变化是采矿迹地景观生态重建的重要表现，对其进行管控将促进存量空间合理再利用的良性发展。但针对此类用地的景观生态重建，其生态敏感性是制约区域发展的重要瓶颈。党的二十大以来，国家强化城乡建设用地建设、扩张及禁止开发界线，国土空间规划也进一步明确要求健全土地管控制度，扩大管控范围，涉及所有自然生态空间，其中也包括由采矿迹地重建的生态空间。因此，采矿迹地景观生态重建要立足城市尺度，从生态视角出发，促进区域生态安全格局的构建。

目前，采矿迹地景观生态重建中遇到的问题大多为历史遗留问题，在采矿迹地发展中对生态空间的保护，客观上不能将人类主体从区域发展过程中剥离。因此，在考虑采矿迹地景观生态重建时，应该积极综合考虑人类影响因素，通过合理的管控措施来规范人类相关活动，从而达到人与自然和谐共生、协调发展。从这个视角出发，采矿迹地景观生态重建中的生态网络格局应包含人类活动、湿地环境、动植物、水体资源等要素。

在城市尺度的生态安全格局构建中，首先，可通过对绿色基础设施要素进行界定从而划定城市绿色基础设施空间，应识别出采矿迹地内的绿色基础设施网络。

其次，通过对相关要素进行等级划分从而进行优化，然后由识别出的采矿迹地绿色基础设施优化空间引导城市“三区”划定。对自然绿色基础设施要素用地类型进行区分，在境内大型生态源地（一级枢纽区）、一级生态连接廊道，严格禁止城市开发建设及生产活动，同时预留 200 m 缓冲带，不允许生态用地补偿，从而实现战略保护。“三区四线”所对应的绿色基础设施网络要素及管控措施如表 5-4 所示。

**表 5-4　采矿迹地“三区四线”与 GI 网络管控对应表**

| 三区四线 | GI 网络要素 | 用地要素 | 管控措施 |
| --- | --- | --- | --- |
| 禁建区 | 一级枢纽区、一级生态连接廊道、重要生态节点 | 风景名胜区核心区、自然保护区、湿地及森林公园保育区、区域大型河道等 | 禁止一切与生态保护无关的开发建设 |
| 限建区 | 二三级枢纽区、二三级生态连接廊道、次要生态节点 | 风景名胜区非核心区、自然保护区缓冲区、湿地公园及森林公园非保育区等 | 开发建设具有严格的审批流程及要求，控制开发强度 |

续表

| 三区四线 | GI 网络要素 | 用地要素 | 管控措施 |
| --- | --- | --- | --- |
| 适建区 | 无自然 GI 网络要素区域 | 城市总体规划中划定的城乡开发用地 | 控制开发模式与强度 |
| 蓝线 | 枢纽区、生态廊道、生态节点 | 河流、湖泊、湿地等 | 禁止与生态保护无关的开发建设 |
| 绿线 | 枢纽区、生态廊道、生态节点 | 城市绿地、公园、游园等 | 禁止与生态保护无关的开发建设 |
| 紫线 | 生态节点 | 具有生态功能的历史街区、风景名胜区等 | 加强紫线内物质空间的保护力度 |
| 黄线 | — | — | — |

（表格来源：作者自绘）

再次，需要分析采矿迹地内重要的生态空间。结合国土部门的土地信息，对绿色基础设施要素进行选取从而识别采矿迹地生态网络。区域范围内可选取要素包括：人工水塘及水渠、自然及人工林地、湿地、河道及沿河植被带、滩涂地、风景点、观景点、具有历史文化价值的村镇、历史文化遗产区域等。

最后，通过对采矿迹地景观生态进行优化，构建区域生态网络格局。生态网络格局的构建应坚持点、线、面相结合的原则，合理布局区域内生态用地。

### 5.3.3 纳入公共基础设施体系

#### 1. 构建综合交通网络体系

完善的道路交通体系，能够增强地区内外的沟通，有助于为区域转型发展创造良好的投资环境。现阶段，构建快速便捷、高效安全的交通基础设施体系是实现区域空间结构优化的基础和保证。在公路建设方面：对外交通连接总体规划骨架路网，内部交通尽可能利用建设条件较好的道路，结合已批、已建项目红线进行合理微调。在铁路建设方面：对接远期轨道交通规划，同时对区域内原铁路线选择性保留，结合功能区划分分段式利用，挖掘多元化潜在利用价值。如对采矿迹地内原有专用铁路，可借助周边旅游产业及体系构建，分段式打造游览式小火车体验项目，进行特色公共空间营造。在公共交通建设方面：将采矿迹地的交通网络体系纳入城市的道路交通体系中统一规划，结合骨架路网规划对内对外公共交通。对外侧重以外地游客为主的公共交通构建，增加采矿迹地与周边主要城市的公共交通路线，以保障外地游客的可达性。对内侧重采矿迹地旅游体系、生活体系构建，考虑当地居民出行需求，规划区域内公共交通路线，满足旅游业及当地居民需求。

**2. 配建公共服务设施**

采矿迹地内公共服务设施配备不足、分布不均匀，多为村庄公共服务设施，文化活动、医疗卫生设施不足，商业服务设施匮乏，无法满足区域正常生活及后期发展的需求。首先，在公共服务设施配置上，应采用对应的公共服务设施分类、分级和控制标准，在满足本地居民生产生活使用需求的同时，需要一定数量的服务人口提供支持，实现公共服务设施高效利用。例如，在分级上依据《城市居住区规划设计标准》（GB 50180—2018），建设基本生活需求类公共服务设施，主要包括：文化活动站（老年活动站、青少年活动站）、社区商业网点、社区服务站（居委会、残疾人康复室、治安联防站）、生活垃圾收集站、公共厕所、再生资源回收点等。建设基本物质与生活文化需求类公共服务设施，主要包括：体育、社会福利与保障、文化娱乐、商业金融服务、邮政电信、医疗卫生、行政管理与社区服务等服务设施。在分类上，依托采矿迹地内部功能用地划分，以为居民服务为原则，合理配置相应设施。其次，整合资源。对土地以集约利用为主，避免设施重复建造，最大限度发挥原有公共服务设施的功能。针对位于采矿迹地内部的医院、小学、中学等公共设施，做好与政府的管理交接，协调与场地内外的道路交通联系，实现矿城共享。对矿区内部公共设施查缺补漏，精准填补，全面优化。

### 5.3.4　形成综合社会结构网络

人作为社会结构网络的主要群体，在构建社会结构网络中起到重要作用。闭矿后采矿迹地原有的以采矿企业为核心的社会体系瓦解，导致以经济为核心的社会网络结构迅速解体，区域内需要构建新的社会网络结构来促进采矿迹地的可持续发展。随着景观生态重建，原本受采矿困扰的当地居民也随着生态环境的改善逐步回流搬迁，人口的回流有力促进了社会结构网络的构建。在采矿迹地景观生态重建的背景下，区域内可借助生态修复机遇开展周边区域的环境整治，建立责任保护机制，通过展报宣传、公共宣讲等方式提高当地居民的生态保护意识，逐步形成生态社会结构网络。以生态转型为动力开始逐步引领区域产业转型，在构建经济社会结构网络时，城市可借助采矿迹地的生态效益，推进以休闲旅游、度假展览、康养健身等为主的第三产业的发展。对于当地居民而言，采矿迹地重建后作为区域极核，为区域带来了发展机遇与新活力。一方面，周边区域可以通过大力发展休闲农业观光、农事体验等项目促进采矿迹地产业转型，为当地居民提供新的创业环境，提高当地居民人均收入水平。另一方面，采矿迹地也可以借助周边特色项目完善区域旅游体系，形成互促共进的经济社会结构网络。对于文化社会结构网络，采矿迹地景观生态重建带动了周边自然生态环境和居住环境的变化，采矿迹地内可大力发展当地特色文化，形成当地特色文化体系，推广矿产工业遗存的创新利用，构建以经济、生态、文化为一体的综合社会结构网络，促进矿城融合发展（图 5-3）。

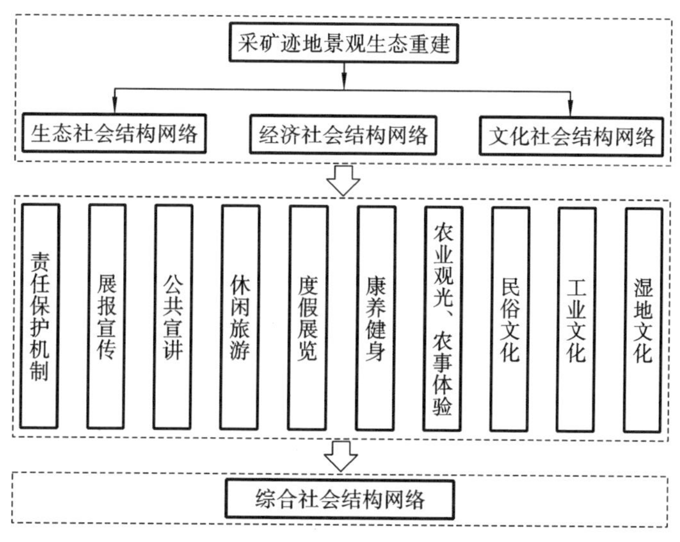


**图 5-3　采矿迹地区域综合社会网络构建策略图**

（图片来源：作者自绘）

## 5.4　场地尺度视角下采矿迹地景观生态重建策略

采矿迹地按照形成机理可分为四种类型：挖损型、塌陷型、压占型、工业广场型。场地尺度视角下，不同的资源开采方式形成不同类型的采矿迹地，露天开采及小、中型采矿坑形成挖损地，井工开采形成塌陷地，矸石山形成压占地，工人村形成工业广场等。因此，需要因地制宜，在宜农则农、宜林则林、宜渔则渔、宜建则建、宜生态则生态的前提下，针对场地尺度下不同的采矿迹地类型采取不同的景观生态重建策略。

### 5.4.1　注重景观生态重建，融入城市系统

**1. 融入城市景观生态系统**

采矿迹地对区域地表影响较大，但从景观角度看，其具有独特的视觉效果和景观可塑性。以积水塌陷型采矿迹地景观生态重建为例，可在景观生态重建过程中采取“挖深垫浅”（deep-digging and shallow-filling）的方式使其达到稳定状态。挖深形成水域，结合常年积水区建设生态湿地公园，用以净化污水、废水，改善区域整体环境，同时配置湿生植物，净化水质，丰富区域物种。相对远离城市的采矿迹地可改造成鱼塘或水库，此模式涉及的土方量相对较少，仅需加固边坡和进行防渗处理，且人工景观要素植入较少。靠近城市且集中度高的采矿迹地可改造成滨水公园，形成连续水系，并可在岸边建设一些配套服务设施，为市民提供良好休闲去处的同时，改善区域整体气候环境。对口径相对较小的矿坑，在其上加盖穹顶形成人与植物共生的温室大棚，用以种植蔬菜或异地植物。对深度较浅的矿坑进行半填埋，结合海绵城市相关建设理论，形成多层次、立体的低洼花园。

**2. 纳入城市基础设施系统**

良好的交通体系可以消解矿区与城市的割裂关系，并能织补城市交通体系。将采矿迹地纳入城市基础设施系统，既是对城市交通基础设施的补充与完善，又可以帮助矿区在空间上从封闭向开放转变，并可在基础设施建设的过程中通过相互连接

的网格结构给人们的生产生活提供便利，给城市运行提供保障。另外，河道、蓄水池、湿地、乡土植被等自然景观区域的对象，称为绿色基础设施，是城市景观的重要组成部分，也是城市更新和设计的基础。在采矿迹地景观生态重建的过程中，将绿色基础设施有机点缀穿插于灰色基础设施中，可形成一种更综合、更具美感的景观化基础设施。

**3. 积极对接城市慢行系统**

采矿迹地积极对接城市慢行系统，一方面，可以为居民提供安全的游览场所，丰富步行体验，激活采矿迹地内原本未充分利用的场地；另一方面，慢行系统可以缝合采矿迹地内功能区块的裂缝，提升便捷性。此外，将景观设计与街道功能的划分相结合可以创造别致的街巷体验，营造舒适绿色的城市空间。

### 5.4.2 保护工业遗产，延续城市文脉

**1. 积极保护采矿迹地工业遗产**

采矿迹地作为区域发展历史的见证，可以绿地为基质，以矿业生产为特色，配合不同造型的采矿雕塑等，置入新的功能和业态。对有着良好自然环境条件的采矿坑可植入自然景观与人文景观要素，结合矿坑地势建设度假酒店等服务性建筑，促进区域综合服务产业发展，成为城市转型中一类新型的工业人文旅游资源。通过景观生态重建这一媒介，整合采矿迹地内支离破碎的开敞空间，可以形成符合周边生态格局的开敞空间体系，使其成为组织空间结构的基本骨架。采矿迹地景观是城市后工业遗址景观。工业遗产保护的关键在于对采矿迹地景观要素进行灵活的叠加或组合，基于城市景观和文脉构建有机秩序，有利于公共空间景观设计与城市更新地段综合条件的紧密结合。在采矿迹地景观生态重建时应该充分利用景观系统的差异性，充分挖掘系统中各元素的相互关系。通过系统和全面地定位，掌握各复杂元素的功能和关系，建立统一的整体空间结构，在采矿迹地现有的空间中使各类景观生态元素的分布、利用更加合理，以达到可持续的目的。

**2. 主动延续城市文脉**

从城市发展历程来看，采矿迹地是资源型城市工业发展的见证者，是市民记忆的记录者，是一座城市某个阶段所取得成就的体现者，更是整个城市文脉的重要组

成部分。采矿迹地有着丰富的空间资源，包含独特的城市气息，传承着悠久的民俗文化。采矿迹地景观生态重建应注重对历史文脉的延续和保护，在维持现场状态的基础上，对采矿迹地的文化资源与内涵进行整理，充分挖掘采矿迹地的地域文化特色，确定采矿迹地景观生态重建的主题，保留优秀的、与改造主体相符的遗留资源，重点展现矿区人民艰苦奋斗、自力更生的可贵精神，让资源型城市在新时代重新焕发魅力与生机。采矿迹地景观生态重建的过程同时也是城市文脉特色的延续过程。一方面，从采矿迹地内部的空间布局和整体肌理出发，对景观化基础设施的设计与建设，可以起到延续显性文脉的效果。另一方面，通过对采矿迹地历史沿革和功能分布的调查和了解，保持采矿迹地原有的特征特色，可以延续其隐形文脉。使采矿迹地景观生态重建与当代城市发展更具适配性与协调性，能够活化城市文化资源，保留工业文化特色，并且将一座城市的记忆和精神融入城市建设。

### 5.4.3　优化空间秩序，调整用地性质

**1. 优化内部空间秩序**

从采矿迹地的整体空间来看，采矿迹地原本的空间布局相对分散，在景观生态重建中，应该重新规划采矿迹地的空间布局，实现由无序向集约的转变，解决采矿迹地内部空间布局上的不协调问题，统筹规划内部空间序列，组织地块功能排布。针对采矿迹地局部片区的空间秩序，对不符合城市发展定位的地块，可以采用功能置换的方式进行优化，使得优化后的采矿迹地可以适应城市转型后新的使用功能。

**2. 调整内部地块性质**

在采矿迹地景观生态重建过程中，需要根据实际情况来确定重建方式。对已经稳定的浅层塌陷区，地表不再下沉，可以采用覆土造田的方式，使得农业、林业、牧业综合发展，也可以采用煤矸石等充填使土地变为基建用地。对已经稳定的深层塌陷区，可以开挖转变为鱼塘，发展养殖业，或者改造为湿地公园，为人们提供休闲娱乐的场所。对尚未稳定的塌陷区，地表仍将会变化，主要应该做好灾害防治工作，不可作为永久建设用地，可以适当地发展水产养殖业。应积极结合国土空间规划，调整用地性质，为采矿迹地转型发展提供助力。

### 5.4.4 关注压占治理，健全环境监测

#### 1. 重视压占地景观生态重建

采矿迹地景观生态重建中矸石山的治理是重要一环。需要考虑采矿迹地的周边环境和当地的市场状况，采取技术条件较为成熟、有助于生态环境恢复、用渣量较大、可以合理利用资源的煤矸石发电、回填造地、煤矸石制砖、粉煤灰生产水泥、煤矸石修路等措施。通过这样的方式，不仅可以大量消化历年积累下来的煤矸石，而且可以充分利用煤矸石产生经济效益、社会效益和环境效益。在植物总体配置上考虑主要采用耐干旱、耐瘠薄的树种。对矸石山边坡进行绿化，起到水土保持的作用。在矸石山平台上根据景观需要选择相应的乔木和灌木进行合理搭配，形成变化丰富的景观效果。可利用常绿乔木和阔叶乔灌木搭配 、常绿植物与开花植物搭配，并将自然种植与规则种植搭配，形成丰富的人工景观。

#### 2. 健全环境监测体系

应对整个区域统一制定污染排放标准，将采矿迹地统一纳入环保监测体系，修建污水处理设施，提倡企业环保生产、清洁生产。划定一定区域作为堆积区，并安排专门人员和设备及时挖掘，输送至相关企业进行综合利用。在堆积区周围设置喷水管道，天气干燥时喷水防止扬尘引起大气污染。

### 5.4.5 置换场地功能，优化建筑空间

#### 1. 置换场地功能

采矿迹地会对建筑的公共性造成消极影响。一方面，闭矿会引发工人转岗或下岗，这在一定程度上使得矿工家庭面临生存模式改变，例如就地转岗或外出谋生。劳动力的外流意味着矿区人居活力的流失与公共性的消减，例如工人俱乐部、公共浴场这样的公共空间逐渐闲置，但这些场所却是长久以来当地居民进行社会交往的载体，值得挖潜。另一方面，矿业遗存的艺术美来自其庞大的尺度与对过去时代特征的形象映射，这种与日常所见的“疏离”会使人产生独特的审美体验。但其适宜机器生产的空间尺度极大地削弱了未来发展人际交往功能的潜在可能，这与采矿迹地更新所强调的“以人为本”是相悖的。可对采矿迹地内部局部片区的旧建筑赋予新的、

多样化的、更贴合转型后用途的使用功能，比如可以将工业广场的大型建筑等设施变成具有新功能的博物馆、展厅等。且功能置换应该遵循“因地制宜”的原则，在充分了解建筑原本功能和建筑结构的基础上，考虑功能置换的可能性。不仅要考虑功能置换时建筑结构的适用性，也要考虑建筑空间在水平和垂直方向改造的可能性。在设计的过程中需要充分了解采矿企业的发展诉求，了解采矿迹地景观生态重建后所需的使用功能，激发设计师优化工业广场平面布局的潜力。

**2. 优化建筑空间**

采矿迹地有着相对较多的工业建筑资源，可以充分发挥工业建筑的优势，对其空间进行优化，从而适应转型后新的使用需求。建筑空间的优化可以通过重整建筑内部空间的功能布局，实现空间的对接、重构或者相互转化，主要途径有空间分割、空间合并、空间扩充。空间分割是指在水平方向或者垂直方向将建筑的大空间分割成小空间，也可对小空间进行组合后加以利用。空间合并是指通过拆除、分隔、打通等方式使一些相对独立的空间连接成为更大的连续空间，可以分为水平方向的合并和垂直方向的合并。空间扩充指的是在与原有空间关系较为密切的范围进行适当的扩建，形成一个新的整体。依靠景观生态重建激活建筑内与外的活力，使人们乐于进入曾被工业设施占据的生产性空间，产生公共交往活动，是采矿迹地景观生态重建的重要策略。

# 6

# 区域转型背景下中国矿区景观生态重建实例

立足中国的高质量绿色健康发展，本章在区域转型的背景下，通过我国江苏省徐州市贾汪区潘安湖采煤塌陷地生态修复、四川省乐山市嘉阳矿区工业遗产再利用和辽宁省阜新市新邱区露天矿坑再开发三个采矿迹地景观生态重建实例，梳理分析采矿迹地景观生态重建所取得的成效，为采矿迹地景观生态重建和再利用提供实践参考。

## 6.1 江苏省徐州市潘安湖采煤塌陷地景观生态重建

### 6.1.1 徐州市采矿沿革与采矿迹地

**1. 徐州市概况**

徐州市位于江苏省西北部，地处苏、鲁、豫、皖四省交界处，为东部沿海与中部地带、长三角经济圈及环渤海经济圈的接合部。作为具有百余年矿业发展史的城市，徐州市素有“百里煤海”之称。其以江苏省能源基地和江苏省唯一的煤炭产地的身份为华东地区的煤炭供应提供了保证，为全国发展做出了重大贡献，同时煤炭的开采也推动了城市的经济社会发展和城市化进程，徐州市因矿而兴。但是由于长期依赖煤炭工业，经济结构单一，徐州市较早进入了煤炭资源枯竭型城市的行列，早在2000年前后城市就被迫进入了转型发展期。此外，长期的采煤活动也破坏了城市的生态环境，限制了城市的发展。因此煤炭资源枯竭后，徐州市积极谋求转型，因资源开采形成的大量采矿迹地的再开发尤其关键。在国家与地方政策的支持下，从21世纪初期开始，徐州市开展了一系列的采矿迹地景观生态重建规划与工程，变废为宝，有效助力了徐州市的绿色生态转型。

**2. 徐州市矿区发展**

徐州市煤田东起贾汪区、西至苏皖边界、西北邻微山湖，总面积2094 $km^2$。矿区内煤炭资源丰富，是全国重要的煤炭基地之一。徐州市煤矿的开采历史可以追溯到北宋元封元年，苏轼在《石炭》一诗中便有提到。1882年，胡恩燮主办了徐州利国矿务总局，徐州市“百年煤城”的篇章拉开了序幕[1]。2016 年 10 月，徐州市区最后一座煤矿、拥有 58 年开采历史的旗山煤矿关闭，徐州市区至此告别了“煤城”的称号。

徐州市经历了上百年的煤炭开采，城市发展也与采矿活动同步进行，煤城同荣，留存有深厚的历史记忆（图 6-1）。在采煤业兴起之前，徐州市早已因其重要的地理、交通、政治和军事等地位与特色闻名天下，是国务院第二批公布的“历史文化名城”。中华人民共和国成立前，徐州市内煤矿主要集中于贾汪区境内，城矿各自独立发展。从中华人民共和国成立后到 20 世纪 70 年代末，徐州矿务局成立，建成青山泉二号井、董庄煤矿、旗山煤矿、权台煤矿、大黄山煤矿、新河煤矿、庞庄煤矿、夹河煤矿、

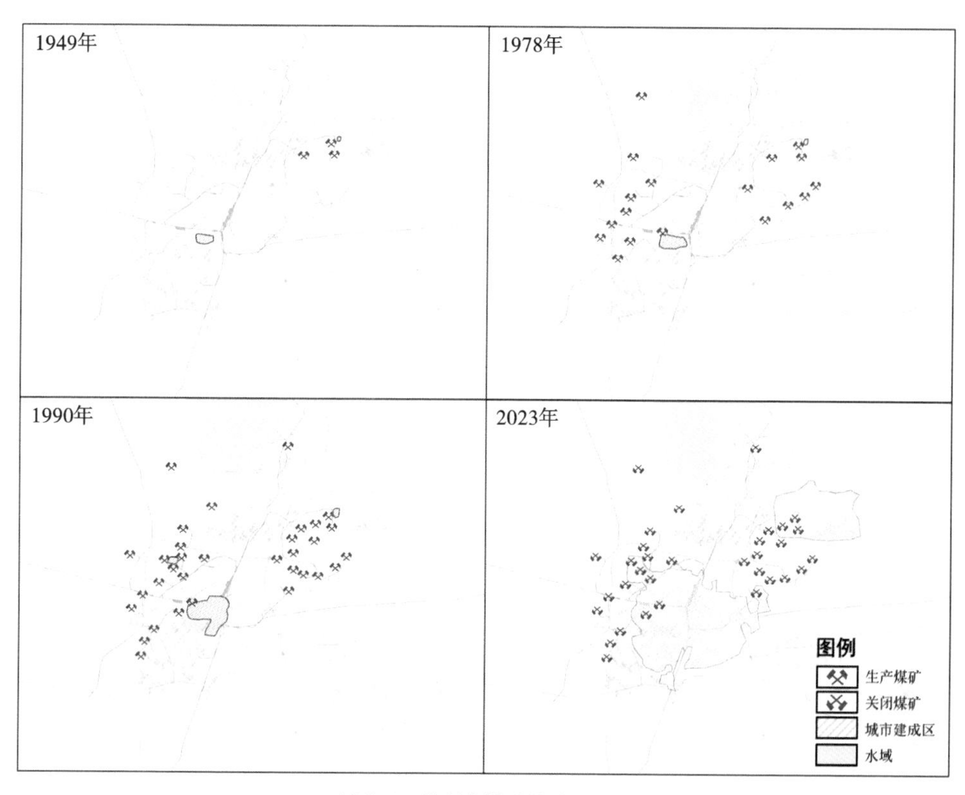


**图 6-1　徐州市城矿关系发展图**

（图片来源：作者自绘）

[1]　徐州市贾汪区地方志编纂委员会 . 贾汪区志 [M]. 北京：方志出版社，2002.

义安煤矿等多个煤矿。城市主要围绕重工业发展建设，特别是以煤炭为中心，形成了两个工业区：一个在西关，是1958年以后形成的新工业区，以机械工业为主；一个在故黄河以北，陇海铁路以南，是旧有的工业区。城市的东北部和西北部，逐渐形成以煤矿为核心的散点式的独立工矿区。20世纪80年代后，徐州市进入全面快速发展时期，徐州市煤炭事业也达到历史上前所未有的高度。20世纪90年代，徐州市先后开辟了九里山煤矿、马庄煤矿等煤矿，徐州煤炭开采业开始往城市南部发展。从2000年起，依据国家有关部门制定的做好矿山企业关闭破产的政策规定和操作办法，以及江苏省国有企业改革领导小组、江苏省人民政府的文件精神，徐州市矿区各矿井相继关闭。到2016年，徐州市都市区范围内的所有煤矿关停。随着矿井的关闭，徐州市确立了主城区空间结构发展主导方向，建设用地向东、南、东南方向扩张，向西和西北的空间扩张开始转慢[1]。

### 3. 徐州市的采矿迹地

徐州市经历了长期的煤炭开采，形成了形式各样的采矿迹地，如采煤塌陷地、工业广场、专用铁路线等。采矿迹地是资源型城市特有的景观，这些采矿迹地既是徐州市采矿历史的见证者、记录者，也是徐州市转型发展必须面对的城市“疮疤”和挑战。

#### 1）采煤塌陷地

采煤塌陷地是徐州市最主要的采矿迹地类型。地下深部煤炭开采，导致覆岩从下至上发生冒落、裂隙（缝）和弯曲下沉，使采空区上方地表发生大面积塌陷。长期高强度的煤炭开采，带来了土地塌陷、房屋开裂、水系紊乱等生态包袱。天灰、地陷、墙裂、水黑，曾是徐州市采煤塌陷区的真实写照（图 6-2）。

徐州市的煤田经过 100 多年高强度开采，地表已形成若干个规模巨大的塌陷区，空间上多沿北东向展布，剖面上呈不规则漏斗状。有的塌陷区常年积水或季节性积水，塌陷深度为 3 ～ 5 m，最深达 9 m。截至 2008 年，徐州市域内因采煤造成的塌陷地有 24 万余亩，主要分布于铜山区、贾汪区、鼓楼区、泉山区、徐州经济开发区和沛县等县（区）的 28 个镇（办事处）（图 6-3）。根据塌陷地的区位和影

---

[1] 徐州市地方志编纂委员会 . 徐州市志 [M]. 北京：中华书局，1994.

图 6-2　采煤塌陷地恶劣的生态环境

（图片来源：常江拍摄）

响范围不同，按照东、西矿区可将所有塌陷地划分为八个片区。西部矿区以庞庄—夹河片区为核心，周边散布垞城片区、张集片区、义安片区、新河—卧牛片区，共五大塌陷片区。东部以贾汪集中片区为主，与大黄山片区及董庄片区一起构成东部三大塌陷片区（图 6-4）。

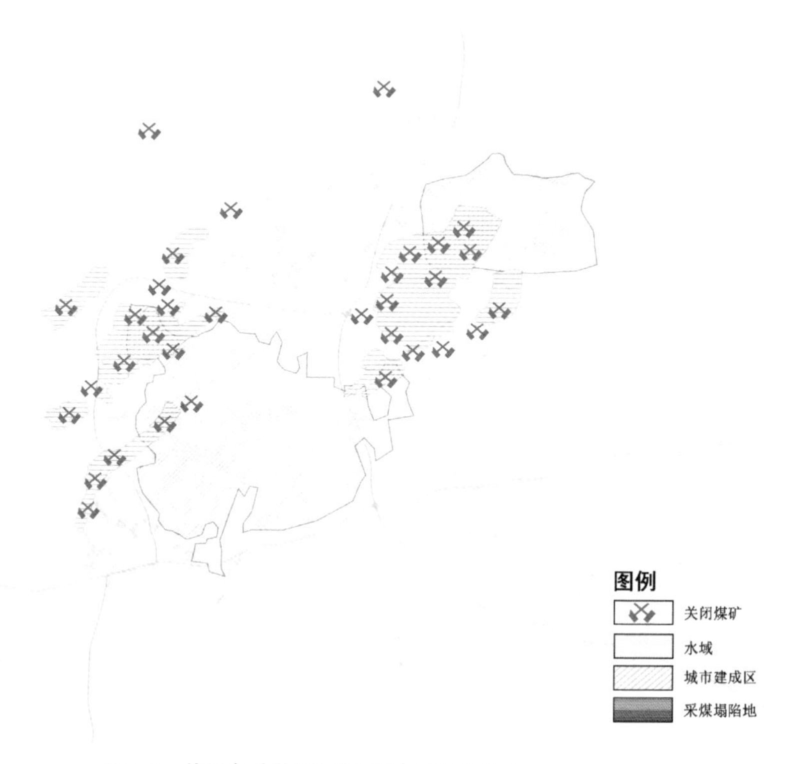


图 6-3　徐州市采煤塌陷地与城市发展的关系

（图片来源：作者自绘）

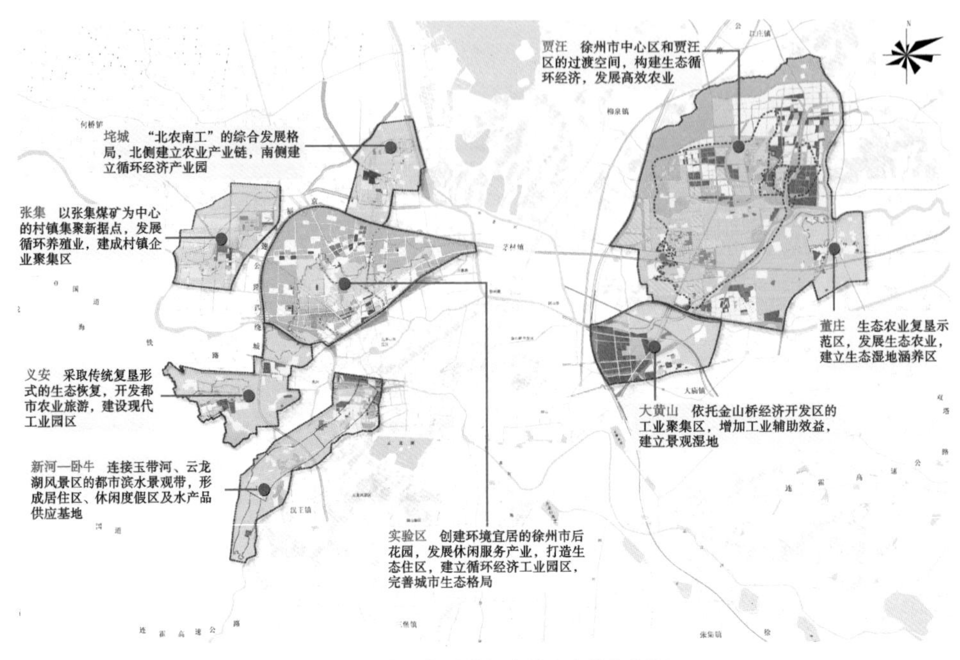


**图 6-4　徐州市采煤塌陷地生态修复规划**

［图片来源：《徐州矿区采煤塌陷地生态修复规划》（2008）］

2008 年，中共江苏省委、江苏省人民政府提出了振兴徐州老工业基地的战略，同年徐州市政府委托中国矿业大学编制了《徐州矿区采煤塌陷地生态修复规划》。相关研究人员针对徐州市规划区范围内大量的采煤塌陷地，以富美徐州，振兴老工业基地为发展总目标，本着宜耕则耕、宜林则林、宜建则建、宜工则工、宜生态则生态的多层次、多目标的采煤塌陷地再利用基本原则，挖掘采煤塌陷地的潜在资源价值，重新定义了徐州市各塌陷地分区的城市功能，确定了产业结构及发展方向，整理了景观生态体系，从而实现了矿区新旧功能的整合、内外空间的融合、各种用地间的平衡、场所特征的创造、城市文脉的传承和城市特色的塑造。在此规划设计的基础上，徐州市开始了坚持绿色转型发展、生态优先的环境修复之路。2017 年 12 月，习近平总书记对徐州市由采煤塌陷地改造成的潘安湖湿地公园进行考察，随后指出"资源枯竭地区经济转型发展是一篇大文章，实践证明这篇文章完全可以做好"。

2）工业广场

自中华人民共和国成立以后，徐州市煤矿业迅速发展，以徐州矿务局为主，矿山企业基本形成了东部 6 矿、西部 7 矿的分布格局，其中东部 6 矿包括韩桥煤矿（含夏桥煤矿，1964 年两矿合并，称“韩桥煤矿”）、青山泉煤矿、旗山煤矿、大黄山煤矿、权台煤矿、董庄矿煤矿；西部 7 矿包括新河煤矿、庞庄煤矿、张小楼煤矿、夹河煤矿、义安煤矿、垞城煤矿、张集煤矿（图 6-5）。目前这 13 个大型的国有煤矿均已相继停矿闭井，昔时的工业广场成为徐州市采煤时代的见证者，是徐州市采矿迹地的重要组成部分（表 6-1）。

**图 6-5　徐州市煤矿工业广场状况**

（图片来源：常江拍摄）

表 6-1　徐州市主要煤矿工业广场状况

| 矿区名称 | 建设年份 | 场地状况 |
|---|---|---|
| 韩桥煤矿（含夏桥煤矿） | 1882 | 生产线已基本拆除 |
| 青山泉煤矿 | 1957 | 生产线已基本拆除 |
| 旗山煤矿 | 1957 | 保留生产线、仓库、运输区 |
| 大黄山煤矿 | 1958 | 生产线已基本拆除 |
| 权台煤矿 | 1959 | 保留生产、仓储、运输区 |
| 董庄煤矿 | 1960 | 生产线已基本拆除 |
| 新河煤矿 | 1960 | 生产、运输区建筑破坏严重 |
| 张小楼煤矿 | 1965 | 保留生产、仓储、运输区 |
| 庞庄煤矿 | 1965 | 生产线已基本拆除 |
| 夹河煤矿 | 1970 | 保留生产、仓储、运输区 |
| 义安煤矿 | 1972 | 保留生产、仓储、运输区 |
| 垞城煤矿 | 1976 | 保留生产、仓储、运输区 |
| 张集煤矿 | 1978 | 保留生产、仓储、运输区 |

（表格来源：作者自绘）

3）**专用铁路线**

徐州市的煤矿铁路因矿而生，徐州市的煤矿业之发达也同样得益于铁路的出现。铁路既对徐州市的煤矿业发展起到了至关重要的作用，也是徐州市城市交通发展的催化剂，是徐州市采矿迹地的重要组成部分。自 1957 年开始，徐州市各矿区建成投产的矿井，均建有煤矿铁路专用线（图 6-6），分为东、西两个片区（图 6-7）。东部片区的煤矿铁路专用线呈半弧形，韩桥煤矿的铁路专用线与前贾支线的贾汪车站接轨；权台煤矿、旗山煤矿、董庄煤矿所用的铁路专用线向北以青山泉站为基点，向南出岔延伸搭建，与京杭运河双楼港连通，既可陆运又可水运；大黄山煤矿铁路专用线则直接与陇海铁路接轨。西部片区的煤矿铁路专用线较为分散，新河煤矿和义安煤矿铁路专用线于新河站接轨；夹河煤矿、庞庄煤矿、张小楼煤矿、垞城煤矿铁路专用线经南岗配集站与陇海铁路接轨；张集煤矿则直接由矿区建设运煤专用线，转入陇海铁路。

**图 6-6　煤矿铁路专用线景观**

（图片来源：常江拍摄）

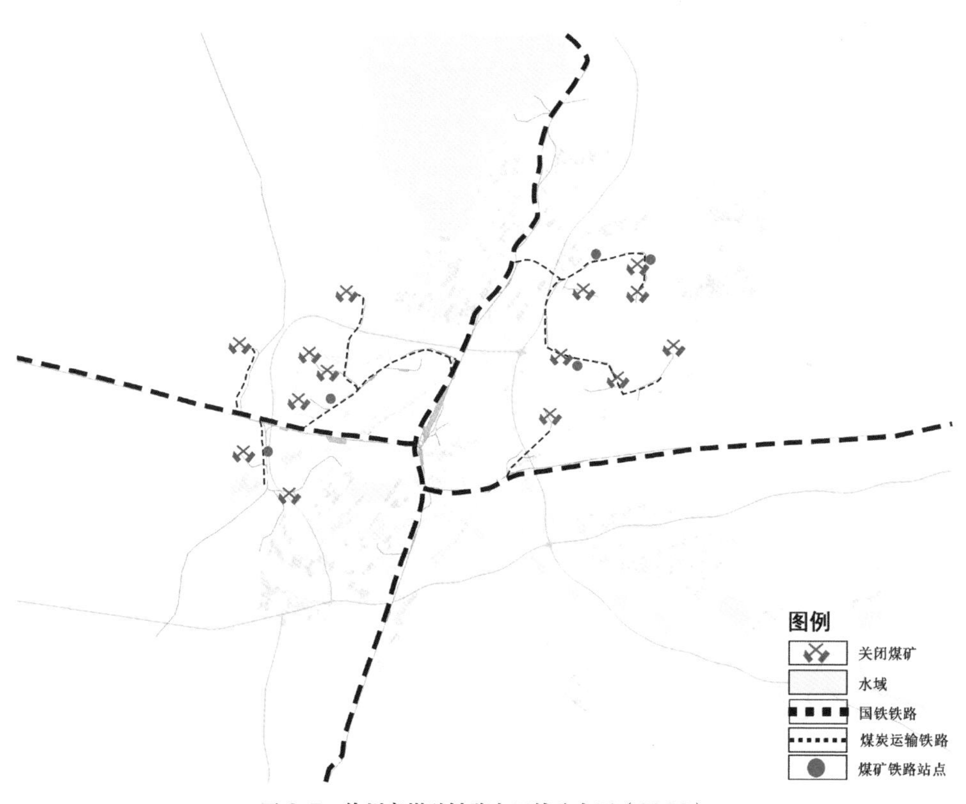


**图 6-7　徐州市煤矿铁路专用线分布图（2020）**

（图片来源：作者自绘）

### 6.1.2　徐州市贾汪区潘安湖国家湿地公园的发展变迁

#### 1. 徐州市采煤塌陷地生态修复规划

贾汪区作为徐州市矿业发祥地，其区域内分布大量煤矿，既包括徐州矿务集团的韩桥煤矿、青山泉煤矿、董庄煤矿、权台煤矿和旗山煤矿，又包括新庄煤矿、姚庄煤矿、新湖煤矿、唐庄煤矿、瓦庄煤矿、马庄煤矿和白集煤矿等 7 座隶属不同地方公司的煤矿。由于上百年的采煤活动，区域内形成了分布离散、大小不一的各类采矿迹地，其中以采煤塌陷地分布最广，多达 103976 亩（图 6-8）。

**图 6-8　徐州市贾汪区采矿迹地**

（图片来源：常江拍摄）

进入 21 世纪，贾汪区虽然总体上有了较大发展，但相对徐州市其他区却比较缓慢，城市化率较低，城市建设力度弱，城市形象不佳，与主城区联系较弱，缺乏城市吸引力。与此同时，区内的众多煤矿因煤炭资源枯竭先后关闭，煤炭产业逐渐退出，贾汪区的产业经济因此受到严峻挑战和考验。虽然从 20 世纪 90 年代开始，贾汪区政府就一直在努力针对贾汪片区的塌陷地开展复垦利用，但由于复垦措施过于传统，投入相对少，塌陷地这种特殊的土地资源，并没有发挥其应有的功效。

2006 年编制的《徐州市城市总体规划（2007—2020）》提出，空间上加强贾汪城区与徐州市主城区的连接和融入，增强城区吸引力和辐射力；特色上以绿色为主，山水城林相融，形成宜居的生态城市。规划贾汪片区塌陷地作为国家级高效农业创新发展园，结合以大洞山为首的周边山脉和京杭运河为主的河流水系，共同构建徐州市东北部的生态涵养区。

2008 年徐州市响应《国务院关于促进资源型城市可持续发展的若干意见》，根据《中共江苏省委、江苏省人民政府关于加快振兴徐州老工业基地的意见》，抓住江苏省政府针对徐州市提出“统筹区域发展”“振兴徐州老工业基地”“解决徐州历史遗留问题”和“实现新的发展”的契机，委托中国矿业大学研究编制《徐州矿区采煤塌陷地生态修复规划》。该规划以振兴徐州老工业基地为目标，在进行充分实地调研的基础上，借鉴国内外成功案例，以经济为先、环境为本、社会融合、共同发展为新理念，在对采煤塌陷地进行生态修复的同时，突破行政区划的制约，对徐州市矿区进行了统一规划。

这一规划中明确提出，将贾汪主城区建设成为独具山水特色的徐州市重要的卫星城，打造具有文化、旅游产业的区域性中心城镇；规划将青山泉镇和大吴镇（2013 年撤销）建设成为贾汪片区的重点发展城镇，打造贾汪片区的两个重要产业中心和生态环境治理片区（图 6-9）。

同年，贾汪区编制《徐州市贾汪城市总体规划（2008—2020 年）》，在此规划中提出，贾汪城乡统筹空间结构为一带、四区。一带指徐贾创新发展走廊。四区指第三空间、贾汪中心城区、大洞山风景旅游区和东部高效农业发展区。其中，所谓的第三空间就是指围合贾汪城区东南部、青山泉镇南部和大吴镇西北部的采煤塌陷区。规划指出第三空间应结合采矿区和未稳定塌陷地，布局生态产业园，充分发挥环境资源的生态、经济和社会价值。规划本着宜工则工、宜农则农、宜居则居、宜生态则生态的思想，对区域内采煤塌陷地的生态开发做了较多的思考（图6-10）[1]。

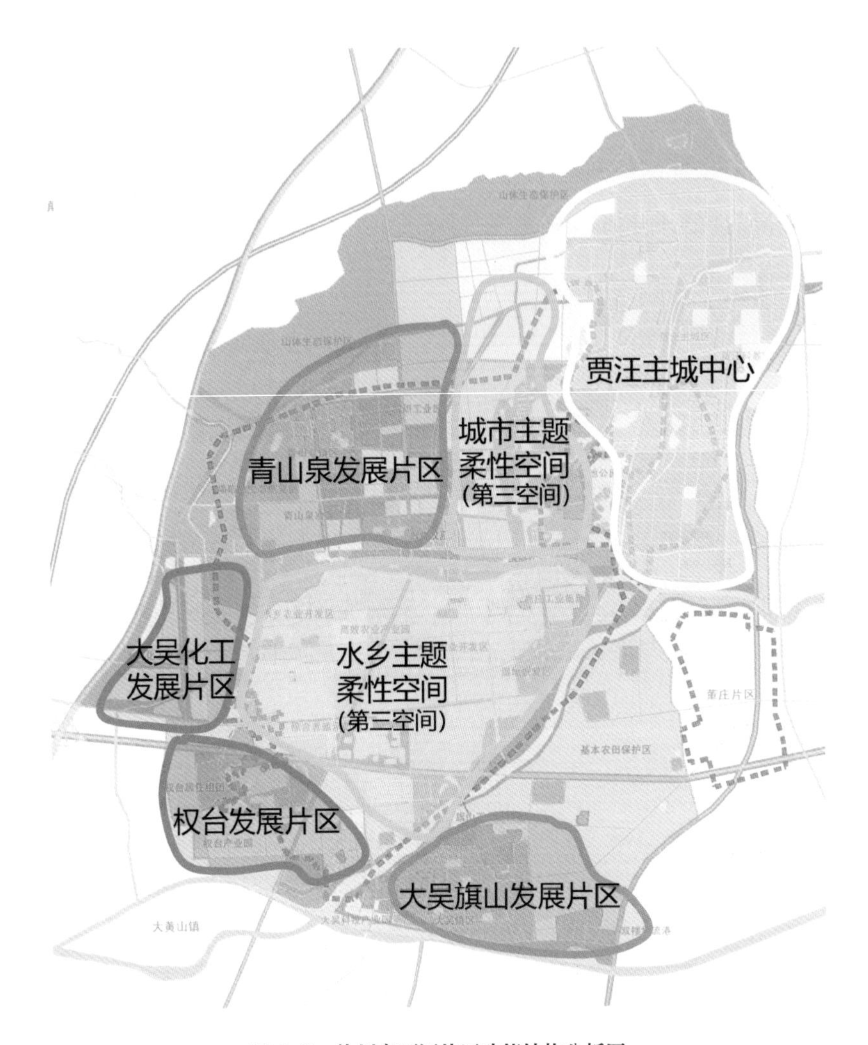


**图 6-9　徐州市贾汪片区功能结构分析图**

（图片来源：《徐州矿区采煤塌陷地生态修复规划》）

**2. 潘安湖国家湿地公园的建设历程**

潘安湖国家湿地公园及潘安湖街道是随着贾汪城区建设，塌陷地生态修复，

[1]　魏学瀚 . 贾汪区城市化发展演变及土地利用优化策略研究 [D]. 徐州：中国矿业大学，2019.

**图 6-10　徐州市贾汪区城乡统筹空间结构图**

［图片来源：《徐州市贾汪城市总体规划（2008—2020 年）》］

矿区环境重塑而形成的。潘安湖位于贾汪区潘安湖街道，距贾汪中心城区 15 km，距离徐州市主城区 18 km。公园南邻 310 国道，北部与屯头河相邻，东侧为徐贾快速通道，西侧为京福高速，交通条件便利，是一个通过采煤塌陷区治理形成的当代人工湖。公园治理前为权台煤矿及旗山煤矿采煤塌陷区，在经过景观生态重建后，成功转型为湿地公园，并在后续发展中获得了国家级湿地公园、水利风景区、4A 景区、湿地旅游示范基地、生态示范基地等荣誉称号，成为贾汪区的重点发展区域。

1）**采煤塌陷地的土地复垦与整治工程**（2000—2008 年）

潘安湖区域原为徐州矿务集团的权台煤矿、旗山煤矿开采煤炭而形成的采煤塌陷区，是徐州市最大的集中采煤塌陷区，面积达 1160 $hm^2$，区内积水面积 240 $hm^2$，平均深度在 4 m 以上，是贾汪区塌陷最严重、面积最集中的采煤塌陷区。长期以来，该区域坑塘遍布，杂草丛生，生态环境恶劣，又由于村庄塌陷，当地群众相继搬迁，绝大部分片区是无人居住区，也是徐州市因采矿而生态环境恶劣、人地矛盾突出的区域。自2001年开始，徐州市政府即投入资金对该地区实施综合整治工程，通过挖深垫浅的方式将采煤塌陷湿地区域改造成水塘以发展渔业。这一时期，采煤塌陷地整体环境较为杂乱，植被缺乏，部分浅积水区域夏季低洼积水，杂草丛生，干旱季节尘土飞扬，土壤板结，树木枯死；部分沼泽地、常年积水区域则杂草丛生，生态环境较恶劣。与此同时，权台煤矿和旗山煤矿仍在生产，导致采煤塌陷地未稳沉，仍处于动态变化之中。

2）**采煤塌陷地的生态修复规划与建设**（2009—2012年）

2009年潘安湖采煤塌陷地进入生态恢复阶段，生态环境得到巨大改善与提升。2011年，中共徐州市委、徐州市人民政府以《徐州矿区采煤塌陷地生态修复规划》为引导，将潘安湖采煤塌陷地治理项目定为贾汪区经济社会发展的头号工程，通过基本农田治理、采煤塌陷地复垦、生态环境修复、湿地景观开发四位一体综合治理，改变潘安湖采煤塌陷地的环境面貌，提升生态环境质量。2011年2月潘安湖湿地公园开始建设，2012年9月开园运营。随着项目实施，部分土地污染及水土流失等问题得到解决，在一定程度上改善了潘安湖采煤塌陷地的生态环境。2012年11月14日，江苏省林业局正式同意建立潘安湖省级湿地公园，经省级湿地公园地形塑造、水系梳理及植被恢复等工程建设后，湿地面积明显增加，且以湖泊、河流、沼泽等自然湿地为主。

3）**采煤塌陷地的转型升级与全面发展**（2013年至今）

随着国家对生态越来越重视，中共徐州市委、徐州市人民政府、贾汪区人民政府于2013年委托江苏省森林资源监测中心编制《江苏徐州潘安湖国家湿地公园总体规划（2013—2020）》。同年12月，潘安湖湿地公园通过国家林业局评审，被国家林业局列入国家湿地公园试点。2014年，潘安湖湿地公园正式全面建成，贾汪区内最大的采煤塌陷地完成生态转型。2017年，潘安湖湿地公园入选首批10家国家级湿地旅游示范基地。同年，习近平总书记到潘安湖湿地公园视察，称赞贾汪转型实践做得好，留下“贾汪‘真旺’”的评价。

潘安湖国家湿地公园依托其优越的区位交通及生态潜力，坚持协调开放发展理念，主动依托和服务徐州市主城区，着力发展集旅游度假、高端住宅、康养、现代服务业于一体的综合产业，在潘安湖区域打造生态文明与经济社会发展协调统一、产城融合的潘安生态新城。这一时期，潘安湖国家湿地公园及周边区域的开发建设活动进入快速发展阶段。徐州市人民政府与贾汪区人民政府围绕湿地公园开展了一系列生态恢复和保护项目，在公园内部完善科普宣教和科研监测设施，提升公园的管理服务和生态监测能力，并且推动公园周边基础设施建设，实现区域协调发展。

### 6.1.3 潘安湖采煤塌陷地景观生态重建

#### 1. 政策和规划引导下的潘安湖采煤塌陷地景观生态重建

自 2000 年开始，潘安湖区域展开了一系列以采煤塌陷地为主的土地整理行动，并提出了“基本农田治理、采煤塌陷地复垦、生态环境修复、湿地景观开发”四位一体综合治理模式。在政策（表 6-2）驱动和规划引领下，潘安湖区域的生态修复和环境整治得以顺利开展并取得较大成功。

表 6-2 潘安湖采煤塌陷地景观生态重建政策背景

| 颁布时间 | 政策条例 | 相关内容 |
| --- | --- | --- |
| 2001 | 《徐州市采煤塌陷地复垦条例》 | 进行采煤塌陷地复垦开发，完善农田水利、林网、道路等配套设施 |
| 2004 | 《徐州市采煤塌陷地复垦条例》（2004 修正） | 根据国家、江苏省有关法律、法规规定，结合徐州市实际情况，有序开展保障采煤塌陷地复垦工作，鼓励和加强采煤塌陷地的复垦工作，改善生态环境 |
| 2008 | 《徐州矿区采煤塌陷地生态修复规划》 | 对徐州市矿区的采煤塌陷地进行全方位的调研分析，并结合其区位、交通、土地利用、城市发展等条件，制定符合城市发展需要的采煤塌陷地再利用模式 |
| 2008 | 《中共江苏省委、江苏省人民政府关于加快振兴徐州老工业基地的意见》 | 根据采煤塌陷地的塌陷状况，加快整治和生态修复步伐，尽快使塌陷地变为耕地、生态景观等可利用资源。调整提高采煤塌陷地征收、采煤塌陷地复垦、压煤村庄搬迁、农作物损失补偿标准 |

续表

| 颁布时间 | 政策条例 | 相关内容 |
| --- | --- | --- |
| 2011 | 《徐州市土地利用总体规划（2006—2020年）》 | 针对采煤塌陷地和关闭破产矿山土地利用问题，加快采煤塌陷地复垦治理与生态修复，盘活利用工矿存量土地，积极推进农村居民点整理 |
| 2012 | 《国土资源部关于开展工矿废弃地复垦利用试点工作的通知》 | 将历史遗留的工矿废弃地以及交通、水利等基础设施废弃地加以复垦，在治理改善矿山环境基础上，与新增建设用地相挂钩，盘活和合理调整建设用地，确保建设用地总量不增加，耕地面积不减少、质量有提高 |
| 2014 | 《江苏省工矿废弃地复垦利用试点管理办法》 | 编制工矿废弃地复垦利用专项规划，确定复垦的目标任务、项目布局和时序安排，提出调整利用方向和布局 |
| 2017 | 《徐州市采煤沉陷区综合治理实施方案（2017—2020年）》 | 创新采煤沉陷区治理模式，注重改善区域居民生活条件，建立健全长效治理机制 |

（表格来源：作者自绘）

### 2. 潘安湖国家湿地公园规划设计与建设

潘安湖国家湿地公园是潘安湖生态经济区的核心区域，也是潘安湖区域生态转型发展的起步示范区。其起源于《徐州矿区采煤塌陷地生态修复规划》所定义的柔性空间和贾汪区编制的《徐州市贾汪城市总体规划（2008—2020年）》所确定的第三空间。都是针对这一区域的采煤塌陷地，通过生态修复和环境整治，实现贾汪区融入主城区，建设徐州市副中心的目标。在此背景下贾汪区人民政府引进生态景观设计理念，以景观导入作为一种新的治理策略，开始了潘安湖区域采煤塌陷地的生态修复和景观重建之路，在区域层面寻求生态环境与经济效益的共赢，既要绿水青山，也要金山银山。

#### 1）潘安湖国家湿地公园总体规划

2011年12月12日，《潘安湖湿地公园及周边地区概念性总体规划》《潘安湖湿地公园一期景观设计》等规划经徐州市规委会审查通过。《江苏徐州潘安湖国家湿地公园总体规划（2013—2020）》中坚持全面保护、科学修复、合理利用、持续发展的原则，强调公园的性质为：潘安湖湿地是在资源枯竭的采煤塌陷地退渔还湿、退耕还湿的基础上进行湿地生境及生物多样性保护和恢复的湿地公园。力求打造黄淮海平原湿地生态修复示范区、促进鸟类及生物多样性保护、提高南水北调东线水质、加强淮河下游水质净化、实现资源枯竭型城市可持续发展。

《潘安湖湿地公园及周边地区概念性总体规划》的目标为在生态学和湿地科学理论指导下，根据区域的具体情况，保护湿地生态系统结构完整性，恢复湿地生境原始风貌，提高湿地生物多样性，优化湿地生态系统分布格局，为鸟类、鱼类和其他湿地动物提供适宜的栖息与繁衍场所，为资源枯竭地区和采煤塌陷地区提供湿地生态修复及发展模式转型升级的示范。

潘安湖国家湿地公园规划总面积为 466.7 $hm^2$，根据功能分区建设要求及用地条件，将湿地公园划分为五大功能区，统筹协调湿地、人文、社会之间的相互关系：湿地保育区、湿地恢复区、宣教展示区、休闲体验区和管理服务区（表 6-3、图 6-11）。其中，湿地保育区和湿地恢复区总面积为 311.7 $hm^2$，占湿地公园总面积的 66.8%。公园通过设置新颖、有序列感的开敞空间和滨水空间吸引游客，并从水体景观、滨水岸线、植物多样性、丰富的景观小品等物质空间元素方面营造潘安湖生态旅游胜地这一城市名片。

表 6-3 潘安湖国家湿地公园功能分区体系一览表

| 功能区 | 特征 | 功能 | 面积 /$hm^2$ | 比例 /（%） |
|---|---|---|---|---|
| 湿地保育区 | 湖荡、河流、芦苇湿地、小岛、山坡 | 以保护与恢复湿地生态系统、保护生物多样性为出发点，为鸟类等提供适宜的栖息地 | 104.8 | 22.5 |
| 湿地恢复区 | 湖荡、芦苇湿地、鱼塘、山坡等 | 结合现有的地形条件、资源条件，恢复湿地主要功能，改善和丰富湿地生境类型，逐步完善生物群落结构，提高湿地生态系统的稳定性，构建健康水生态系统 | 206.9 | 44.3 |

续表

| 功能区 | 特征 | 功能 | 面积 /hm² | 比例 /(%) |
|---|---|---|---|---|
| 宣教展示区 | 河流、湖荡、沼泽、森林等湿地资源丰富 | 以采煤塌陷地生态修复为特色，打造采煤塌陷地生态修复宣教展示中心及湿地景观，为游客普及湿地基础知识及湿地文化 | 105.8 | 22.7 |
| 休闲体验区 | 入湖河口、湖塘、河流 | 展示湿地文化，建设滨水体验项目 | 41.5 | 8.9 |
| 管理服务区 | 湿地公园出入口处 | 为湿地公园管理、养护工作服务 | 7.7 | 1.6 |
| 合计 | | | 466.7 | 100 |

[表格来源：《江苏徐州潘安湖国家湿地公园总体规划（2013—2020）》]

**图 6-11　江苏省徐州市潘安湖国家湿地公园功能分区图**

[图片来源：《江苏徐州潘安湖国家湿地公园总体规划（2013—2020）》]

《潘安湖湿地公园及周边地区概念性总体规划》中明确指出：通过潘安湖湿地公园的建设，逐步恢复并完善生态系统，提升湿地自净能力，并充分发挥湿地水质净化功能。在湿地保护恢复的基础上进行合理利用，开展科教宣传、生态旅游，丰富贾汪区旅游结构类型，创造区域可持续发展的内源性动力，构建湿地文化与潘安湖采煤塌陷地景观生态重建模式。

**2）潘安湖采煤塌陷地的建设**

（1）土地整治与重塑。

土地整治与重塑是采煤塌陷地景观生态重建的基础。潘安湖所在地的权台煤矿与旗山煤矿采煤塌陷区是国家科技支撑计划“村镇退化废弃地复垦与整理关键技术研究”和“城市废弃工矿区土地再利用技术研究”两项课题的研究基地，相关研究先后完成了潘安湖采煤塌陷区的水土资源调查、开采沉降预测评价、矿地一体化信息平台、人工湿地生态修复规划与重建技术体系、土壤重构技术、塌陷土地地貌重塑及景观再造技术、采空区抗变形技术等的研发与集成。多种技术的综合研究和应用为潘安湖的规划设计及建设奠定了坚实的基础，解决了潘安湖湿地生态景观建设中固水、防渗、防漏、保水等关键性问题。

（2）景观布局与设计。

在景观布局与设计方面，依据《潘安湖湿地公园及周边地区概念性总体规划》，将零星分布的采煤塌陷坑塘挖通，联系成 9.21 $km^2$ 的大水域，同时形成了重在体现农耕文化、民俗文化和自然生态的湿地景观。湿地内的景观节点以展示湿地生态，发展农业观光、水上娱乐、科普教育、休闲度假业为主（图 6-12）。景区分为一、二两期工程实施，一期工程位于 310 国道以北，是潘安湖国家湿地公园的核心区；二期工程位于 310 国道以南。

（3）景观节点的营造。

潘安湖国家湿地公园内分布着面积大小不一的岛屿，这些岛屿各有主题、各具功能，共同组成了潘安湖湿地生态系统，为野生动物提供了栖息之地。潘安湖北部核心湿地功能区内有大小 12 个湿地岛屿，面积约 86.7 $hm^2$，包括游客服务中心岛码头及商业休闲岛（主岛）、枇杷岛、醉花岛、养生岛、蝴蝶岛、潘安古村岛、鸟岛、东侧生态保育区湿地岛等。其中，游客服务中心岛码头及商业休闲岛为湿地的入口及景观展示区（图 6-13），由 2 个大岛构成。该区域结合精细的湿地植物景观布置了众多的功能性建筑。其余各个主题岛上主要以香花植物或动物为特

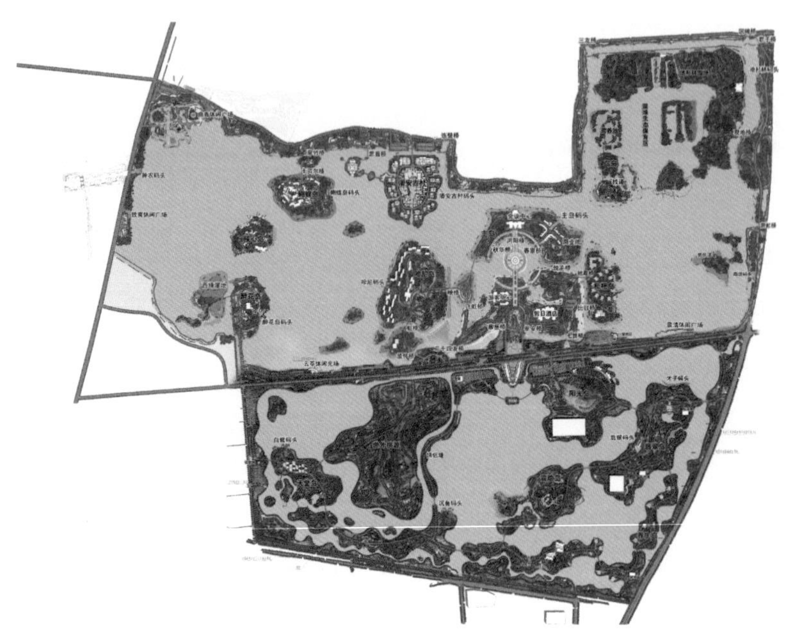

**图 6-12　潘安湖国家湿地公园总平面图**

（图片来源：潘安湖风景区管理处）

**图 6-13　潘安湖国家湿地公园主岛**

（图片来源：常江拍摄）

色，岛上建筑占地面积不大。只有潘安水镇以成群的仿古建筑为核心，主要是以展现潘安湖地区两千年历史文化底蕴为依托，形成古色古香、底蕴深厚的潘安古街、潘安祠、潘家大院、古戏台（图 6-14）。

**图 6-14　潘安水镇**

（图片来源：李梓萱拍摄）

（4）生物多样性的培育。

生物多样性的培育是采煤塌陷地景观生态重建的重要内容和目的。原本的采煤塌陷地生态环境恶劣、生态系统脆弱，动植物难以生存。潘安湖国家湿地公园结合植物特性、湿地不同地带的地貌及水文条件，尊重湿地自然演替过程，尽力保留湿地原生态，选用乡土植物作为湿地公园陆地植物，绿化面积约 247 $hm^2$，栽植 70 余种乔木计 20 余万棵，50 多种灌木及地被植物计 200 万 $m^2$，70 种水生植物计 133

万 $m^2$，形成高、中、低层次错落，水、陆生植物搭配，种类多样，疏密有致的丰富植物群落。同时考虑植物对水体的净化效果，选择千屈菜、石菖蒲、香蒲、灯芯草、水葱、鸢尾等对水体中的氮、磷具有较好吸收效果的植物。滨岸带野花植物群落丰富，能够形成独特的自然景观（图 6-15），有助于自然保育和保护乡土植物多样性，湿地生态系统朝着正向演替良性发展。

**图 6-15　潘安湖国家湿地公园风貌**

（图片来源：常江拍摄）

### 3. 潘安湖采煤塌陷地景观生态重建成效

#### 1）潘安湖国家湿地公园的建设已成为煤炭资源型城市转型发展的样本

截至 2012 年底，潘安湖规划范围内的地形塑造、植被恢复及基础工程建设基本完成。在 2013 年列入国家湿地公园试点后，公园充分利用人工干预采煤塌陷地生态修复这一特色，继续挖掘潘安湖煤矿工业遗产、采煤塌陷地生态修复主题科普宣教和生态旅游价值，结合当地特色文化，逐步形成了科普宣教、科研监测、生态旅游、娱乐体验等多种旅游形态相互融合的发展思路，融湿地特色和当地文化于一体。在全国煤矿工业基地类型湿地公园与采煤塌陷地景观生态重建和综合利用方面具有显著的示范作用。

2018 年 5 月，“江苏教育界与产业界对话对接活动——资源型城市转型发展与生态文明建设”在徐州市贾汪区举行。在中国矿业大学的主持和倡议下，大会发布了《潘安湖宣言：资源型城市转型发展与生态文明建设行动计划》，与会的国内资源型城市、企业界代表，江苏省内高校、科研院所代表携手应对资源型城市转型发展与生态文明建设的重大命题。中国矿业大学与地方、企业合作完成了潘安湖区域的采煤塌陷地治理，以潘安湖湿地建设为抓手，围绕能源的清洁高效利用、生态与环境保护、资源枯竭型城市的转型发展开展科研攻关，为行业转型升级和美丽中国建设贡献高校力量，更为 69 个典型资源枯竭型城市和全国采煤塌陷地的治理提供了潘安湖方案和徐州样本。

**2）景观生态重建恢复湿地生境，提升区域生态效益**

湿地是水生态系统和陆地生态系统的结合，其生物种类极其丰富，提供了调节区域小气候、净化空气、防洪、防旱等生态系统服务。潘安湖国家湿地公园在恢复和保护过程中，突出人工干预形式的采煤塌陷地生态修复的特色，强化特色水生植物的种植和繁殖，注重植物、动物与湿地的融合、协调与健康发展。经过多年的人工干预，潘安湖由原先支离破碎的采煤塌陷地逐步恢复为如今整个范围内水系连通、生态环境质量较好、各种湿地类型自然融合的湿地公园，形成了潘安湖国家湿地公园独特的采煤塌陷地保护恢复与发展模式，具有显著的示范作用。

**3）景观生态重建带动产业转型，促进区域经济发展**

潘安湖国家湿地公园的建成，不仅增加了建设用地供应、提升了旅游业收益，更对周边地区的产业转型发展有促进作用。首先，通过对采煤塌陷区进行景观生态重建，置换出建设用地 333 $hm^2$，规划建设总部经济、高端住宅、科教文化、养老养生基地等。其次，通过多种岛屿组合，形成了层次丰富、空间景观丰富、植被环境丰富的水系空间，为休闲旅游业的发展提供了丰富的水系空间载体。公园于 2012 年 9 月正式开园，年接待游客 150 多万人次，给本地居民带来了多层次、多方面的就业机会，原来大多以煤为生或单纯靠耕种吃饭的附近村民，现在依靠潘安湖国家湿地公园发展多种经营，如民宿、餐饮等。同时，湿地公园结合周边社区发展香包产业等特色手工业，给周边社区居民带来了大量就业机会和实在的经济效益，间接促进社区经济发展。最后，通过景观生态重建，将昔日伤痕累累、荒凉破败的采煤塌陷地建成湖美、景靓、田丰的特色景观区，有效带动乡村产业结构调整，拉动了新兴产业蓬勃兴起，成为吸引投资项目聚集发展的优良平台。实现了园区建设带动区域经济发展，区域商业网点迅猛发展，新增各类店铺 50 余家；旅游服务业发展成效较大，湿地公园有车船工、酒店服务员等 300 人以上。集体资产存量盘活率达到 90% 以上，传统产业转型率达到 50% 以上，新兴产业及市场服务业增长率达到 50% 以上。

**4）景观生态重建促进公众参与，实现社会稳定协调发展**

社区群众是潘安湖湿地保护、建设可持续发展的重要参与者和受益者。潘安湖国家湿地公园试点申报成功后，首先，通过在周边社区和村镇设立宣传展牌、粘贴宣传标语等措施，强化周边社区居民的湿地保护意识、社区共建意识；其次，多次组织工作人员进入社区、进入农村、进入农户，主动与周边居民就湿地保护的必要性和意义、湿地公园建设和发展愿景、湿地公园与社区的关系等内容进行耐心的沟通和交流；再次，湿地公园吸纳了周边社区居民参与湿地公园的管理巡护、环卫清理、绿化养护等日常管护工作，既保障了湿地公园的日常管护工作，又实现了湿地与社区关系的协调可持续发展[1]。

潘安湖国家湿地公园通过科学有效的治理措施深度实现了采煤塌陷地生态及动植物多样性的恢复，切实解决了采煤塌陷地资源枯竭、生态功能衰退、制约区域经济发展等方面的生态问题及社会问题。其建设也是贾汪区走可持续发展之路的现实需要。

---

[1] 王惠 . 潘安湖区域演变与转型发展优化策略研究 [D]. 徐州：中国矿业大学，2020.

# 6.2 四川省乐山市嘉阳国家矿山公园规划与景观生态重建

## 6.2.1 嘉阳矿区采矿沿革与采矿迹地

### 1. 嘉阳矿区概况

嘉阳矿区位于四川省南部，隶属乐山市犍为县，矿区东邻岷江，南濒马边河，西至黄丹镇、泉水镇（2019年撤销），北抵犍为县芭沟镇、石溪镇的落泥溪。岷江作为主要的航运河道途经矿区附近。矿区总面积47.50 $km^2$（图6-16）。嘉阳矿区

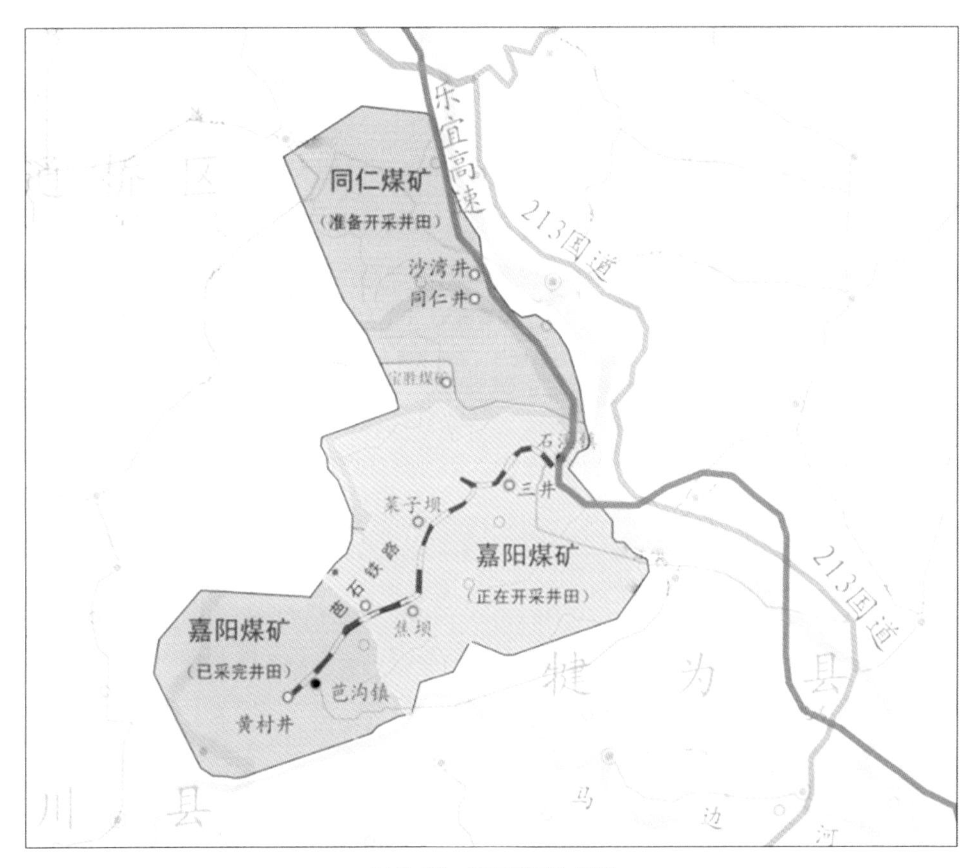


图6-16 嘉阳矿区分布图

（图片来源：作者自绘）

地处偏远山区，以中低山地和丘陵为主，西高东低。矿区内有南、中、北三大主干河流，各干支流呈树枝状分布，其分水岭在肖家岩至仙人脚一线。矿区远离城市，属自成体系的独立矿区。整个矿区呈线状分布，曾以燃煤蒸汽机窄轨小火车作为矿区的唯一交通工具，小火车贯穿整个矿区，行车线路全长约 20 km。以小火车行车线路为主线，从石板溪出发经过的主要矿区居民点有：三井社区、焦坝村、芭蕉沟社区。嘉阳矿部现所在地三井社区及嘉阳矿部旧址芭蕉沟社区居民以工人居多，属于城市生活区；沿途的其他居民点多以农户为主。芭石窄轨铁路穿行于石溪镇和芭沟镇，沿线传统农耕文化形成的梯田、农舍、劳作、山间马帮等农业景观元素随处可见。

**2. 嘉阳矿区采矿沿革**

1937 年，抗日战争全面爆发，位于河南省焦作市的中福煤矿公司岌岌可危。时任中福煤矿公司总经理的孙越崎为保全中国矿业先进设备和技术人才，力排众难，为国南迁，辗转武汉、湖南、宜昌，最后经三峡入川。利用河南省焦作市的先进煤矿设备开办的嘉阳煤矿由此诞生，成为抗战时期大后方的主力煤矿。1938 年，嘉阳煤矿在犍为县芭蕉沟成立，当年建矿当年出煤，很快组织起规模化煤炭生产。为提高煤炭运输能力，嘉阳煤矿将芭马（芭蕉沟—马庙）鸡公车运煤道改建为 600 mm 窄轨运输线，煤炭通过矿车人力推运到马庙装船，沿马边河运输到南岸沱，经 1.5 km 南朱铁路（600 mm 窄轨）运输到岷江边的朱石滩营运处，再用大船运到重庆钢铁厂作为治炼钢铁用煤，生产各类兵器支援抗日战争，为抗战的胜利做出了重要贡献。

1950 年，政府接管嘉阳煤矿后，将其编定为中央部属 406 煤矿。该煤矿在芭蕉沟采矿 50 年，响应国家二线建设号召，新办黄村井、大炭坝井、天锡井、红星井等多个矿井。20 世纪 80 年代末期，嘉阳煤矿芭蕉沟老矿区优质煤炭开采殆尽，位于芭蕉沟和黄村井的矿井先后关闭，整个矿区外迁 15 km，在天锡井新矿区开采煤炭，老矿区内原先的繁荣景象不复存在（图 6-17）。

1996 年，嘉阳煤矿改制成立四川嘉阳集团有限责任公司，2004 年划归四川省投资集团有限责任公司管理，煤矿如今仍然在开采，但是矿产资源枯竭、产业结构单一、经济效益低下、管理体制落后、矿区基础设施建设滞后、人才外流等衰败现象不断出现，矿区整体处于结构性和功能性的衰退之中。困中求变，以矿山企业和矿区民众为核心，开始探索嘉阳矿区的转型道路，推动了嘉阳国家矿山公园的规划建设。

**图 6-17　嘉阳矿区的衰败景象**

（图片来源：常江拍摄）

### 3. 嘉阳矿区采矿迹地

#### 1）专用铁路与蒸汽机车

因煤而生的芭石窄轨铁路和嘉阳小火车在运输煤炭的同时，兼作当地居民的交通工具，为地方经济社会的发展做出了重大贡献。芭石窄轨铁路由于地理环境独特，具有弯道多、坡度大、桥隧多等特点，是世界上日益稀少的窄轨蒸汽火车，这一独特资源在 2006 年被列为工业遗产和省级文物，被誉为“工业革命的活化石”。嘉阳小火车保留了原始的燃煤和蒸汽动力驱动方式，保留着蒸汽机车原始的基本形态、基本结构和手动操作方式，是迄今为止全世界少有的尚在正常运行的窄轨蒸汽火车。2000 年以来，嘉阳小火车引起国际蒸汽机车协会和国内外蒸汽机车爱好者的广泛关注（图 6-18）。

**图 6-18　嘉阳小火车**

（图片来源：张祥拍摄）

2）**老矿区工人村**

芭蕉沟和黄村井作为嘉阳煤矿的发祥地，在开采初期，矿区内部为满足日常生活的需要，相继建成了火车站、苏式办公楼、苏式民居建筑群、中英街等基础设施，形成了自给自足的城镇。老矿井关闭后，煤矿的生产和生活重心迁移到新矿井。老矿区遗留了煤矿开采时期的各类民居建筑和矿井设备，特色明显，保存较为完整，形成风格独特的工业小镇芭蕉沟（图 6-19）。此外，在黄村井和三井也存在一些特色的工业建筑和工业景观。

**图 6-19　芭蕉沟老矿区**

（图片来源：常江拍摄）

续图 6-19

3）工业广场

嘉阳矿区历史上曾开采黄村井、大炭坝井等10余个大小矿井，其中，黄村井（一井）、大炭坝井（二井）、天锡井（三井）等多处矿业生产遗迹保存完好，敦实的煤仓、高耸的烟囱、错落有序的工人村，形成了空间 - 时间上较为完整的工业景观（图 6-20）。

图 6-20　嘉阳煤矿工业遗存

（图片来源：常江拍摄）

续图 6-20

### 6.2.2 嘉阳国家矿山公园的发展变迁

#### 1. 嘉阳矿区转型规划

自 2006 年起，嘉阳矿区为了走出困境，结合自身的资源优势，确定了以工业遗产旅游引导矿区转型的策略，并将保护工业遗产与发展工业文化旅游相结合，作为矿区转型中的亮点。

嘉阳矿区的转型规划以保护工业遗产——嘉阳小火车为契机，由矿山企业牵头，多方参与，以中国矿业大学团队为主力完成。课题组对嘉阳矿区进行了实地调研，对矿区内可利用的工业遗产进行了系统性的发掘与抢救性整理，编制了《嘉阳矿区暨小火车旅游开发可行性研究》（2006）。整个规划过程始终贯穿沟通式规划的要点，并构建了多方利益主体相互协作的沟通机制，是沟通式规划理论在矿区转型规划中的实践应用。

在规划的推动下，2007—2012 年，四川嘉阳集团有限责任公司先后与中国矿业大学的规划团队编制完成了《四川煤炭工业博物馆可行性研究（含初步设计）》（2007）、《四川嘉阳国家矿山公园总体规划》（2011）、《国家绿色矿山建设规划》（2012）。嘉阳矿区的转型规划涉及了嘉阳矿区的工业遗产保护、旅游资源开发、经济转型、国家矿山公园建设、历史地段更新等，规划成果涵盖了规划研究报告、概念规划、规划导则和开发要点等。各方面的规划成果已经从 2009 年开始陆续执行实施（表 6-4）。

表 6-4　中国矿业大学规划团队承担的嘉阳矿区转型规划一览表

| 编制年份 | 矿区转型规划的名称 | 规划中的多方参与 |
| --- | --- | --- |
| 2006 | 《嘉阳矿区暨小火车旅游开发可行性研究》 | 四川嘉阳集团有限责任公司、中国矿业大学规划团队、矿区民众 |
| 2007 | 《四川煤炭工业博物馆可行性研究（含初步设计）》 | 四川嘉阳集团有限责任公司、中国矿业大学规划团队、矿区民众、犍为县人民政府及职能部门 |
| 2011 | 《四川嘉阳国家矿山公园总体规划》 | 国土资源部、四川省国土资源厅、犍为县人民政府及职能部门、四川嘉阳集团有限责任公司、中国矿业大学规划团队、矿区民众 |
| 2012 | 《国家绿色矿山建设规划》 | 国土资源部、四川省国土资源厅、四川嘉阳集团有限责任公司、犍为县人民政府及职能部门、中国矿业大学规划团队、矿区民众 |

（表格来源：作者自绘）

### 2. 嘉阳国家矿山公园的建设历程

嘉阳国家矿山公园的前身是资源枯竭的衰退矿区，通过国家矿山公园规划和景观生态重建后，嘉阳矿区逐渐发展成为一个融自然景色与工业景观、融现代文明与近代工业文明、融矿业文化与地域特色为一体的，集工业遗产保护、工业文化旅游、知识传播、观光体验和生态环境恢复等功能于一体的，充满勃勃生机的国家级矿山公园。

在国家矿山公园立项前，嘉阳矿区的老矿井基本全部关闭，唯一在产的矿井天锡井距离老矿井 15 km，联系新矿井与老矿井的纽带只有嘉阳小火车。由于交通欠发达，矿区原居民点芭蕉沟、黄村井、鲁家村、焦坝村等人口流失严重。煤炭资源枯竭，因运煤而生的嘉阳小火车，逐渐演变为运送山民和老矿区居民出入芭蕉沟、黄村井等的客运火车，并处于严重亏损的经营状态。拆除小火车，修建新公路的呼声甚高。后在多方呼吁下，2007 年 6 月，四川省人民政府把“嘉阳小火车 · 芭石窄轨铁路”定为省级文物保护单位。在此背景下，嘉阳矿区的工业遗产得到重视。

2008年，老矿区已关闭的黄村井重新开发，体验式的矿井博物馆在嘉阳落成。2010年嘉阳矿区作为第二批国家矿山公园被国土资源部正式立项。2011年9月23日嘉阳国家矿山公园开园揭碑。2013年3月挂牌中国煤炭博物馆四川嘉阳馆和中国铁道博物馆四川嘉阳小火车科普体验基地。2019年嘉阳煤矿老矿区被列入第三批国家工业遗产名单。嘉阳国家矿山公园包括中英合资煤矿遗迹、嘉阳国家矿山公园博物馆、芭蕉沟工人社区、嘉阳小火车等，被誉为中国煤炭工业发展的“活体里程碑”和“实体博物馆”。

### 6.2.3 嘉阳矿区采矿迹地景观生态重建

#### 1. 嘉阳国家矿山公园总体规划

《四川嘉阳国家矿山公园总体规划》布局了一带、三片、五点的景观结构（图6-21）。其中，一带主要是指嘉阳小火车·芭石窄轨铁路沿线的观光带，该区域以小火车运行线路为主线，沿线分布着各种观光景点，为游客提供了独特的旅游体验。三片是指三井的现代煤矿开采片区、芭蕉沟工业古镇片区、黄村井矿井体验片区。三个片区各自具有不同的历史背景和独特的景观特色，游客可以通过参观这些地方，深入了解当地的煤矿文化和历史。五点是指以芭石窄轨铁路沿线的菜子坝、蜜蜂岩、仙人脚、焦坝等五个站点为主的景观区。每个站点都有着独特的自然风光和人文景观，游客可以在此欣赏到不同的自然风光和历史文化。嘉阳国家矿山公园的总体规划符合当地景观特点，有利于推动当地旅游和经济的发展。

#### 2. 嘉阳矿区景观生态重建策略

##### 1）嘉阳小火车·芭石窄轨铁路

芭石窄轨铁路作为工业遗产和省级文物，是矿区改造关注的核心。嘉阳小火车有着独特的地域优势，铁路穿越地势陡峭的山地，全线共有大小弯109处，最高与最低处相差238.1 m。通过时间序列展示工业文明的发展过程，可引导游客逐渐回溯和体会工业文明的发展历程。在方法上，通过沿线建筑形式、风貌、特点及相关的自然、历史景观等呈现出工业文明发展的历程，从而回溯工业文明由现代发达到原始传统的过程。

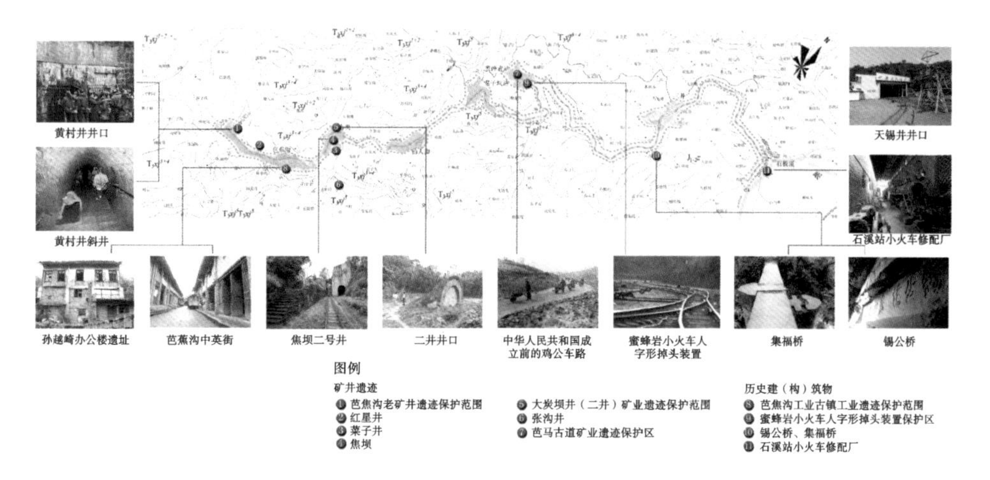


图 6-21　嘉阳国家矿山公园矿业遗址保护规划图

（图片来源：作者自绘）

嘉阳小火车把矿山遗迹各景点串成了一条风景线。跃进站是嘉阳国家矿山公园的首站，也是嘉阳小火车旅游观光车的始发站，矿山公园主广场和公园主碑位于此站（图 6-22）。

（1）菜子坝站。

菜子坝站是油菜花的海洋。特殊的地形地貌和人工栽种的油菜花为游客提供了独特的小火车乘坐体验。在油菜花的基础上增加了桐子花、一串红、荷花、向日葵等品种，打造出繁花似锦、绚丽多姿的缤纷景象。小火车和花海结合，被誉为“开往春天的小火车”，是工业遗产和自然景观的融合，呈现出工业美与自然美的交融（图 6-23）。

（2）蜜蜂岩站。

蜜蜂岩站采用詹天佑先生发明的人字形掉头方式，使小火车改变方向后往另一个方向前行。人字形掉头的设计，解决了坡度大、机车牵引力不够和转弯半径不足而需要架设桥梁的问题。蜜蜂岩站目前是以火车历史文化为主题的露天机车博物馆，通过火车文化长廊的文字、图片展示和陈列机车两种方式向游客介绍和展示世界火车的发展历史及嘉阳小火车的独特文化。

**图 6-22　嘉阳国家矿山公园主碑**

（图片来源：常江拍摄）

**图 6-23　嘉阳小火车穿越油菜花海**

（图片来源：https：//new.qq.com/rain/a/20230129A04HMT00）

（3）黄村井站。

黄村井站是矿井遗址和矿井观光体验区，20 世纪 30 年代到 80 年代，嘉阳煤矿就是从这里采掘出数千万吨煤炭的。废弃的黄村井被改造成为集风井巷道展示、断煤层展示、矿工蜡像井下作业模拟展示、井下猴儿车（矿山架空乘人索道）乘坐体验、手工挖煤体验于一体的可提供真实观光体验的矿井。

（4）芭蕉沟站。

芭蕉沟站是嘉阳煤矿工业镇的中心，作为嘉阳煤矿的发祥地，它见证了嘉阳煤矿的发展、兴盛和衰落，也由最初的煤炭生产之地，逐渐成为这一地区的经济、社会和文化中心，展现了中国煤炭工业文明。

**2）黄村井老矿井**

黄村井老矿井位于芭石窄轨铁路的终点，较为完整地保留了近代和现代煤炭工业遗迹。黄村井井下博物馆是嘉阳国家矿山公园的矿井遗址和矿井观光体验区，是利用嘉阳煤矿一号矿井改造而成的。游客在井下体验时，戴上矿工帽，穿上矿工服，坐上猴儿车，亲自挖煤，可体验矿工井下作业场景。黄村井老矿井是国内唯一专门用于旅游观光体验的真实煤矿。

深 46 m 的黄村井老矿井被改造成为真实观光体验矿井，有专职讲解员导游和讲解。游客领取矿灯和矿工服后由斜井入井，参观巷道、断煤层、矿工蜡像井下作业模拟展示、风门、排水设施等，体验猴儿车、手镐采煤，之后由竖井出井，返回游客中心。井下空间的打造除了真实复原煤炭开采场景，还以灯光的形式打造出穿越时空隧道的效果。将工业遗产与艺术美学相融合，将黑色的地下空间改造为色彩绚丽的梦幻空间，丰富了艺术审美体验（图 6-24）。

**3）芭蕉沟工人村**

芭蕉沟工人村由于地理位置偏僻，未受到现代城市化的影响，整体风貌保存完好。从整体布局和建筑形式上体现出浓郁的地域风貌特征。芭蕉沟工人村以川南小青瓦建筑为主体，叠加了苏式和英式建筑的特点，呈现出近现代煤矿工业建筑特有的原始风貌。工业生产的遗迹遗址，如废弃的厂房、煤炭采掘设施、铁路系统等，有着工业时代特有的令人震撼的体量和精美的造型，体现出鲜明的工业美学特征。中国矿业大学规划团队在《四川嘉阳国家矿山公园总体规划》中，为了保护和再利用工人村，实现经济的可持续发展，提出了景观生态重建规划方案（图 6-25），旨在保护原有历史建筑和整体空间格局，限制大规模综合改造与开

**图 6-24　黄村井矿井游**

（图片来源：张凯拍摄）

发，采取小规模渐进式改造，创造出不同的体验和使用空间。具体而言，规划方案对芭蕉沟工人村的道路、街巷、水道的走势及其尺度进行严格控制，遵循有机更新的原则，对建筑质量进行分类，针对不同类型的建筑制定不同的改造、修缮、整治和保护方案。

在规划方案中，规划团队认为保持芭蕉沟原有空间格局和形态是非常重要的。因此，在改造过程中，严格控制建设量，保护已有道路、街巷、水道的走势及其尺度，保持整个芭蕉沟的完整性。同时，在改造方式上遵循有机更新的原则，采取小规模渐进式改造，限制成片的大规模综合改造与开发，避免破坏

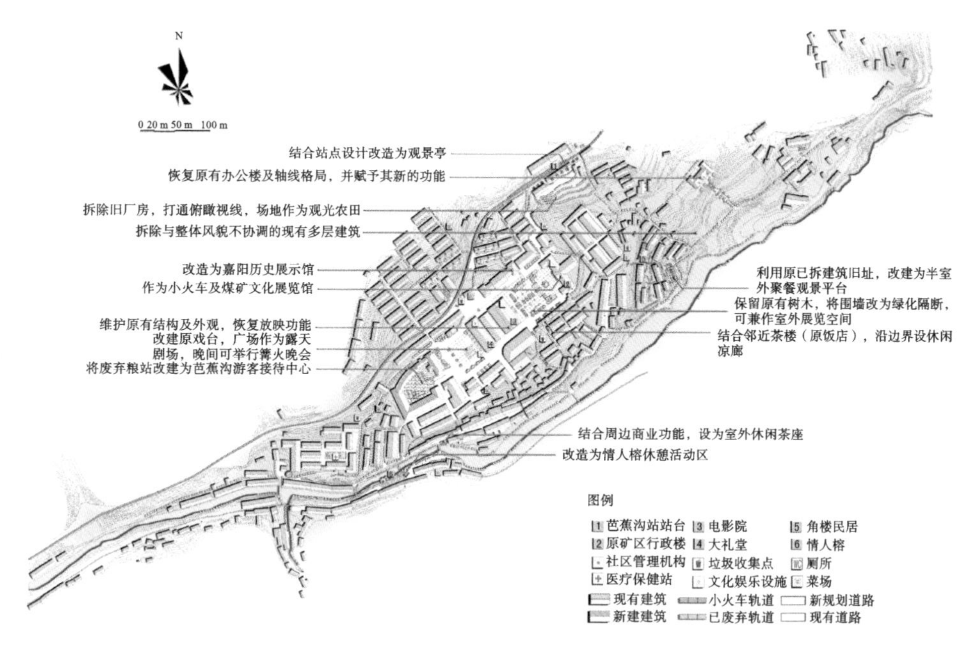


**图 6-25　芭蕉沟改造规划总平面图**

（图片来源：《四川嘉阳国家矿山公园总体规划》）

整体空间格局和建筑遗产的特征印象。在对芭蕉沟和黄村井所有民居建筑的重构中，保留绝大多数民居和工业厂房，通过不同方式的室内外改造，新旧元素在对比和碰撞中产生时间感和历史感，创造出不同的体验和使用空间。对芭蕉沟和黄村井所有民居，根据对建筑质量的分类，针对不同类型的建筑制定不同的改造、修缮、整治和保护方案。在充分满足功能定位的前提下，完整展示和保护建筑遗产的特征印象。

芭蕉沟工人村经历景观生态重建后，以抗战运煤遗址为代表的抗战文化，以东方红广场、毛主席语录、黑板报为代表的红色文化，展现了中国煤炭工业文明。此外，这里还有青石板路、小溪流水、芭蕉石、白石崖等自然景观，也有嘉阳国家矿山公园博物馆、电影院、大礼堂、苏式民居、英式小阁楼、逃生井、红瓦寺等众多人文景观。除了保留了原有建筑风貌，还通过矿工语录等历史痕迹，营造出不同的时空体验。用餐环节的矿工食堂，将曾经的工业生产岁月与现在的日常生活衔接，提供了独特的沉浸式体验空间（图 6-26）。

图 6-26　芭蕉沟民居

（图片来源：常江拍摄）

### 3. 嘉阳矿区景观生态重建成效

#### 1）嘉阳国家矿山公园的建设促进矿区转型发展

嘉阳煤矿利用建设国家矿山公园的契机，将废弃矿山中的老矿井、矿山小火车、矿工食堂等充分利用起来，利用矿业文化元素，转型成为一个颇具吸引力的矿山旅游乐园。2017—2019 年，嘉阳国家矿山公园接待国内外游客增幅均超 20%，2020 年上半年，接待游客 44.22 万人次，实现旅游综合收入 3561.05 万元。让资源枯竭的衰退矿区转型为集工业遗产保护、工业文化旅游、科普教育及工矿文创产品开发等功能于一体的新兴景区，找到了生存的“另一条腿”，成为全国工业遗产保护开发的成功典范。

2）采矿迹地景观生态重建促进地方情感的赋予与传递

随着嘉阳国家矿山公园的开发和工业遗产旅游的发展，当地居民对嘉阳煤矿的情感逐渐发生了变化。在嘉阳国家矿山公园建立之前，煤矿因资源枯竭而逐渐衰落，交通落后、发展停滞、公共设施废弃空置，矿业职工也面临下岗威胁。矿业地区原有活力大大降低，传统风貌逐渐消失。因煤而生的嘉阳小火车逐渐成为客运列车，处于严重亏损的运营状态。

而随着嘉阳国家矿山公园的建设和发展，曾经的落后之地成为人们接踵而至的休闲胜地，曾经的矿业工人转型为公园运营和管理人员，当地人对矿山、小火车的认知也发生了变化，为家乡的发展而骄傲。在矿山公园的建设中，显现了规划者和建设者对家乡的热爱，原有工业遗产的特质和美得到了珍视与维护。游客在工业与自然景观重塑的审美空间里，通过情境化体验，形成了对工业文明的怀旧情感。

在景观生态重建的过程中，企业管理者和规划者通过仪式化过程将情感传递给地方居民和游客，为其提供了混合自然之美与技术之美的审美体验。在嘉阳国家矿山公园的建设中，管理者、规划者、居民在工业遗产所营造的情境中，实现了情感交流与互动，这种情感在传递、流动和循环中，逐渐增强了人们的地方认同和对工业遗产的价值认知。

## 6.3 辽宁省阜新市新邱露天矿坑景观生态重建

### 6.3.1 阜新市采煤沿革与采矿迹地

1. 阜新市概况

阜新市位于辽宁省西部的低山丘陵区，是辽西地区的中心城市，总体地势西高东低。南邻锦州市，西连朝阳市，北靠内蒙古自治区，东接沈阳市，是辽宁西部的交通要道，也是沈阳经济圈的重要城市之一。阜新市是中国最典型、最具代表性的资源型城市之一，因煤而立、因煤而兴，曾经的阜新市煤炭资源丰富。虽然阜新市为国家经济建设和人民生活做出了卓越的贡献，但由于资源的大规模开采，面临资源枯竭的严峻形势，2001 年被国家确定为全国首个资源型城市经济转型试点市。

### 2. 阜新市采矿沿革

阜新市下辖 2 县 5 区及 1 个国家级高新技术产业开发区。5 个市辖区为海州区、细河区、太平区、新邱区、清河门区；2 个县为阜新蒙古族自治县、彰武县。其中海州区、太平区和新邱区在城市南部，是阜新市的主要煤炭开采地。阜新矿区东起新邱，西至清河门，长 55 km，宽 15 km，含煤面积约 825 $km^2$。

阜新矿区煤田分布范围广，部分井田相对集中，实行上下分层立体式开采，浅煤层实行露天开采，深煤层利用竖井对地下不同深度的煤层进行开采。南部矿区由海州露天煤矿进行浅煤层的开采，煤矿破产后遗留下了体量巨大的废弃矿山和矿坑，深煤层由五龙煤矿和平安煤矿等煤矿进行井工开采，遗留下了废弃的工业建筑群；东部矿区由新邱露天煤矿进行浅煤层的开采，新邱竖井（兴隆煤矿）进行深煤层的开采，历史上由于新邱露天煤矿的扩建而对新邱矿井进行了拆除，遗留下了规模不同的矿山与矿坑（表 6-5）。除此之外，阜新矿区的煤田上有巴新铁路连接各

表 6-5　阜新市煤矿停产基本情况表

| 煤矿名称 | 开采方式 | 投产时间 | 停产情况 |
| --- | --- | --- | --- |
| 海州露天煤矿 | 露天 | 1953 年 | 2005 年关停 |
| 新邱露天煤矿 | 露天 | 1937 年 | 2001 年关停 |
| 清河门煤矿 | 立井 | 1964 年 | 2016 年关停 |
| 艾友煤矿 | 斜井 | 1969 年 | 2015 年关停 |
| 五龙煤矿 | 立井 | 1957 年 | 2016 年关停 |
| 高德煤矿 | 斜井 | 1939 年 | 2005 年关停 |
| 王营煤矿 | 立井 | 1987 年 | 2005 年关停 |

（表格来源：作者自绘）

大煤矿，矿区中还有新义线铁路及沈承公路、奈营公路等重要公路通过，交通极为便利。

随着煤炭资源的枯竭，阜新市多个煤矿相继破产，阜新矿区出现大量闲置土地。阜新市对废弃煤矿的矿业遗存进行了不同程度的建设。海州露天煤矿依附原有的工业场地在露天矿坑边缘建设成以矿业文脉为主题的国家矿山公园。新邱露天煤矿以多矿坑和矿山的地形融合赛车文化建成了赛道城。五龙煤矿的工业建筑群遗址被完整保存。平安煤矿在 2001 年改制为民营企业阜新市平安矿业有限责任公司，破产后经整改，成为综合机械化绿色开采企业和国家级绿色矿山试点单位，在进行煤炭开采的同时对阜新矿业（集团）有限责任公司关闭退出的矿区进行综合治理和景观开发[1]。

### 3. 阜新市的采矿迹地

#### 1）露天矿坑

海州露天煤矿和新邱露天煤矿是阜新市典型的露天开采煤矿。长期大规模的露天开采，给阜新市留下了体量巨大的废弃矿山和矿坑。矿坑的存在，一方面是煤矿开采对城市生态本底造成的破坏、留下的伤疤；另一方面是阜新市矿业历史的记录，是不可复制的工业遗迹和矿业景观（图 6-27）。

**图 6-27　阜新市露天矿坑**

（图片来源：常江拍摄）

[1]　张彤彤 . 城市文脉视角下阜新市废弃煤矿景观活化策略研究 [D]. 哈尔滨：东北林业大学，2022.

续图 6-27

2）“156 工程”工业遗存

阜新市在“一五”时期为国家做出了诸多的贡献，“156 工程”（156 项重点工程）中有 4 个项目建设在了阜新市（表 6-6），形成了以大型国企为核心的城市经济发展模式和以单位制为特征的城市社会管理模式。除了“156 工程”本身，与之密切相关的工业建筑、办公建筑、工业技术、教育、矿区运输铁路等也是工业遗存的重要组成部分（图 6-28、图 6-29）。

表 6-6　阜新市“156 工程”基本情况表

| 项目名称 | 始建时间 | 投产时间 | 占地面积 | 现状 |
| --- | --- | --- | --- | --- |
| 海州露天矿 | 1950 年 | 1953 年 | 26.82 $km^2$ | 2005 年关闭后，被列为全国首批国家矿山公园，2009 年又被批准为全国首个工业遗产旅游示范区 |
| 新邱一号竖井 | 1954 年 | 1958 年 | 40 $km^2$ | 2001 年 3 月 30 日破产转制，隶属于辽宁春成工贸（集团）有限公司 |
| 五龙矿（原平安竖井） | 1952 年 | 1957 年 | 11.3 $km^2$ | 2016 年关停 |
| 发电厂 | 1936 年 | 1952 年 | 0.37 $km^2$ | 国有大型企业，是东北电网主力调峰电厂 |

（表格来源：作者自绘）

图 6-28　阜新市新邱矿区工人村住宅

（图片来源：常江拍摄）

图 6-29　新邱露天煤矿工业广场

（图片来源：常江拍摄）

### 6.3.2 新邱露天矿坑百年国际赛道城的发展变迁

#### 1. 新邱废弃露天矿坑规划

新邱煤矿是具有百余年开采史的老矿山，是阜新掘出第一锹煤的地方。从光绪二十四年（1898 年）到民国 3 年（1914 年），累计采煤 20 万 t。2018 年，根据国家相关政策，具有 120 年煤炭开采史，累计为国家贡献 1.4 亿 t 煤炭的新邱煤矿全部关闭，彻底结束了新邱“因煤而建、因煤而兴”的发展史。2001 年国有大矿新邱露天煤矿破产重组，国家将剩余资源划归新邱区属地管理，资源进入残采期。2018 年底，落实国家和辽宁省去产能要求，新邱区剩余的 10 家小煤矿关闭退出。作为阜新市经济转型先导区，新邱区从此踏上了转型发展之路。煤炭开采给新邱区留下了 1 座长 5 km、宽 3 km、平均深 100 m 的露天矿坑；还有 2 座高达 40 m，占地 700 $hm^2$ 的矸石山。煤矸石存量 5 亿 $m^3$，超过全阜新市煤矸石存量的 1/4。废弃露天矿坑及无序堆放的煤矸石不但占用了当地大量的农业用地和工业用地，而且当地的生态环境也遭到了严重的破坏（图 6-30、图 6-31）。

图 6-30　新邱露天煤矿及矿区内的矸石山

（图片来源：常江拍摄）

续图 6-30

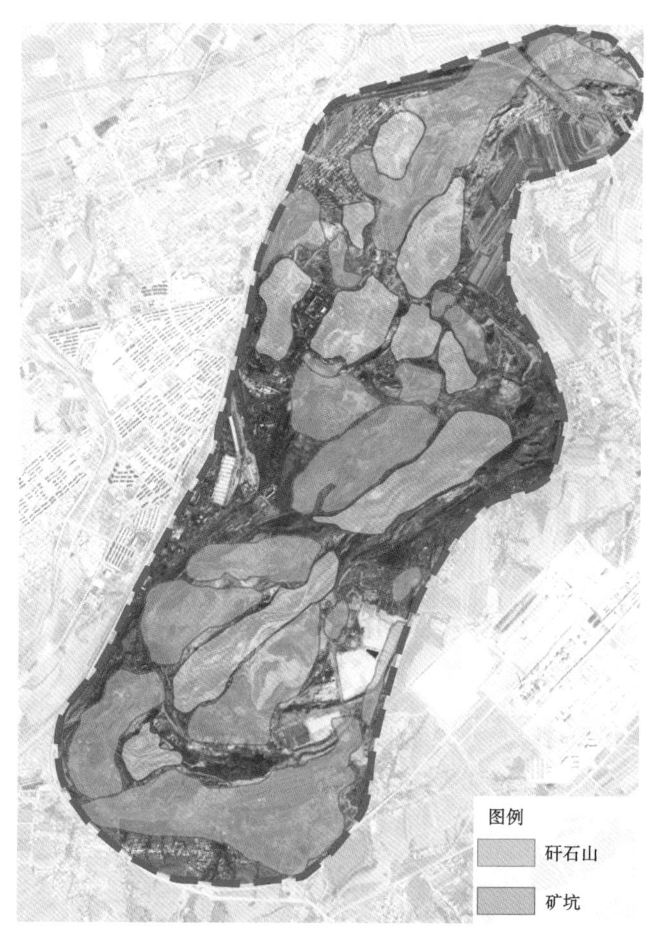


图 6-31　新邱露天煤矿矿区内的矸石山与矿坑分布

（图片来源：作者自绘）

2018年，中共阜新市新邱区委、区政府打破思维定式，以政企合作、产业先行的创新发展理念，因地制宜地利用废弃矿坑原有地形地貌和生产作业道路建设赛道发展赛事经济，以产业导入带动矿山修复，实现经济转型发展。新邱区政府搭台、阜新中科盛联环境治理工程有限公司主导、专家组领衔，系统分析了矿区环境资源状况和存在的生态环境问题，编制了《阜新市新邱区环境治理修复规划方案》（图6-32）。

**图6-32　新邱区环境治理修复规划范围**

（图片来源：《阜新市新邱区环境治理修复规划方案》）

针对煤矸石的资源化处置，规划方案中计划建设3座煤矸石预处理中心。针对废弃矿坑的综合开发利用，确定了合作建设28 $km^2$ 的百年国际赛道城项目。规划建设12条各种不同类型的主题赛道，包括汽车场地越野赛道、卡丁车赛道、汽车拉力赛道、摩托车越野赛道、漂移赛道等，最终打造全国地形最复杂、赛道种类最多样、赛事类型最齐全的百年国际赛道城（图6-33）。

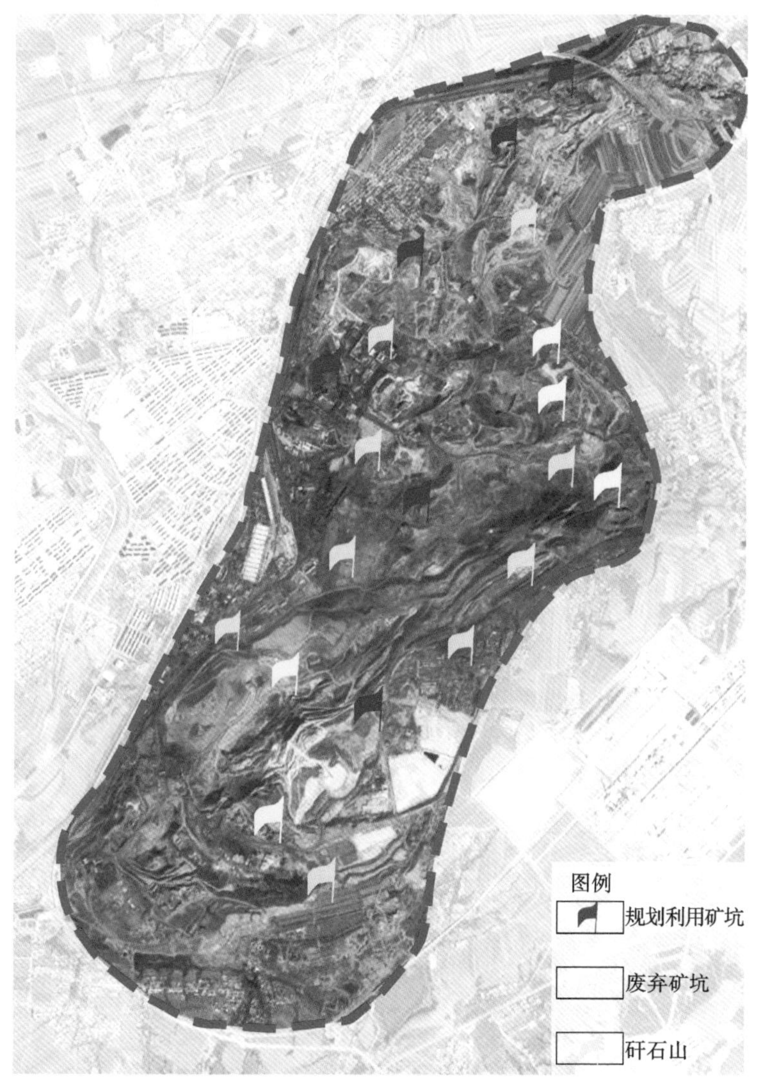


图 6-33　百年国际赛道城整体规划示意图

（图片来源：《阜新市新邱区环境治理修复规划方案》）

## 2. 新邱露天矿坑百年国际赛道城的建设历程

新邱露天煤矿是阜新“百里矿区”中的第二大矿，区内煤矸石资源丰富，储量近 5 亿 $m^3$，主要分布在新邱东南部，面积约 24 $km^2$，区内有 11 个主要矿坑及 18 座矸石山，矿区内充满各种地质灾害隐患。

立足露天矿坑生态修复工程，建设发展赛道城，需要遵循保护 - 治理 - 开发的原则对历史遗留废弃矿山进行系统性修复。首先，逐步消除区域内的地质灾害隐患，使区域内环境不再进一步被破坏；其次，因地制宜地对区域内生态系统进行地形重塑，例如采取边坡整治、复绿工程、随坡就形建设赛道等措施以逐步恢复矿区内的生态系统；最后，招商引资进一步开发建设百年国际赛道城，以实现产业转型和生态反哺。

在规划的指引下，赛道城先期利用 5 个矿坑建设主题赛道，打造约 5.5 $km^2$ 的核心区，总投资约 40 亿元。赛道建设就地取材，景观、道路等建设直接采用矿区周围砖厂生产的砖。合作企业阜新中科盛联环境治理工程有限公司发挥自身优势，研发出了土壤固化剂和抑尘剂，使赛道扬尘问题得到了解决。目前，新邱百年国际赛道城已经成功举办多次国家级赛事，赛事获得媒体和社会的普遍关注与赞誉。

### 6.3.3 新邱露天矿坑景观生态重建

#### 1. 新邱区百年国际赛道城规划

根据国家出台的《“一带一路”体育旅游发展行动方案（2017—2020 年）》《全民健身计划（2016—2020 年）》《中共中央 国务院关于加快推进生态文明建设的意见》《全国资源型城市可持续发展规划（2013—2020 年）》等方针、政策，阜新市新邱区根据当地状况，制定了《阜新市新邱区环境治理修复规划方案》，确立了生态与环境修复综合治理项目，走生态恢复与废弃资源综合利用之路。阜新市新邱区在生态修复的基础上，对废弃矿坑进行综合开发利用。露天矿坑沟壑纵横的独特地貌，高低起伏的地形，加之挖矿遗留的盘旋而下、坑洼不平的作业道路，场地内高差大、土质松软，适合做越野比赛道路，阜新百年国际赛道城项目孕育而生。

阜新百年国际赛道城项目定位为打造集汽车竞技、体验、娱乐、科技于一体的阜新旅游新名片，以城市双修、城市中的赛道、赛道中的城市、多元主体的赛道集群为规划理念。从立项、规划、设计、施工到后续运营，以生态修复治理和城市功能修复并举的“双修”为首要任务，“辅”以对治理对象进行产业化研究与落地，促进产业转型，即“双修一辅”。依托赛道城主题特征发展文体、文旅、文娱相关产业。利用各类赛事、旅游、演艺业态的聚集优势，促使汽车后市场、旅游周边、新型消费电子、矿山修复治理等产业快速落地，带动教育培训、餐饮、住宿等传统产业发展。形成以赛事为触媒，以新型产业发展为核心，集文化教育、旅游康养、社会服务等多功能于一体的绿色发展生态示范区。并确定了将因地制宜、生态渗透、一轴一带、多元组合作为阜新百年国际赛道城项目的规划策略。

①因地制宜：利用现有地形，将开采形成的深坑作为特色赛道使用，平坦的中心区域置入新的功能。

②生态渗透：对整个片区进行生态修复，修复后的景观渗透整个片区。

③一轴一带：设计了一条活力动线，动线作为片区活动轴，沿着轴线布置各类功能组团。

④多元组合：以赛事、赛车作为产业核心，配合完善的旅游、文化、商业、服务等产业，多元化混合形成完整的社区结构。

在此规划策略的指导下，赛道城总体的分区规划为一轴两带四区多组团（图6-34）。一轴为活力主轴，通过主道路景观的塑造，将四个区的动线和业态有机地组织起来，互为补充支撑。两带为特色小镇集群带、城区融合带。特色小镇集群带面积 24 ～ 28 $km^2$，分北、中、南三个片区，规划 7 个特色小镇。城区融合带即西区，面积约 6 $km^2$，规划 4 个产业组团。四区为赛道赛事服务中心北区、军事教育基地中区、绿肺后花园南区、产城教融合西区。

### 2. 新邱露天矿坑景观生态重建策略

#### 1）矿山地质灾害整治

对采煤过程中形成的不稳定边坡进行整治，防止崩塌、滑坡、泥石流、煤炭自燃等灾害的发生，避免矿山闭矿后遗留的废弃矿井、露天矿坑、高陡边坡等造成人员伤亡和财产损失，解决裂隙发育、边坡垮塌及煤炭自燃所引发的大气污染等问题。

为减少对区域生态环境造成的恶劣影响，新邱露天矿坑采取了各种措施进行地

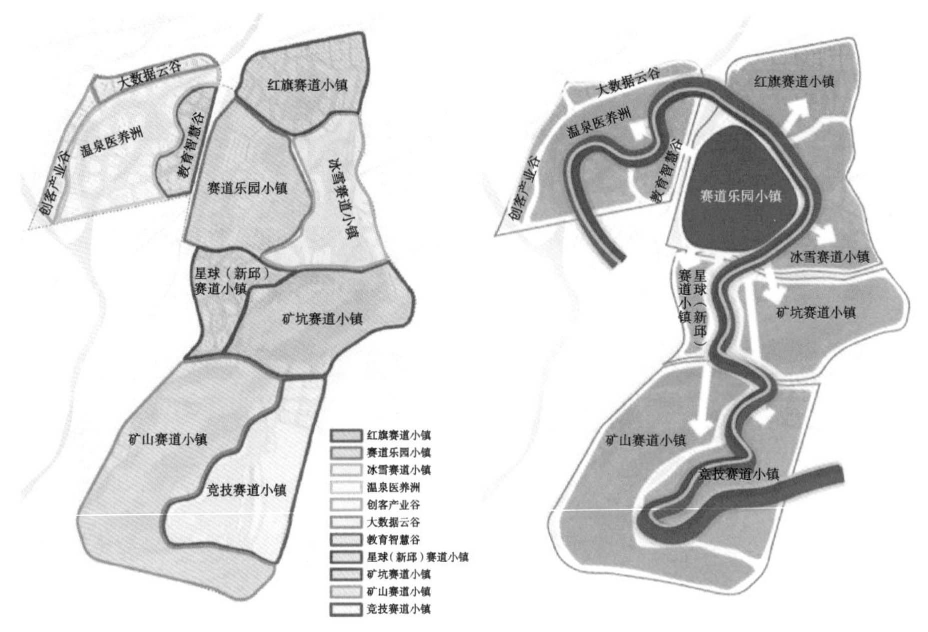


**图 6-34　百年国际赛道城总体功能分区图**

（图片来源：《EOD 项目——阜新百年国际赛道城规划》）

质灾害治理：针对复垦为耕地的区域及文体娱乐用地中依据赛道城建设对平整度有要求的区域，开展地形整治工程；对矸石山、露天矿坑等较高的不稳定边坡，按规程、规范要求分级削坡及进行坡面清理，坡顶设截、排水沟，坡底设置排水沟及集水设备，修筑锚杆格构及锚固工程进行坡面防护，坡底设置挡土墙；对塌陷区进行采空区注浆填充；对自燃区剥离挖出自燃体，根除火源并在地表覆土隔绝着火点。

2）**废弃矿坑赛道公园建设**

露天采煤遗留下的高耸的矸石山和低洼的矿坑构成了矿区独特的地形地貌，地形起伏、高低不平、蜿蜒崎岖的矿区环境恰好满足了汽车越野赛事对场地惊险、刺激的需要，矿区具有建设成为汽车赛事场地得天独厚的先天优势。在规划的指导下，各个矿坑根据各种赛道功能需求整理成有不同地貌景观的赛道公园空间，通过景观生态重建，完成了从废地变为宝地的华丽转身（图 6-35）。矿坑赛道承办各种规模、类型、风格的赛车活动，吸引了国内外游客前来旅游观赛，为资源型地区的产业转型带来了助推力。

**图 6-35　阜新市新邱区矿坑赛道**

（图片来源：常江拍摄）

**3）矿山山体重塑及固土复绿**

新邱区百年国际赛道城对废弃矿山山体整体进行了山体重塑及固土复绿的景观生态重建工作。入口处的主山体是入园后的第一景观，也是全园制高点，起到统领作用，庞大的体量与高度也赋予其地标功能。山体大致分为三台层：第一台层为赛车体验区，承担文旅娱乐功能，由卡丁车赛道、漂移赛道和集装箱服务建筑组成；第二台层为景观平台眺望区，承担观赏功能，身处平台既可俯瞰整个赛道城，也可远眺城市边际线；第三台层为全园最高的区域，距离地面约 282 m，伫立在上面的“阜新百年国际赛道城”字体铁塑成为阜新市的新地标。自然植被长势良好，由于北方季节性因素，秋冬季节目之所及尽是裸露地表和荒草景观，夏季则由荒山变青山，尽显生机（图 6-36）。

**4）工业建筑的保护**

新邱区百年国际赛道城对矿区原有公共活动区域的空间格局和标志性建（构）筑物进行了保留，其中包括办公建筑、公共建筑、公共绿地和地标构筑物（图 6-37）。建（构）筑物细分为国营牌坊、东岗煤矿办公楼、选煤厂、煤矿职工俱乐部、水塔、砖窑等。

**图 6-36　阜新市新邱区矿山复绿景观**

（图片来源：常江拍摄）

**图 6-37　保留的建筑群**

（图片来源：《从百年矿区到赛车飞驰——新邱生态治理报告》）

### 3. 新邱露天矿坑景观生态重建成效

阜新市新邱区坚持产业先行、政企合作的矿山治理新模式，以混合所有制形式与阜新中科盛联环境治理工程有限公司共同建设阜新百年国际赛道城项目，把政府的资源优势与企业的市场主体优势有机结合起来，在尊重市场规律的前提下，实现了废弃矿山的生态修复和开发利用。以赛事产业引领矿山治理，有效解决了废弃矿山治理开头难的问题；依靠政企合作，使资源项目化、项目产业化，吸引更多的社会资本来参与矿山治理。

#### 1）生态产业化引导下的矿区生态修复

利用煤矿废弃矿坑建设赛道，不仅有效地消除了矿坑治理区内堆矿崩塌、地裂缝、地面塌陷、边坡滑塌、煤炭自燃等地质灾害隐患，还使新邱区的 2 个街道、5 个村远离地质灾害的威胁。同时，赛道城建设中所采用的环保科技土壤固化剂和抑尘剂，既不影响观赛效果，还有效地解决了矿区路面扬尘问题。此外在《阜新市新邱区环境治理修复规划方案》的引导下，理清了矿区的生态本底，并以生态修复产业项目为抓手，开始对矿区的生态进行系统修复和整体恢复。以赛事为契机，结合“五城联创”（创建全国文明城市、国家卫生城市、国家食品安全示范城市、全国双拥模范城市、全国无偿献血先进城市），对新邱区进行全面改造。新邱区新增绿化面积 7 万 $m^2$，新建和改造文化主题公园 10 个，对全区城乡环境进行综合整治，矿山生态修复治理成效显著。

#### 2）产业生态化提供的矿区转型发展创新模式

2018 年，新邱区打破思维定式，因地制宜，颠覆性选择在废弃矿坑内建汽车赛道城项目，将昔日的废弃矿坑变废为宝，成为充满激情的汽车赛道。经过近两年的修复建设，废弃矿坑变身赛车场，接连举办了中国汽车场地越野锦标赛总决赛等多场全国性赛事，多场赛事被 CCTV-5、《人民日报》、中央广播电视总台等主流媒体广泛报道，在收获社会效益的同时，矿山生态治理、城区经济发展也取得显著成效。将产业发展与矿山治理结合起来，利用废弃矿坑的场景资源优势，发展看似“烧钱”且与治理无关的赛道经济及其相关产业，为新邱区聚集人气，帮助老矿区重焕生机，使得治理与发展进入良性循环。2021 年阜新市百年国际赛道城废弃矿区综合治理项目还入选为全国首批 36 个生态环境导向的开发（EOD[1]）模式试点项目之一。新邱区以产业为引领，通过政企合作，激发了废弃矿山的内生动力，实现了生态修复和产业转型的良性循环。

**3）打造新名片，实现区域经济复苏和发展**

通过对废弃矿坑进行科学的生态治理及因地制宜的再利用，根据其原有地貌特征，建造深具特色的矿坑赛道，其独特的地形与环境为赛车手们营造出激情喷薄的比赛氛围，阜新市新邱区赛道小镇逐渐成为城市新名片。百年国际赛道城项目借助并助力全民体育热潮，打造大型、多样的国家级、国际级赛事，使得沉寂已久的废弃矿坑重新沸腾起来，成为推动阜新市升级发展的动力源、引领资源型城市转型的示范点、繁荣赛车事业的新高地。截至 2021 年 7 月，由废弃矿坑改造成的越野车赛场已成功举办 11 场赛事，其中有 6 场国家 A 级赛事，累计接待国内外车手 600 多名，观众超 30 万人次。赛事期间，《人民日报》、新华社、中央电视台等中央媒体及各大网站分别对赛事和阜新市新邱区的矿山治理模式进行了集中报道。随着新邱区在废弃矿坑治理中走出城市转型新路，未来类似的城市也可通过采取政府引导、企业主导、招商融资、高新技术引入、产学研示范等方式，重点落实“治用结合”，推动废弃矿山综合利用产业的全面发展，进而实现区域生态环境风险有效控制、生态环境质量明显改善。

[1] EDO 的英文全称为 eco-environment-oriented development。

7

# 区域转型背景下德国矿区景观生态重建实例

## 7.1 德国矿区基本概况

### 7.1.1 德国煤炭产业概述

德国是自然资源总体较为贫乏的国家，但却拥有极为丰富的硬煤、褐煤和盐储存。据 2021 年版及 2022 年版《BP 世界能源统计年鉴》[1] 数据可知，截至 2020 年底，德国的煤炭储量位居世界第六，占世界煤炭总储量的 3.3%。煤炭曾在德国的一次能源结构中占绝对的统治地位，并为德国带来了极大的经济效益，至今依然在德国的能源生产与经济发展中发挥着极为重要的作用。德国前政府发言人乌尔里克 - 德默尔（Ulrike Demmer）曾表示，“硬煤实现了鲁尔区的工业化，也促进了全德繁荣。我们应感到光荣，因为直到今日，我们都或直接或间接地从中受益。”

德国的煤炭资源组成较为简单，大致分为硬煤和褐煤两大类，生成于古生代、中生代和新生代。大多为古生代煤层的硬煤，以烟煤为主要组成部分，煤质好、低灰、低硫等特征使得其适合作动力煤和炼焦煤，但德国硬煤所在的煤层薄、埋藏深，开采条件较差、开采难度高。烟煤主要分布于西部北莱茵 - 威斯特法伦州（Nordrhein-Westfalen）的广大地区及西南部萨尔州（Saarland）的小型含煤区。次烟煤及无烟煤多赋存于中生代煤层内，但储量较少，也有部分次烟煤赋存于新生代煤层中，西部莱茵兰地区（Rheinland）和东部地区均有探明记录。德国的硬煤生产以井工开采为主，主要集中于四大硬煤矿区内（图 7-1）：鲁尔（Ruhr）、萨尔（Saar）、亚琛（Aachen）和伊本比伦（Ibbenbüren）。亚琛矿区及萨尔矿区已分别于 1998 年、2013 年停止开采。而随着政府在 2018 年终止对鲁尔矿区的普若斯坡 - 海涅（Prosper-Haniel）煤矿和伊本比伦矿区的伊本比伦煤矿的补贴后，德国本土的硬煤生产正式宣告结束。

---

[1] 资料来源：https://www.bp.com/en/global/corporate/energy-economics/statistical-review-of-world-energy.html。

**图 7-1　德国褐煤、硬煤煤田分布示意图**

（图片来源：https://euracoal.eu/info/country-profiles/germany/）

褐煤与硬煤不同，褐煤煤层厚、埋藏浅，具有十分有利的露天开采条件。位于科隆市（Cologne）以西的莱茵兰地区、东部德累斯顿市（Dresden）和科特布斯市（Cottbus）之间的勃兰登堡州（Brandenburg）劳齐茨（Lausitz）地区、莱比锡市（Leipzig）以南的中部地区（Mitteldeutschland）、黑森州（Hessen）、巴伐利亚州（Bayern）、下萨克森州赫尔姆施泰特地区（Helmstedt）等地是德国主要的褐煤产区。巨大的褐煤储量作为重要的区域经济驱动因素使德国成为世界上最大的褐煤生产国，并促使露天采矿、煤灰提取、褐煤加工等技术不断发展与革新。围绕褐煤产生一系列投资，下游产业纷纷建立，带动区域内的就业，并创造了不菲的价值。正是源于对这些区域丰富的煤炭资源的大力开发和综合利用，德国在工业革命当中完成了工业化和资本原始积累，成为欧洲大陆数一数二的强国。

但自20世纪60年代初起，石油、天然气等替代能源的快速发展使得煤炭与相关产品在国家及社会发展中的地位日渐下降；澳大利亚、加拿大等地所产的质优价廉的煤炭进一步加剧了国际煤炭产能的过剩，煤炭的销售竞争日益增大；开采成本与难度也随着资源赋存的日渐枯竭而上升；不断下滑的企业效益与不断加重的债务负担使得各国政府不得不采取多项财税政策对煤炭行业进行补贴；煤炭开采还带来地表塌陷、地下水资源破坏等环境恶化问题。这些均对德国的煤炭开采产生较大的冲击，大量的矿井在此背景下纷纷关闭，煤炭总产量急剧减少。此时，世界能源结构也发生了巨大的变迁，全球气候问题受到多方关注。在《巴黎协定》的约定之下各国有关能源转型的战略计划不断出台，清洁能源在能源结构中的比重不断提高，煤炭产业逐渐走向下坡路。

德国煤炭产业地位的变化是极为显著的（图7-2）。20世纪50年代，煤炭在德国的一次能源结构中占比近90%，但自1990年开始，德国煤炭消费量连续多年呈现明显的下降趋势。1998年，煤炭在德国的一次能源结构中仅占比约14.18%，2019年的数据显示煤炭在一次能源结构中所占的份额降至第3位，失去了其在一次能源结构中的主导地位。同时，由于硬煤开采难度逐年上升，德国政府和煤炭公司及矿

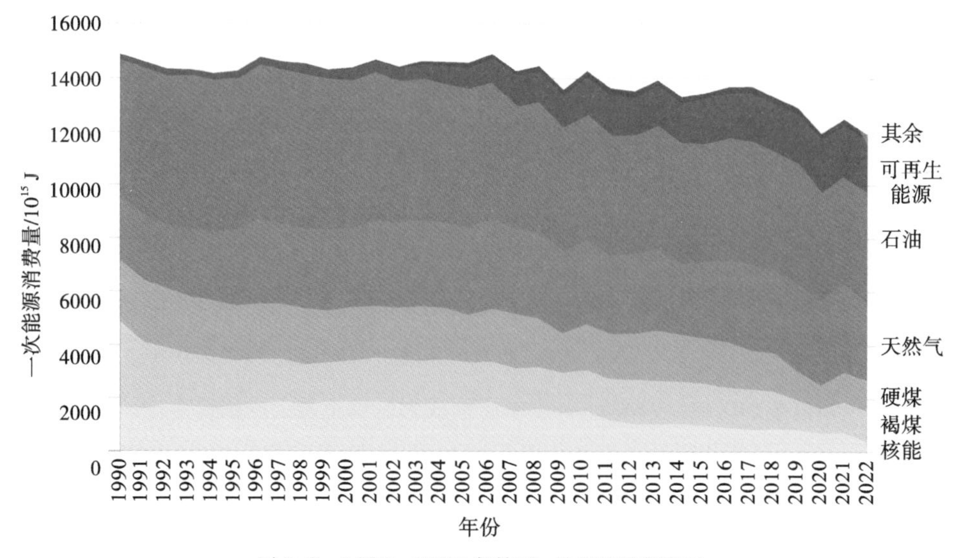


**图7-2　1990—2022年德国一次能源结构发展**

（图片来源：https://www.cleanenergywire.org/factsheets/germanys-energy-consumption-and-power-mix-charts）

业能源协会就降低硬煤补贴达成若干协议，于2007年12月底出台《煤炭工业融资法》，决定到2018年底逐步取消对硬煤的补贴，政府也随后决定在2018年前关闭德国所有硬煤煤矿，长达数百年的硬煤开采史在2018年12月21日正式画上句号。随着2020年8月《燃煤发电终止法》（*Kohleverstromungsbeendigungsgesetz*，*KVBG*）的发布[1]，德国在2038年底逐步结束褐煤发电也成定局。

### 7.1.2 德国采矿迹地再开发历程

无论是煤炭的地下开采、露天开采，还是用于工业的钾盐、萤石和重晶石的开采，都会不可避免地涉及对自然平衡与景观的破坏。煤炭作为德国的发展引擎，对其社会经济发展起着至关重要的作用，它保证了各类产业的电力供应与居民的供热，农业也在其带动之下得到了极大的发展。这便导致人们重点关注矿产资源的开采及盈利，而忽视了其对环境及社会的破坏与后续的影响。最终，约有1000 km$^2$褐煤开采区（涉及32个露天矿区的224个露天矿）的环境受到破坏，在2100 km$^2$的区域内，地下水亏缺127亿m$^3$，这些地下水可供柏林市居民饮用约58年。此外，还有大规模疑似受到污染的地点，煤场、工业电厂、加工厂等土壤环境破坏严重，无法再进行进一步的利用。在作为煤矿主产区的德国中部矿区和西部劳齐茨矿区等区域内，露天矿坑占据了300 km$^2$的土地，严重影响了当地居民的出行，空气质量也因大量的粉尘而逐年恶化[2]。

煤矿开采占用并破坏了本就宝贵的土地资源，使得良田沃野荒芜；采矿还造成地形、植被及自然景观的破坏，进而引发水土流失，土地的生产能力也因此下降；矿区废物的环保处理也随着污染物的堆积及腐蚀而变得越来越困难……这些都对当地的自然环境及生态功能造成了极大干扰，居民的生活也受到了不小的冲击。自20世纪70年代末以来，这种现象逐渐得到德国政府的高度重视，德国政府认为只有在生态、社会和经济可持续发展的背景下才有可能维持采矿活动的长久，对采矿迹地功能的重新考虑及对相关法律、规范的完善是进一步开展采矿活动的基础，因此各

[1] 资料来源：https://www.bgbl.de/xaver/bgbl/start.xav#__bgbl__%2F%2F*%5B%40attr_id%3D%27bgbl120s1818.pdf%27%5D__1701800348270。

[2] 资料来源：https://www.lmbv.de/。

部门与企业将为社会创造良好的生活生产环境作为一项十分重要的任务。

德国最早的土地复垦记录出现在1766年签订于罗德格罗布（Rodergrube）的租赁协议，其中明确提到采矿者有义务对采矿迹地进行治理并植树造林。1784年选帝侯马克西米连·弗里德里希（Maximilian Friedrich）颁布的皇家法令也对土地复垦做出相关规定。而1865年颁布的《普鲁士基本采矿法》（*Das Preußische Allgemeine Berggesetz*）中，第196条明确规定复垦应当有适当的技术控制，且采矿当局应当监督所有的采矿迹地表面设计与开采褐煤后的土地再利用方式[1]。

随着经验的累积与知识的更新，较为系统的采矿迹地复垦从1920年开始逐步拉开序幕，并可大致分为以下四个阶段[2-3]。

第一阶段：从20世纪20年代初到1945年左右。这一时期，德国土地复垦的重点落在对绿化树种的试验种植上。政府希望通过混合种植具有不同生态特征的树种，进而形成混合型的林木群落，使得重建的林地像原始森林一般充满各类树种，在具备多种生态功能的同时美化废弃露天矿区的景观，并尝试探索更多可能性。但是，这一充满希望的计划随着第二次世界大战的到来而中止。

第二阶段："白桦树时代"，从1946年开始并持续到1960年。此时正值百业待兴的各国全力进行战后重建，对煤炭的需求量大幅提升，煤炭开采对土地的占用量也随之增大。这促使政府与企业考虑对环境开展修复与重建从而容纳更多的人群。1950年4月25日，德国第一部复垦法规《普鲁士基本矿业法》（*Prussian General Mining Law*）的修正案被议会审议通过，将"企业应当在矿山开采的过程中保护地表，在完成后应当整理并重建生态环境"写进了法律。北莱茵-威斯特法伦州颁布了要求褐煤开采地区进行整体规划的《莱茵褐煤地区整体规划法》（*Law over the Whole Planning in the Rhenish Lignite Area*）[4]。在实践层面，受到经济状况的影响，该时期重点关注如何在回填后的采矿迹地大规模种植杨树。这种方法能够对受到污染的

[1] 梁留科，常江，吴次芳，等.德国煤矿区景观生态重建/土地复垦及对中国的启示[J].经济地理，2002（6）:711-715.

[2] 李国平，刘涛，曾金菊.土地复垦制度的国际比较与启示[J].青海社会科学，2010,（4）: 24-29.

[3] 金丹，卞正富.国内外土地复垦政策法规比较与借鉴[J].中国土地科学，2009，23（10）:66-73.

[4] 王莉，张和生.国内外矿区土地复垦研究进展[J].水土保持研究，2013，20（1）:294-300.

土地从土壤层面进行复原，从而能够更好地种植其他作物。由于计划经济在第二次世界大战后被引入德国，新的执政理念与经济发展战略使得矿区复垦任务的承担者由矿区运营主体转向从事农业与林业生产的企业。

第三阶段：20 世纪 60 年代初到 1989 年。这一阶段的复垦工作出现了较为明显的东西差异。在联邦德国的莱茵兰地区，大规模的杨树林被橡树、山毛榉、枫树等树林所取代，随着采矿活动向该地区的西部与北部迁移，越来越多的农田因探明有煤矿储存而被开发。20 世纪 70 年代之后的采矿迹地复垦关注生态功能的提升及景观要素的美学塑造，对生物群落与物种多样性的保护也日益受到重视，采矿迹地的复垦在此时已不仅仅是植树造林，而是兼顾多种用途的修复。

民主德国的采矿业开始较晚，故而 19 世纪 60 年代的复垦工作重点仍为基础的林业复垦。林业公司在采矿迹地之上种植松树、红橡树等。到了 19 世纪 70 年代，农业复垦逐渐受到重视，土地的经济用途得到强调，土地的生产力和林木的经济价值成为衡量土地复垦成效的主要指标，但是生态环境重建并未受到重视。19 世纪 80 年代，煤炭的重要性不断提升，使得煤炭开采力度持续加大，矿区也作为能源基地持续扩建，采矿所造成的环境破坏日益严重，资金的短缺与对煤炭的狂热追求使得复垦工作的成效并不显著，部分地区的复垦工作被搁置。

第四阶段：自 1990 年德国统一至今。随着德国统一，对采矿迹地的复垦迈入全新的阶段。在北莱茵 - 威斯特法伦州的莱茵兰地区，随着生态与环保意识的加强，重构生态系统的要求逐步受到重视。政府通过将农林用地、水域及许多微生态循环体协调、统一地设立在一起的方式，为人和动植物提供较大的生存空间，原本以林业、农业为主的单一复垦模式转向复合游憩休闲、重构生物循环体和保护物种多样性等多功能的混合型土地复垦模式，进而努力实现采矿迹地的可持续发展。

1990 年伊始，随着世界能源结构变革，褐煤不敌石油、天然气和硬煤等，重要性逐渐下降，大量露天煤矿逐渐关闭。此时的采矿迹地复垦工作主要集中于对受到采煤污染的地区的补救及对已关闭的露天矿区的适宜性复垦。受污染场地的修复是德国中部矿区和西部劳齐茨矿区的关注重点，其工作主要涉及对污染程度的测算、对采矿区进行侧重于生态景观修复的再开发等。经历长时间的实践后，复垦的主要目的是创造能够发展多样用途的景观区域，使其不仅能够为农业、林业的发展提供空间，还能够成为人们休闲娱乐的场所，并保护场地内的濒危物种。生态修复与旅游开发成为此时期采矿迹地复垦的主题词。

如此系统的工作自然离不开相关政策与法律法规的支持。《联邦矿产法》（*Bundesberggesetz*，*BBergG*）[1] 是专门针对采矿迹地重建的重要法律，该法律对国家的监督、采矿企业的权利义务、采矿结束后的矿区环境治理作了详尽的规定，其要求任何采矿活动的开展都应当以一份具体且具有极强操作性的复垦报告为基础。《联邦自然保护法》（*Bundesnaturschutzgesetz*，*BNatSchG*）[2] 以自然保护与景观维护为出发点，规定对因采矿而受到破坏的自然景观，应当以土地复垦的方式进行系统的恢复与治理，并构造与自然环境接近的后工业景观。此外，《土地保护法》（*Bundes-Bodenschutzgesetz*，*BBodSchG*）[3]、《水保护法》（*Wasserhaushaltsgesetz*，*WHG*）[4]、《控制污染条例》（*Bundes-Immissionsschutzgesetz*，*BImSchG*）[5] 等法律均对土地复垦的程序、内容、操作步骤进行了规定，使土地复垦有了法律保障的同时，规定了采矿企业的法律责任。

对于采矿迹地复垦的控制体系，德国的相关规划大致分为三类。

一是区域与空间规划法、能源政策及各类环境保护法。前两者共同决定了土地如何利用，以及修复的手段与原则，而环境保护法则关注特定领域的专项规划，涉及水体、植被、污染治理等方面。

二是基于州规划法所起草的各地区褐煤规划，其必须符合州规划法的基本原则并将联邦空间规划法和州规划法的目标作为基本目标。该规划由政府规划机构在褐煤矿区的代表所组成的褐煤委员会及其委托的工作组负责起草与编制。地方政府特别是社区政府则根据相关规划负责具体的土地复垦利用规划的制定和后续推行，各机构及部门分工明确，共同推动采矿迹地复垦的顺利进行。

---

[1] 资料来源：https://www.buzer.de/gesetz/5212/index.htm。

[2] 资料来源：https://www.gesetze-im-internet.de/bnatschg_2009/BJNR254210009.html#: ～ :text=Gesetz%20%C3%BCber%20Naturschutz%20und%20Landschaftspflege，Dezember%202022%20%28BGBl。

[3] 资料来源：https://de.wikipedia.org/wiki/Bundes-Bodenschutzgesetz#cite_note-1。

[4] 资料来源：https://www.gesetze-im-internet.de/whg_2009/BJNR258510009.html#:～:text=Gesetz%20zur%20Ordnung%20des%20Wasserhaushalts，176%29%20ge%C3%A4ndert%20worden%20ist。

[5] 资料来源：https://www.gesetze-im-internet.de/bimschg/__1.html。

褐煤规划只对景观生态重建做出框架性规定，具体的实施是通过企业规划来完成的。企业规划包括整体规划、主要规划、特殊规划和结束规划等。它由采矿企业根据褐煤规划进行编制并报上级专业主管部门审批。当地矿管局对该规划进行审核批准，并持续对企业规划的执行情况开展监督。其中，结束规划用于指导矿区环境的恢复治理，包含对排除潜在危险措施、地表恢复治理措施、复垦后土地的用途与景观的重构等的详细描述和规划。结束规划获得批准之后企业才可对褐煤进行开采。

三是不同尺度、各具有侧重点的法律条例。这些法律条例通过监督采矿企业的行为和收取相关税收来保证修复工作顺利开展，并通过公众参与和修复措施实现矿区生态补偿和环境效益平衡的最终目的。严格的法律条例顺利执行的前提是有稳定的复垦资金支持。复垦资金的来源一般有以下几种形式：私有企业的复垦资金通常由自己提供，即采矿企业在复垦前期进行出资，专款专用；国有企业则由国家或地方政府划拨复垦资金，或者可以通过地方集资、社会捐赠的方式获取资金支持；而对于历史遗留下来的老矿区，德国政府成立专门的矿山复垦公司承担其土地复垦工作，所用资金由政府全额拨款；对于新开发的矿区，根据《联邦矿产法》的有关规定，采矿企业必须预留复垦专项资金，其数量由复垦的任务量确定，一般占企业年利润的 3%。

## 7.2　德国鲁尔区的景观生态重建

### 7.2.1　德国鲁尔区基本概况

#### 1. 行政区划

曾经作为“德国工业心脏”的鲁尔区（图 7-3）位于德国西部的北莱茵 - 威斯特法伦州境内，东起多特蒙德（Dortmund），西到莱茵（Rhein）河，南抵苏威尔（Suwer）山区，北接明斯特（Münster）平原，是从意大利北部一直延伸至英国的欧洲工业产业带的中部地区。鲁尔区东西长约 116 km，南北横跨约 67 km，总面积约

4593 km$^2$，仅约占德国总面积的 1.3%，是西欧继巴黎、伦敦之后的第三大人口密集区。

**图 7-3　鲁尔区在德国的区位**

（图片来源：https://www.britannica.com/place/Ruhr）

鲁尔区（图 7-4）并不是严格意义上的独立行政区。从地理角度讲，现在的鲁尔区是鲁尔区域联盟（Regionalverband Ruhr，RVR）的代称，通常以该区最高规划机构——成立于 1920 年的鲁尔煤管区开发协会（Siedlungsverband Ruhrkohlenbezirk，SVR）的管辖范围为界限[1]。鲁尔区内大小城镇鳞次栉比，包括 11 个市，既波鸿（Bochum）、博特罗普（Bottrop）、多特蒙德、杜伊斯堡（Duisburg）、埃森

[1] 鲁尔区域联盟成立于 1920 年 5 月 5 日，当时名为鲁尔煤管区开发协会，是各城市在自愿合作基础上成立的区域规划协会。1975 年，北莱茵 - 威斯特法伦州将该区域的法定规划职责从 SVR 转移到地区政府办公室，并自 1979 年起更名为鲁尔区城镇联盟（Kommunalverband Ruhrgebiet，KVR），代表政府承担公园和休闲设施的管理以及空间数据的收集等任务。2004 年随着新一轮的政府部门改组，该协会的区域合作职能再次得到加强，正式更名为 RVR。2009 年，RVR 重新获得了法定区域规划的权限，并开始为该组织的 11 个城市和 4 个县制定联合区域计划。

（Essen）、盖尔森基兴（Gelsenkirchen）、哈根（Hagen）、哈姆（Hamm）、黑尔讷（Herne）、米尔海姆（Mülheim）、奥伯豪森（Oberhausen）；4 个县，即雷克灵豪森县（Recklinghausen）、翁纳县（Unna）、韦塞尔县（Wesel）和恩讷珀 - 鲁尔县（Ennepe-Ruhr）。莱茵河及其三条支流——鲁尔河、埃姆舍（Emscher）河、利珀（Lippe）河流经该区。

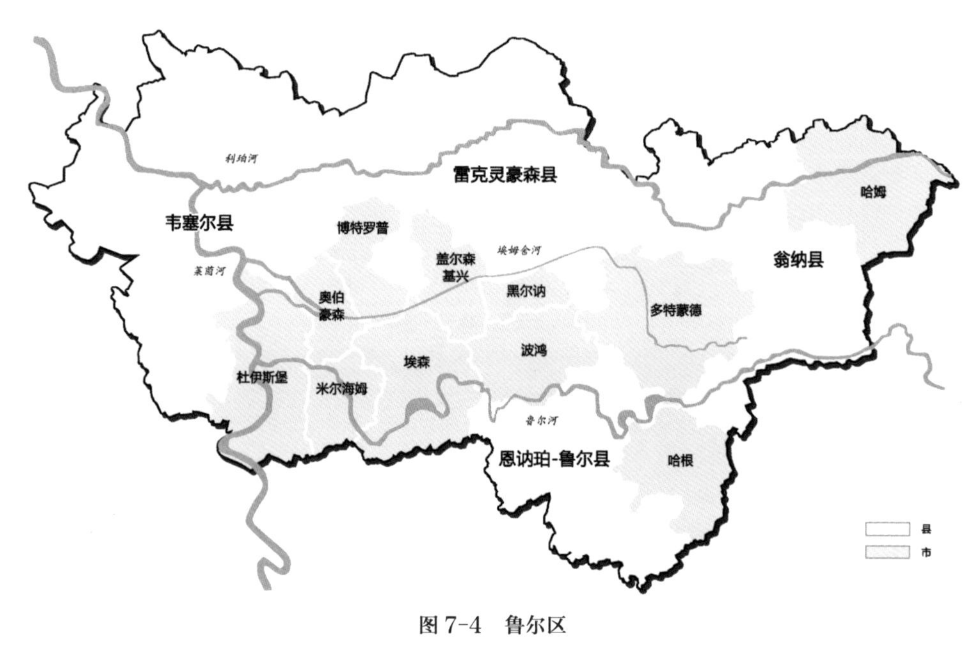


图 7-4　鲁尔区

（图片来源：https://www.rvr.ruhr/daten-digitales/regionalstatistik/）

## 2. 矿产资源及产业发展

鲁尔区是北莱茵 - 威斯特法伦州境内的城市群落，山地、低地、平原三种地质结构交错分布，其间有数条河流以不同方向纵横分布，总体地势东南高、西北低。

鲁尔区的形成与被称为“黑色金子”的煤炭资源密不可分。坐落于西北欧煤炭矿床上的鲁尔区拥有得天独厚的自然资源优势（图 7-5），该矿床形成于约 3.5 亿年前，自波兰南部的上西里西亚煤炭盆地往西经德国西部及鲁尔区、比利时、法国北部后进入英国 [1]。鲁尔区所包含的煤田从莱茵兰地区东部开始向西及向北延伸 70 mi

[1]　资料来源：https://en.wikipedia.org/wiki/Silesia#cite_note-17。

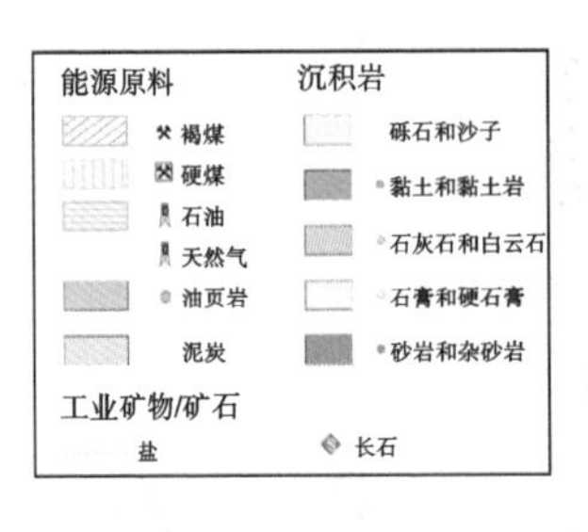

**图 7-5　鲁尔区矿产资源图**

（图片来源：德国联邦地球科学和自然资源研究所网站，https://geoportal.bgr.de/mapapps/resources/apps/geoportal/index.html?lang=de#/datasets/portal/7F12ED28-84DA-4AAE-AEDB-33310962705E）

(1 mi≈1609.34 m)，赋存精煤和气煤等各种类型的煤炭，且该地区的矿床具有煤种全、煤质好、发热量高、埋藏浅等特征，如鲁尔河谷和埃姆舍河谷的矿床就在表层，可以进行露天开采。据资料统计，鲁尔区煤炭的地质储量约为 2190 亿 t，约占德国煤炭总储量的 75%，其中经济可采储量约 220 亿 t。鲁尔区的煤炭煤质好且煤种全，其全部储量的 3/5 均为可炼优质焦炭的肥煤，且其煤炭质量远超欧洲其他地区[1]。1871

[1]　资料来源：https://zh.wikipedia.org/wiki/%E9%B2%81%E5%B0%94%E5%8C%BA。

年德国在普法战争中的胜利使得法国按约割让铁矿区洛林和钾盐矿区阿尔萨斯，让德国工业发展增添了额外保障。

为配合以东西走向为主的天然水道，鲁尔区的铁路线开发也以东西向为主，且大多数铁路网的建设都以服务采矿和冶炼工业为主（图 7-6）。1835—1861 年第一批铁路在鲁尔区建成，成为德国工业化的重要动力，为德国的工业扩张提供了极佳

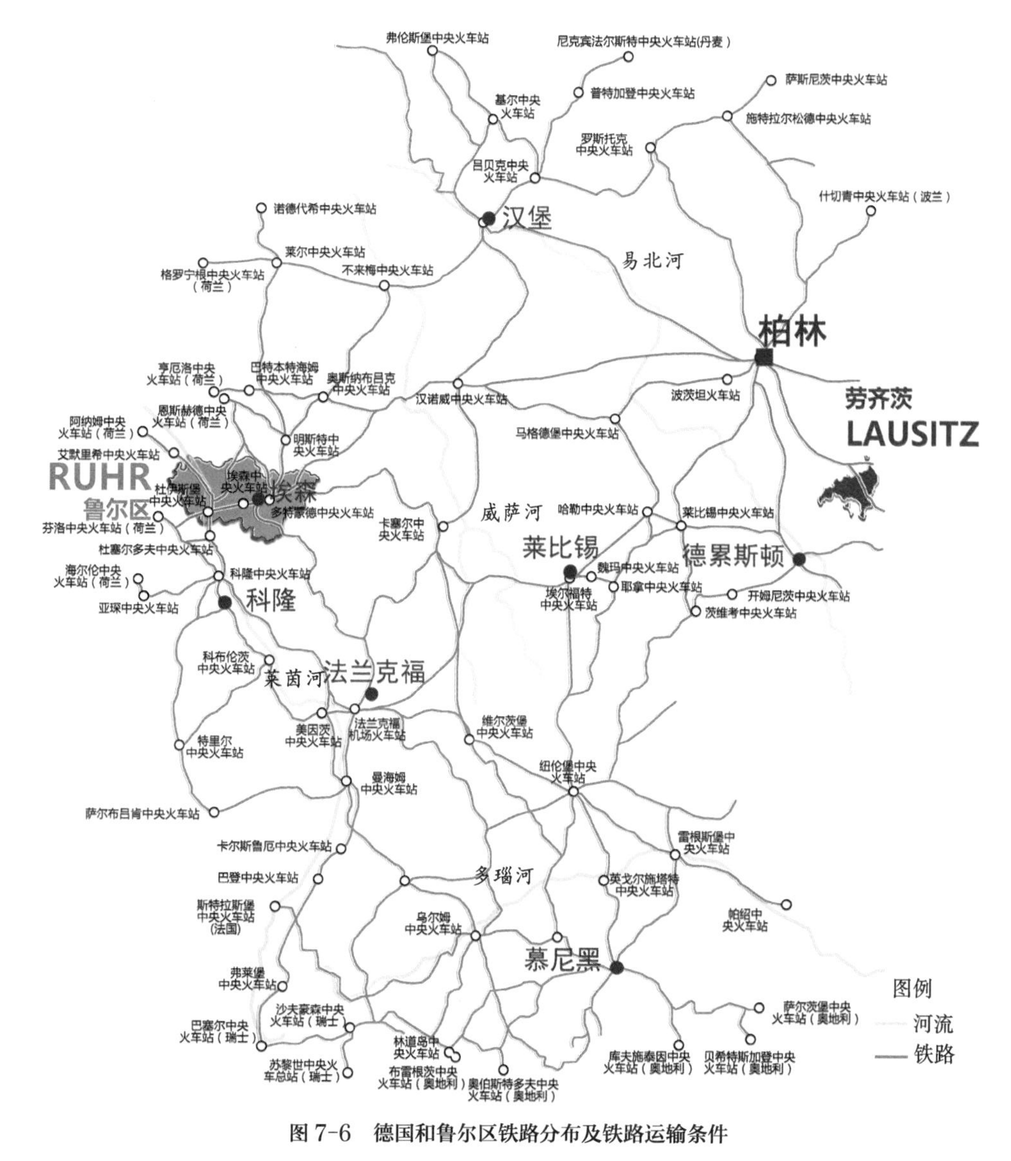


**图 7-6　德国和鲁尔区铁路分布及铁路运输条件**

（图片来源：根据资料改绘，https://maps-germany-de.com/maps-germany-transports/germany-transport-map）

的基础条件。1850—1870 年煤炭工业兴起，大批外籍技术工人纷纷迁入，其他工业部门的发展也在铁路建设的背景下被带动，经济进入快速发展阶段。1870 年之后，德国国内钢铁运输总量的 3/4 都依托鲁尔区的铁路，新的销售市场沿着铁路不断被开辟出来，使得鲁尔区发展成重要的运输中心，其经济的发展不再完全依赖自然地理条件。

作为西北欧煤炭矿床的重要组成部分，鲁尔区特殊的自然资源条件在相当大程度上决定了区域产业发展的结构和空间分布特点。历史上，鲁尔区从南到北分布有五个硬煤开采区：①凯特维格（Kettwig）和哈根之间的区域曾经进行过贫煤的开采，并将其运输至钢铁加工厂用于炼铁，此区域内的所有煤矿现已关闭，留存下来的鲁尔河漫滩现在为鲁尔区南部提供水源，并且被用于当地的娱乐活动；②在赫尔维格（Hellweg）[1] 地区，工人们沿着始建于中世纪的城镇带，在地下几百米深处开采贫煤等烟煤，这些城镇包括杜伊斯堡、米尔海姆、埃森、波鸿和多特蒙德，新的商业和工业则被引入原本用于煤炭和钢铁工业的土地上；③在埃姆舍地区，奥伯豪森、盖尔森基兴、黑尔讷和卡斯特罗普 - 劳克塞尔（Castrop-Rauxel）等大城镇都是依靠油脂煤和燃气煤从小型定居点发展起来的，焦化厂、炼油厂、石油化工企业、太阳能生产企业先后在这里建立起来；④维斯蒂安（Vestische）地区位于发展较弱的雷克灵豪森县，这里主要开采肥煤、天然气和气焰煤；⑤在利珀地区，富含瓦斯的煤炭只有在 1000 m 左右的深度才能够被开采到，大型化工园区和休闲娱乐空间已经沿着利珀山谷及韦瑟尔（Wesel）和阿伦（Alpen）之间的韦瑟尔 - 达特林运河（Wesel-Datteln-Kanal）发展起来。

### 3. 交通条件

鲁尔区位于东西欧往来的“圣路”地带，作为欧洲中部陆上交通的十字路口将东西欧、北欧与南欧地区联系起来。在近代资本主义发展中，鲁尔区又位于欧洲经济最发达的“金三角”内，西距法国、荷兰、比利时、卢森堡的工业区很近，北距丹麦和瑞典南部工业区不远，东北、南面又邻近本国下萨克森州的经济重心汉诺威 -

[1] 现由威灵霍芬（Wellinghofen）、萨默贝格（Sommerberg）、锡堡（Syburg）和威奇林霍芬（Wichlinghofen）等地区以及霍尔德（Hörde）组成。该地区以前是一个重工业区，主要从事钢铁的生产和加工。

沃尔夫斯堡 - 萨尔茨吉特三角工业区和北莱茵 - 威斯特法伦州莱茵河下游以科隆 - 杜塞尔多夫为中心的工业区[1]。

鲁尔区地处内陆，莱茵河、鲁尔河、埃姆舍河、利珀河四条天然河流流经鲁尔区境内，为其发展提供了必要的水源和交通联系通道，鲁尔区的城镇布局和空间发展均受其分布和走向的影响。莱茵河是德国和欧洲的水运大动脉，其由南向北流经鲁尔区的西部，将其与德国南部、法国、瑞士、北海及重要港口——鹿特丹港联系在一起，使从莱茵河河口上溯的船队能够直抵杜伊斯堡港并到达荷兰边界的莱茵河河段，鲁尔区通过河口的鹿特丹港与世界各地进行贸易往来，形成鲁尔区在南北方向上的主要发展轴线。鲁尔河、埃姆舍河和利珀河分别位于鲁尔区的南部、中部和北部，在大致平行的方向上由东向西汇入莱茵河，将沿线城市与莱茵河沿线城市联系在一起，成为鲁尔区在东西方向上的主要发展轴线。鲁尔区的许多重要城市，如杜伊斯堡、埃森、波鸿、多特蒙德等均分布在上述四条河流沿线。

鲁尔区的运河网于 19 世纪末开始兴建，共计修筑能够沟通莱茵河、鲁尔河、利珀河和埃姆舍河的四条运河，总长达 425 km（包括通往埃姆舍河下游的河段）。丰富的水系使得鲁尔区港口密布，河网中点缀着均已标准化的大小港口 79 个，可通行 1350 t 的欧洲标准货轮。位于莱茵河岸的杜伊斯堡 - 鲁尔格罗特港（Duisburg-Ruhrorter Häfen）是欧洲最大的内河港，年货物吞吐量 5000 万～ 6000 万 t。鲁尔区东部也可利用多特蒙德 - 埃姆斯运河（Dortmund-Ems Cana），经埃姆登港（Emden）与国外联系。1870 年鲁尔河开通了从鲁尔区到弗润德伯 - 朗舍德（Fröndenberg/Ruhr-Langschede）的航道，繁忙的煤炭运输使鲁尔河成为 19 世纪“中欧交通最繁忙的河流”之一。极为便利的水运条件使得地处内陆的鲁尔区可以进行运费较低的通海航运（图 7-7）。鲁尔区的大部分煤田也由区内的莱茵河 - 黑尔讷河运河（Rhine-Herne Canal）和多特蒙德 - 埃姆斯运河串联，为煤、钢、铁三大核心产业的结合和大规模生产创造了极为便利的条件。

---

[1] 资料来源：https://zh.wikipedia.org/wiki/%E9%B2%81%E5%B0%94%E5%8C%BA。

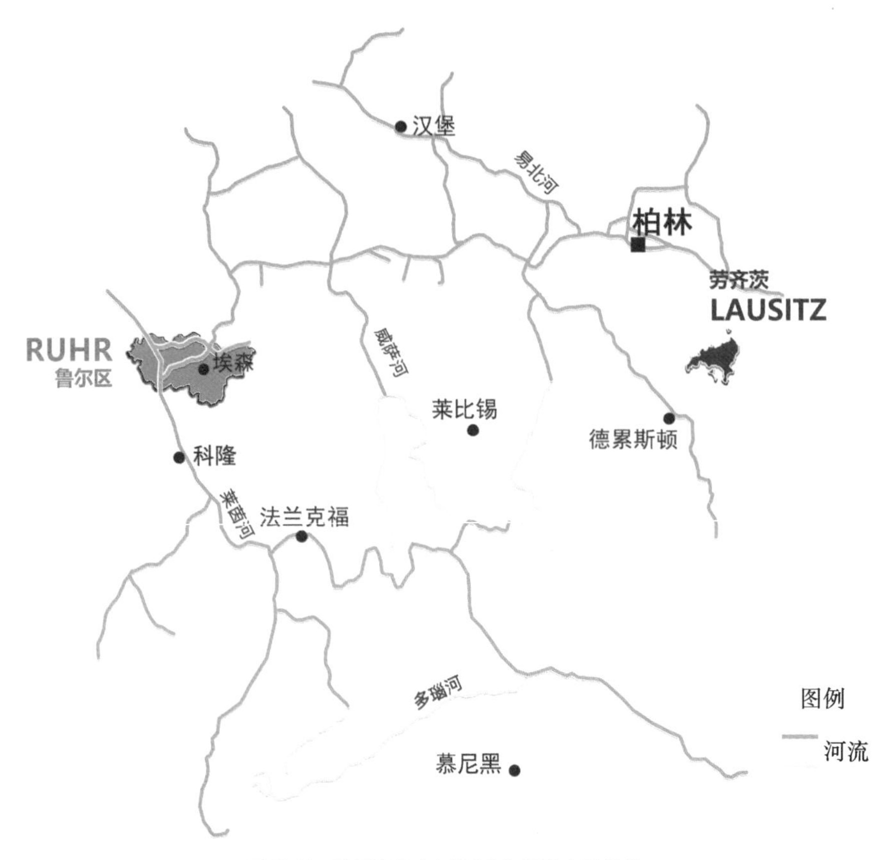


**图 7-7　德国和鲁尔区河流分布及水运条件**

（图片来源：根据德国联邦数字化和交通部资料改绘，https://bmdv.bund.de/sharedDocs/EN/Documents/WS/map-of-the-federal-waterways.pdf？_blob=publicationFile）

鲁尔区内的公路也是四通八达的（图 7-8）。作为区内及与其他工业区联系的纽带，从德国西部通往柏林和荷兰的高速公路均从区内通过，相关路段的行车密度远高于全国平均行车密度。同时，许多工业企业也依靠发达的交通网络纷纷设厂，鲁尔区的许多冶炼企业首选赫尔维格周边地区已经具备工业基础设施的地点设厂：克虏伯（Krupp）选定埃森市、波鸿联盟（Bochumer Verein）选定波鸿市、威斯特法伦联盟（Westfalenhütte）选定多特蒙德市等。

水系、铁路和公路组成了便捷的水陆联运交通网，为鲁尔区原料的运入和产品的运出提供了条件，使得鲁尔区在第一次世界大战前夕便已成为德国的核心工业区。

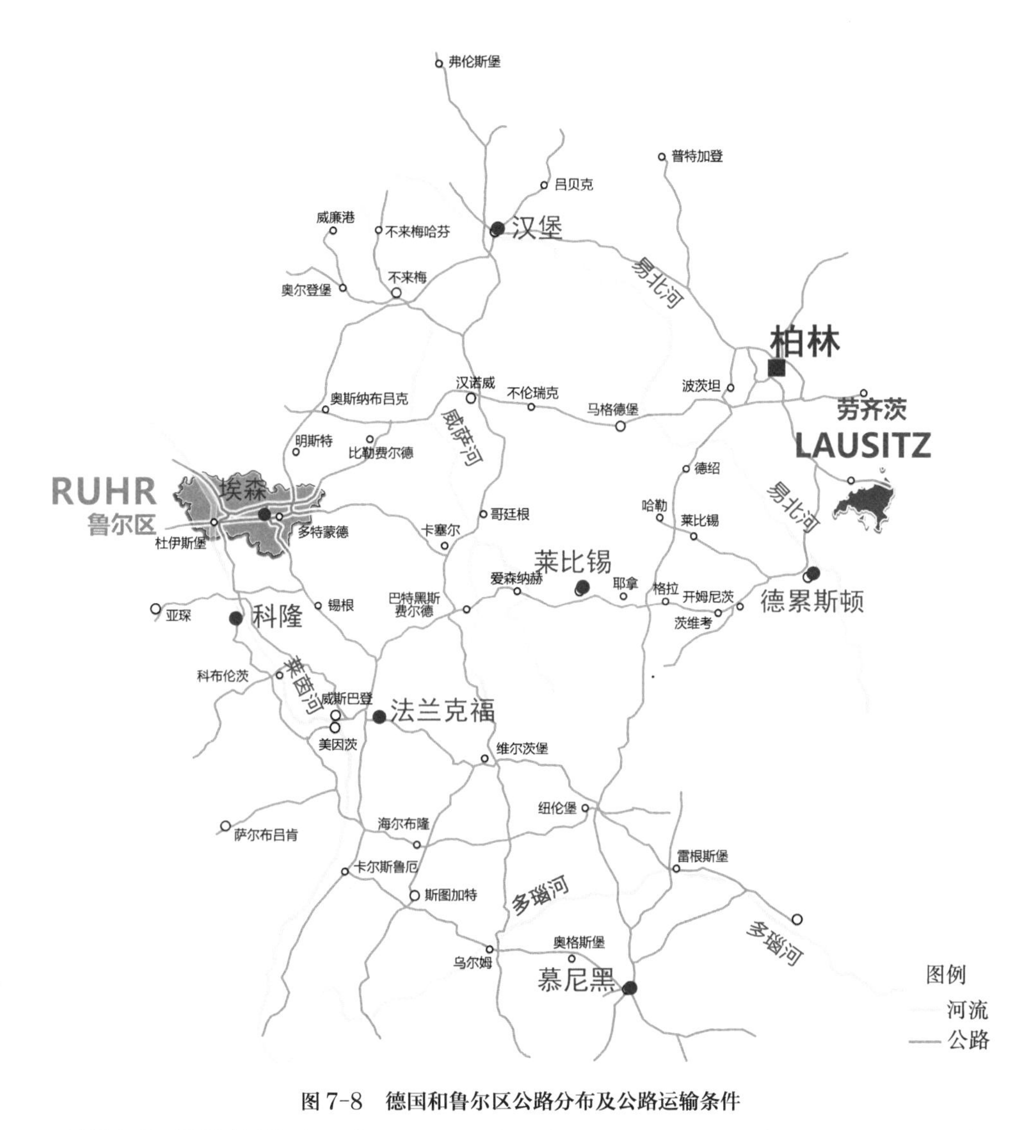


**图 7-8　德国和鲁尔区公路分布及公路运输条件**

（图片来源：根据资料改绘，https://maps-germany-de.com/maps-germany-transports/germany-transport-map）

### 7.2.2　德国鲁尔区发展沿革

自 19 世纪中叶以来，鲁尔区便是德国的能源、钢铁与重型机械制造基地，其以采煤、钢铁、化学与机械制造等重工业为核心，核心部门的产值曾经一度占据全区总产值的 60%，为德国的经济腾飞做出了巨大的贡献。随着国际环境的急剧变化，鲁尔区陷入了经济衰退的困境，但其却在宏观调控及相关规划的引领之下，以产业转型为龙头、以机构重组为保障、以社会复兴为目标，实现了转型发展，其中采矿迹地的成功再利用最为典型，受到了全世界的瞩目。

### 1. 鲁尔区的兴起

鲁尔区的雏形可追溯到新石器时代，中欧各游牧民族在从狩猎和采集经济向农耕和畜牧经济转型的背景下选择了位于利珀河和哈尔施特朗（Haarstrang）（今日为北莱茵 - 威斯特法伦州威斯特伐利亚盆地南部边缘的山脊）之间的赫尔维格地区作为家园定居下来，并逐渐发展了农业，为今日的鲁尔区奠定了丰厚的基础。在铁器时期，采矿与炼铁业出现在德国中部山区的相关记载中，铁制工具和武器的出现在促进商业贸易发展的同时引发了农业革命。中世纪早期的民族大迁移和法国的扩张对赫尔维格地区产生了巨大的影响，大量的宫廷建筑和修道院在这个时期被修建在从利珀河到哈尔施特朗的商贸之路上，现今德国的几个大城市如杜伊斯堡、埃森和多特蒙德便是当时沿着贸易之路兴建的。

由于鲁尔区及附近地区的山谷中蕴藏丰富的煤炭，一些小型的挖煤场自 14 世纪便开始出现，这便是德国早期的采煤业。17 世纪末期，人们以在岩石上爆破建造坑道来进行开采的方式取代了早期的坑道采煤方式，煤炭产量得到大幅度提高，那些因采煤而形成的数千米长的坑道在如今的地下水疏导方面依然发挥着重要的作用。18 世纪中叶，鲁尔区的采矿业开始转向深井开采，但煤矿埋藏并不是很深，斜井或垂直井的深度在 200 m 左右。

1850 年之后的德国开启了真正意义上的工业革命。铁路的建设需要大量的钢铁与机车原材料，这大大地刺激了德国钢铁、煤炭和机器制造业的发展，鲁尔区的煤田开始得到有效开采。一些矿井在 19 世纪 40 年代就已经开始运用机械采煤，煤炭的产量直线上升。1857 年起莱茵河流域和埃姆舍河流域的煤炭被逐步开采，大量工厂从丘陵地区迁往赫尔维格的石煤区域并聚集于此。阿尔弗雷德 · 克虏伯在 1861 年引入了转炉炼钢的技术，汽锤的使用成为当时的世界奇迹……钢铁工业逐渐成为鲁尔区的第二大经济支柱。

鲁尔区也因经济的腾飞吸引了大批来自德国东部等地区和比利时、法国北部、英国的劳动力。大批来自农村的劳动力纷纷涌入因担负将原料和产品运往国内外的任务而成为工业原料和产品集散中心的内河港口杜伊斯堡。鲁尔区的第一次人口内部大迁移发生在1853年。据统计，从19世纪60年代开始，大量人口从威斯特法伦（Westfalen）、莱茵兰、黑森、德国北部和东部，以及荷兰农村迁出，迁入多特蒙德和埃森的人口数在1870年左右超过了自然增长数。1871年，矿区的人口数量从1843年的23.66万人增加到了65.56万人，几乎是原来的3倍[1-2]。

鲁尔区的工业化始于第二次工业革命。继1864年战胜丹麦和1866年战胜奥地利之后，普鲁士于1871年建立中央集权制的德意志帝国并打败了法国，普鲁士国王从法国索取了50亿法郎的战争赔款，占据了发达的阿尔萨斯和洛林；借着帝国成立初期的热度与经济制度的转变，各类股份公司一夜之间成长起来，企业的规模急剧扩大，数量也持续增加，投资行业兴起，增加了对机械、工业基础设施、钢结构建筑、煤化工、能源等的经费投入。1873年莱茵铁路公司在莱茵河杜伊斯堡段建造了连接霍赫菲尔德和莱茵豪森（Rheinhausen）的第一座铁桥，它将鲁尔区和莱茵河左岸地区以非轮渡的形式连接起来，使得两地区之间的贸易流通速度得到了提升，埃姆舍地区的人口在1871—1905年增长了6倍以上[3]。

1871年鲁尔区的煤炭和生铁产量就已与法国的无烟煤产量、比利时的生铁产量持平，不久之后更是超过了英国。德国的重工业在此期间增长了7.5倍，煤、铁、钢产量分别增长了7.2倍、12.9倍、107倍，而同期农业仅增长了1.8倍，消费品生产也仅增长了2.4倍。1880年德国工业产值占据世界工业总产值的16%。德国的煤炭产量从1875年的不足5000万t猛增到1890年的超过9000万t，远超法国，位居欧洲第二[4]。

1933年，鲁尔区的工业企业资助了希特勒并为他的夺权做出了“贡献”，这促使了纳粹党和鲁尔区工业联盟的形成。国家提供的巨额补贴使得军工业重新得到发展，鲁尔区因为纳粹政府生产军事装备的举措而被称为“侵略战争发动机”，

---

[1] STEINBERG，GÜNTER H.Bevölkerungsentwicklung des Ruhrgebietes im 19. und 20. Jahrhundert[M]. Düsseldorf: Selbstverlag des Geographischen Institutes der Universität Düsseldorf,1978.

[2] 马威．德国鲁尔区煤炭工业重组研究（1958—1975）[D]. 西安：陕西师范大学，2012.

[3] WERNER A，WOLFGANG K. Das Ruhrgebiet im Industriezeitalter: Geschichte und Entwicklung[M]. Wahlstedt:Schwann im Patmos Verlag，1990.

[4] HABRICH W，HOPPE W. Strukturwandel im Ruhrgebiet-perspektiven und prozesse[M].Dortmund: Dortmunder Vertriebe für Bau-und Planungsliteratur，2001.

其生铁产量增长了376%，原钢产量增长了345%，石煤开采量也在增长，1939年石煤最高产量达到1.3亿t。纳粹政权将鲁尔区鼓吹为“兵器制造基地”和“克虏伯钢铁”，也导致其成为盟军轰炸的主要目标，因遭空袭而被严重摧毁，曾经烟囱林立的鲁尔区只剩下满眼的废墟，鲁尔区的生产停滞不前，德国经济也一蹶不振[1-2]。

战后初期，盟军的首要目标是控制德国经济发展以防未来再次爆发战争。但是，由于欧洲的重建需要煤炭的支持，在马歇尔计划的帮助下，欧洲煤钢共同体不断发展。同盟国解除了对鲁尔区的控制，鲁尔区的矿业和钢铁工业再度繁荣起来，工业结构和基础设施迅速恢复到战前水平。1950—1958年，鲁尔区的煤炭产量上升20%，钢铁产量上升30%[3]。随着经济的发展及对钢材需求的增加，同盟国开始逐渐放宽对钢铁产量的限制，鲁尔区为欧洲其他地区供应了大部分的钢铁制品、石煤、机器、电器设备、化学品及其他材料。战后经过重建的鲁尔区再次成为德国最重要的工业基地（图7-9），并成为德国重建和经济腾飞的动力和象征。

**2. 鲁尔区的衰落**

鲁尔区曾以丰富的煤、铁资源为基础，依赖其便利的交通条件和早期资本主义国家成熟的工业技术与管理经验，迅速发展了煤炭、钢铁、电力和重型机械等主导产业，成为近代德国乃至欧洲的重工业基地。随着技术进步和经济发展，鲁尔区与其他资源型城市和地区一样开始从繁荣走向衰退。随着石油和天然气的大规模开采，以及相关应用技术的开发与利用，煤炭工业在20世纪50年代末期出现了全球范围的不景气。

一直以来，煤炭资源都是德国最重要的能源之一，然而由于石油价格低廉且更环保，煤炭逐渐受到排斥。越来越深的矿井、位置陡峭且常遭破坏的矿床等因素增加了煤炭的采掘难度，使得鲁尔区的采矿企业根本无法通过深入的机械化来抵抗石油带来的冲击，并且其煤炭开采成本大大高于美国、中国和澳大利亚。这些国家的

---

[1] HABRICH W，HOPPE W.Strukturwandel im Ruhrgebiet-perspektiven und prozesse[M].Dortmund: Dortmunder Vertriebe für Bau-und Planungsliteratur, 2001.

[2] 吴佳恒 . 对德国鲁尔工业区衰退与转型的经济史视角研究 [D]. 深圳：深圳大学，2019.

[3] 冯革群，陈芳 . 德国鲁尔区工业地域变迁的模式与启示 [J]. 世界地理研究，2006，(3):93-98.

## 经济结构的基本要素

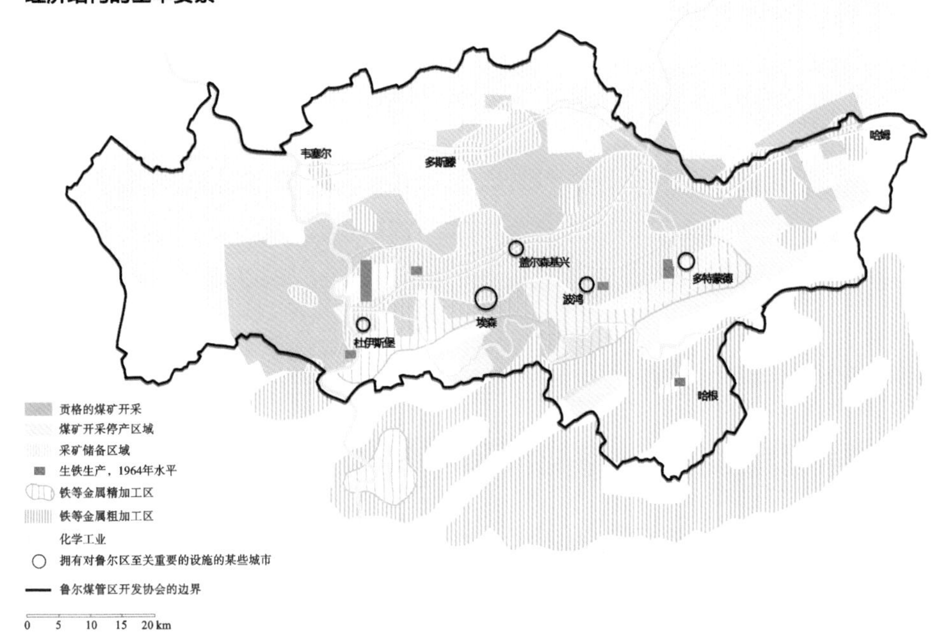


**图 7-9 鲁尔区 20 世纪 60 年代产业结构**

[ 图片来源：据资料改绘，资料来源为《区域总体规划》（*Gebietsentwicklungsplan*，1966）；莱茵兰州规划联盟（Landesplanungsgemeinschaft Rheinland，1970）]

煤炭拥有优越的地理位置从而能够进行露天开采，开采成本低廉，运输费用不高，在价格上占据优势。

世界市场上出现的新能源使得煤炭产业的处境越发恶劣。产自沙特阿拉伯的石油价格低廉，天然气与褐煤在煤化工和发电领域中成为有力的能源竞争者，核能则被逐渐应用于发电领域，国际上对石油和核电的利用导致煤炭的需求量逐渐减少。在一次能源结构中，石油、水电和核电用量不断增加，煤炭的用量呈下降趋势。给鲁尔区带来的影响是大量的矿井和炼焦厂倒闭，造成员工数量、矿井数量和开采量下降。鲁尔区部分城市的煤炭行业失业率甚至超过了 40%。于是企业采取了合并矿井的应对措施。政府于 1964 年从政策上表明国家应当向关闭停产的矿井支付补偿费、损失费，并于 1968 年通过了《德国煤矿开采业和德国煤矿区的适应与恢复法》（*Steinkohleanpassungsgesetz*，*SteinkAnpG*）。

20 世纪 60 年代至 70 年代中期，汽车、造船、建筑等行业的市场需求明显萎缩。塑料、合成材料、轻金属、混凝土被广泛开发和大量应用，部分钢铁制件被塑料制品替代，相关行业对钢材的消耗量大幅度下降，钢铁产业失去了其原有的影响力，鲁尔区的钢铁产业开始出现危机。虽然在此阶段内，钢铁生产能力提升速度较快，但行业经济增长率和产能利用率越来越低，同时生产钢铁的国家从 1947 年的 36 个增加到了 1970 年的 80 个，出现产能过剩问题，钢铁危机加剧。以日本为代表的钢铁生产大国是另一个导致德国钢铁产业衰退的因素。这些国家生产的钢铁成本低廉，市场竞争力较强。到 1981 年，煤炭工业的衰落随着石油和天然气价格的降低而加速，钢铁危机也在一步步加剧。鲁尔区内原有 14 家自主经营的钢铁公司，只有 4 家保留了下来。高炉的数量也在减少，如多特蒙德的赫施（Hoesch）公司（于 1992 年被德国另一钢铁巨头克虏伯收购，成为克虏伯·赫施公司），1960 年有 16 座高炉，到 1979 年只剩下了 5 座 [1-2]。

20 世纪 80 年代，世界一次能源结构由于中东地区石油的大量开采发生巨大改变。随着美国、日本等国家的钢铁工业大规模扩张和第三世界国家工业化程度不断提高，新的国际分工形成，鲁尔区的钢铁和煤炭生产的可比产品成本却在不断上升。在欧洲市场趋于统一和国际市场全面开放的大格局下，鲁尔区的钢铁、煤炭工业在投入产出比上已失去原有的优势。例如，从巴西购买煤炭，从美国、日本等国家购买钢材，远比购买德国本土生产的产品便宜得多……鲁尔区的钢铁和煤炭工业日益萎缩，工厂大批裁员甚至关闭，失业人口骤增，社会矛盾不断加深。

此外，重工业的迅猛发展也给鲁尔区的生态环境带来较大的破坏。在鲁尔区发展初期，缺乏对土地利用、城镇布局、环境保护等方面的全面规划和整治，导致环境污染非常严重。地区环境质量随着煤炭工业和钢铁工业的不断发展持续恶化，区域形象受到了严重损害。随着长时间的煤炭开采，鲁尔区生态环境的破坏日益严重，主要表现在以下几个方面。

[1] 陈涛 . 德国鲁尔工业区衰退与转型研究 [D]. 长春：吉林大学，2009.

[2] 资料来源：https://www.thyssenkrupp-steel.com/en/company/history/chronology/chronology.html。

1）**采矿造成的地面下沉是鲁尔区面临的突出环境问题**

据相关文献统计，1892—2009年，鲁尔区原关税同盟煤矿采矿场地的地面沉陷超过25 m，多特蒙德市最高沉降超过17 m，盖尔森基兴的平均沉降达到6.5 m，而鲁尔区总体的平均地面沉降达到1.6 m[1]。自1958年煤炭危机后，多数矿井报废，井下巷道塌落，地表随之下沉，许多地面设施受到影响，产生裂缝或倾斜，如地面建筑、公路和铁路等。

2）**矿区排放的大量污水污染区内的水系**

埃姆舍河是鲁尔区的排污水道，矿区的河水经埃姆舍河及其支流汇入莱茵河，每年的污水排放量达6亿t[2]。受煤炭工业的影响，埃姆舍河及其支流污水泛滥，病害蔓延。此外，在埃姆舍河流域建有许多洗煤厂和炼焦厂，排出的污水中含有大量的酚，使莱茵河也受到严重污染。

3）**工业粉尘、生活垃圾及其他有害物质使区内空气受到严重污染**

虽然鲁尔区面积不大，但却曾经存在60多座大型煤矿、60多座炼焦厂、60多家电厂及几十家钢铁厂，6600多个大烟囱每年排放$CO_2$、工业烟尘、烟道气等约400万t，约60万t滞留在本区上空，矿区空气受污染程度远高于德国其他地区。如每年降尘量达78万t的多特蒙德地区，工业粉尘的排放总量高达50万t[3]。北莱茵-威斯特法伦州卫生部的一项调查显示，由于受工业烟尘及SO、NO的影响，居住于鲁尔区的老人、儿童的健康状况比生活在农村的同龄人要差很多[4]。

4）**森林植被被肆意砍伐，生态遭到严重损害**

19世纪末到20世纪初，在德国的工业化进程中，炼钢与采煤使该地区植被大面积消失，鲁尔区的森林资源遭到严重破坏，森林面积减少了15%，森林采伐量比同类地区高1～2倍[5]。

---

[1] HARNISCHMACHER S. Quantification of mining subsidence in the Ruhr District （Germany）[J]. Géomorphologie: Relief, Processus, Environnement, 2010, 16（3）: 261-274.

[2] PERINI K. Emscher River, Germany-strategies and techniques[C]//PERINI K, SABBION P.Urban sustainability and river restoration: green and blue infrastructure. Oxfod: John Wiley & Sons, 2017:151-159.

[3] 资料来源：www.metropole-ruhr.de。

[4] 陈涛．德国鲁尔工业区衰退与转型研究[D]. 长春：吉林大学，2009.

[5] 方如康．西德鲁尔工业区的环境保护[J]. 上海环境科学，1986(9):45-46.

鲁尔区原有的以采煤、钢铁、煤化工、重型机械为主的单一重型工业经济结构日益显露弊端。面对激烈的竞争，鲁尔区的矿冶企业采取了关、停、并、转的措施。1972 年，位于哈根市哈斯珀（Haspe）的科略克冶炼厂成为第一家关闭的企业。1982 年之后由于政治力量对世界市场的干涉加剧了这种情况。鲁尔区的矿冶企业关闭停产浪潮以 1987 年关闭位于哈廷根（Hattingen）的亨利钢铁厂（Henrichshütte）和 1993 年关闭位于杜伊斯堡市莱茵豪森的轧钢厂为结束标志。从 20 世纪 70 年代中期到 1988 年，鲁尔区冶炼厂的数量从 20 家锐减到 8 家。1990 年德国统一和美国对原钢需求的增长引发了短暂的经济复苏，然而经济危机很快结束了这一复苏进程[1-3]。

数次沉浮使得鲁尔区的经济受到很大的打击，鲁尔区的声誉开始下降，经济中心地位减弱。面对因遭受数百年重工业污染而满目疮痍的土地及濒临崩溃的生态环境，以及大量废弃的工矿、厂房和空置工业建筑，鲁尔区的衰落无可辩驳地摆在了政府面前。

### 3. 鲁尔区的转型

面对衰落和发展，鲁尔区选择了发展。鲁尔区就上述问题开展了全面的区域整治和更新工作，改变原有单一的经济结构，使矿区经济朝着多样化、综合化方向发展，以适应新的形势下经济发展的需要。鲁尔区至今已取得明显成效，是德国区域整治中最成功的实例，也为传统工业区的改造做了有益的尝试。

20 世纪 50—70 年代是鲁尔区改造的早期阶段。面对严峻的逆工业化过程，政府仍然相信煤炭和钢铁能为鲁尔区带来辉煌的明日，故而以尽量保护区内传统经济结构为目标，以再工业化政策应对经济的衰落，在“防守才是最好的进攻”的倡导下，一次大范围的再工业化在 19 世纪 60—70 年代兴起。

#### 1）转型目标与规划的制定

1920 年 5 月 5 日，鲁尔煤管区开发协会依据德国政府颁布的法律成立。这一总

---

[1] 吴佳恒 . 对德国鲁尔工业区衰退与转型的经济史视角研究 [D]. 深圳：深圳大学，2019.

[2] 资料来源：https://www.baukunst-nrw.de/en/projects/Henrichshuette--567.htm。

[3] 资料来源：https://www.thyssenkrupp-steel.com/en/company/history/chronology/chronology.html。

部设在埃森市的机构是鲁尔区最高规划机构，其职能和权限随着区域的发展一再扩大，现已成为区域规划的联合机构 RVR 与州联邦的权力部门。由 88 个成员组成的议会和 7 个成员组成的委员会负责协会的日常工作。协会成员中 60% 是市、县政府代表，40% 是企业代表。其行政上受州政府管辖，地方当局的拨款与协会自身的筹款及贷款为其提供财政支撑。

在鲁尔煤管区开发协会成立以前，鲁尔区无论是在发展工业生产方面，还是在城市建设、交通建设及环境保护方面，都没有统一的规划，其城市的发展带有很大的盲目性，因而导致了一系列社会经济问题，直接影响工业区的生存发展。协会成立初期，其主要的工作也只是制定一般开发规划（general settlement plan），即为工业和民用地、交通线路、绿化环境等提出轮廓性布局方案。但随着鲁尔区面临的问题越发严重，从 20 世纪 60 年代起，协会逐渐肩负起制定全面规划、整治措施并组织实施的重任。

面对日益萎缩的煤炭和钢铁市场，鲁尔区政府在 1966 年制定的《区域总体规划》（*Gebietsentwicklungsplan*，1966）中，提出划分三个不同地带[1]，平衡全区生产力布局的目标和设想，并规定在布局新企业时应首先考虑安排在边缘发展地带，同时控制杜伊斯堡、埃森等大城市的发展，有计划地从核心地区向边缘地区迁厂，对传统产业依据不同的情况采取关、停、并、转等措施。这是德国区域整治规划史上的第一个地区性总体规划，也是第一个在法律意义上生效的规划方案，对鲁尔区的发展具有十分深远的影响。

在制定于 1969 年的《鲁尔区域整治规划》中，提出将“以煤钢为基础，发展新兴产业，改善经济结构，拓展交通运输”作为转型总目标，“稳定第一地带、控制第二地带、发展第三地带”的整治方案则是具体实施措施的详细阐释。

1968 年，北莱茵 - 威斯特法伦州政府出台了第一个产业结构调整方案《鲁尔发

[1] 三个地带的划分如下。
第一个地带是南方饱和区——鲁尔河谷地带。这是早期的矿业集中地区，目前的经济地位虽已随着采煤业的北移大大下降，但经济结构相对协调，继续保持其稳定性是发展目标。
第二个地带是重新规划区——鲁尔区的重要城镇及埃姆舍河沿岸的城镇是鲁尔区的核心地区，其因人口和城市高度集中，存在着许多社会和经济问题，亟待控制人口的增长、合理布局工业企业等。
第三个地带是发展地区——包括鲁尔区西部、东部和北部正在发展的新区，其中北部是重点发展地区。

展方案 1968—1973》（*Entwicklungsprogramm Ruhr 1968-1973*）[1]，强调应当对矿区进行清理整顿，并提出改造老企业的若干措施：对采煤企业进行合并重组，使其集中到赢利多和机械化水平高的大矿井；调整企业的产品结构并提高产品技术含量；对能耗高、污染大的炼钢厂和煤化工厂应当根据实际采取改建、合并、转让等措施，从企业之间及企业内部两方面入手开展改造。

1969 年，政府对鲁尔区《区域总体规划》又进行了补充[2]。其主要宗旨是发展新兴工业，调整区域经济结构和扩建交通运输网；在核心地区及主要城市控制工业和人口增长；在具有全区意义的中心地区增设服务性部门；在工业中心和城镇间营造绿地或保持开阔的空间；在边缘地带迁入商业；在利珀河以北、鲁尔河谷地带及其周围丘陵地带开辟旅游和休息点，为人们提供休息和娱乐场所。

在交通基础设施方面，鲁尔区原有的交通运输系统很发达，但由于新建企业及城市住宅区向郊区发展，出现了区内交通负荷不断增大，边缘地区和核心地区交通脱节的局面。鲁尔煤管区开发协会在 1968—1973 年的交通规划中提出了具体的目标[3]，有计划地对已有的线路进行技术改造，发展区内快车线，使区内任何地点距高速公路都不超过 6 km。同时，在最大限度发挥本区水运优势的基础上做好水陆联运，加速南北向交通线路的建设，组成统一的运输系统，把全区彼此分隔的工业区和城市紧密地衔接起来。

在环境污染治理方面，20 世纪 60 年代鲁尔区提出环境保护目标是“让鲁尔河的上空蔚蓝起来”。长期以来，鲁尔区的环境污染比德国其他任何地方都要严重。鲁尔区内的烟囱排放大量废气及粉尘，那些滞留在空气中的烟尘使得空气污染严重。矿区内的河流也被采矿企业所排放的污水严重污染，鱼类曾一度绝迹。为了根除公害，治理环境污染，北莱茵 - 威斯特法伦州政府投资设立环境保护机构，颁布环境保护法令，统一规划。在鲁尔河上先后建立起 4 个蓄水库、108 个澄清池，净化污水，并随后修建完整的供水系统。另外，在全区还建起烟囱自动报警系统，各企业纷纷修建能够回收有害气体及粉尘的装置，大气污染自此得到了有效的控制。

---

[1] 陈涛 . 德国鲁尔工业区衰退与转型研究 [D]. 长春：吉林大学，2009.

[2] VAN DER CAMMEN H. Four metropolises in Western Europe: development and urban planning of London, Paris, Randstad Holland and the Ruhr region[M]. Paris: Van Gorcum, 1988.

[3] 李晟晖 . 矿业城市产业转型研究——以德国鲁尔区为例 [J]. 中国人口·资源与环境，2003,（4）:97-100.

在《区域总体规划》中制定了营造“绿色空间”的计划（图 7-10），全区进行了大规模的植树造林活动，昔日满目荒凉的废矿山披上了绿装，塌陷的矿区变成碧波荡漾的湖泊。

**图 7-10　《区域总体规划》中规划的绿色空间**

［图片来源：《区域总体规划》（1966）］

在产业布局规划方面，协会也有了不同以往的考虑。早先鲁尔区的产业布局都以接近原料产地为原则，如采煤业多位于鲁尔河以南，靠近煤田，后来煤炭作为燃料和化工原料的重要性日益提高，煤矿也逐渐向北推移，因而生产力布局在历史上也是由南向北推进的。到第二次世界大战前，基本形成以中部为核心、向东西延伸的工矿区。20 世纪 60 年代为了改变经济衰退状况，鲁尔区根据《区域总体规划》，对传统产业依据不同的情况实行关、停、并、转，并将新企业首先布局在边缘地区，同时控制杜伊斯堡、埃森等大城市的扩张，有计划地将工厂从城区内外迁（图 7-11）。到 20 世纪 80 年代，整个鲁尔区的生产力布局已突破原来的煤田范围束缚，向西（越过莱茵河）向北（越过利珀河）发展。此时，区内的一些大型煤炭和钢铁公司如蒂森、曼内斯曼和克虏伯等，都试图通过增加投资的方式扩大经济规模和提高生产力，进而维持自身的市场竞争力。

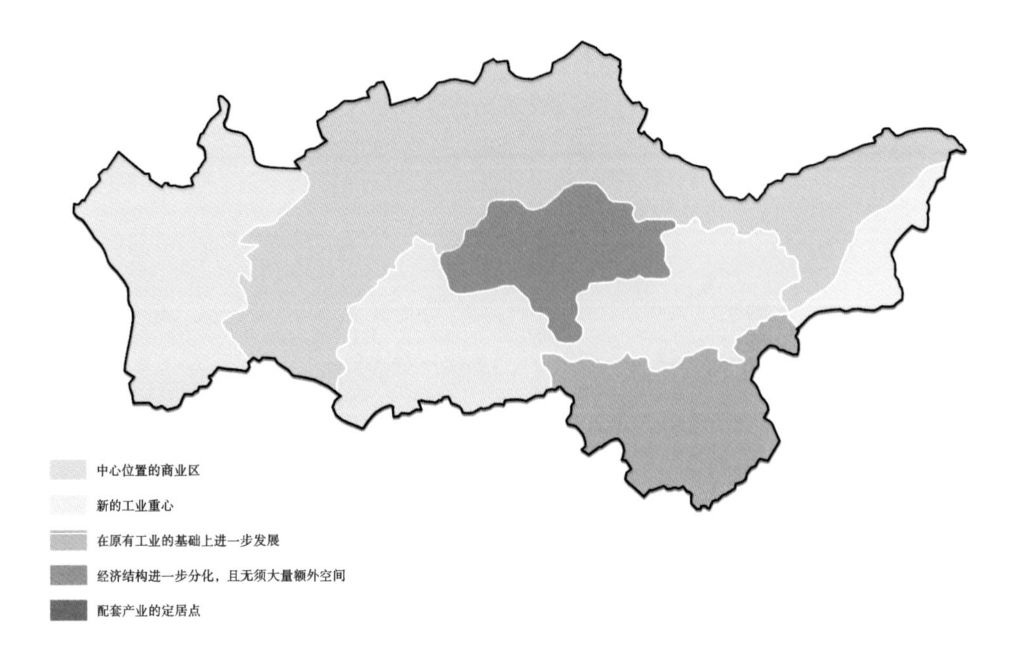


**图 7-11　区域产业发展规划图**

［图片来源：据资料改绘，资料来源为《区域总体规划》（1966）；莱茵兰州规划联盟（1970）］

**2）失败的初期转型**

鲁尔区在转型初期所设定的目标以煤炭产业和钢铁产业的“再工业化”为基础，采取投入大量资金的方式对传统产业进行改造，其最终目的是保护区内以煤炭工业和钢铁工业为基础的传统产业结构。为此，政府采取了多重手段去保存煤炭和钢铁这两个最重要的工业部门，以适应发展需要。

1960 年后鲁尔区开始系统性地进行产业结构调整。为了防止由于产业间的退出障碍或进入障碍造成衰退产业过度竞争，以及缓和产业结构调整过程中可能存在的社会利益矛盾，德国政府每年向鲁尔区煤炭产业和钢铁产业投入巨额资金。同时，根据国内外市场经济形势的变化，通过必要的调整和整顿，采取诸如压产、关停、成立垄断组织等措施保障各部门的正常运行。然而，由于对煤炭和钢铁的依赖性，鲁尔区的经济发展活力受到抑制，且在世界范围内煤炭和钢铁企业全面衰退的背景下，补贴煤炭和钢铁产业以保持其正常的生产和销售，反而加速了鲁尔区的经济衰退。德国政府投入大量资金给予煤炭和钢铁企业补贴，但所产生的效果并不明显。在高投入、高资助后，鲁尔区的衰颓之势并没有得到缓解，政府逐渐认识到对传统工业的资助得不偿失，不仅问题没有得到解决，反而因此形成资本黑洞。

彼时政府错误地认为大量资金的投入可以创造新的工作岗位，并能挽救鲁尔区，但实践证明这是错误的。政府未能发现鲁尔区衰退的根源是产业结构单一，试图通过补贴这种方式以减少经济变革引起的震荡，但只是延长了变革时间，最终阻挡不了变革。

同时，再工业化的目标限制了新兴产业的发展。从20世纪60年代开始，在再工业化目标的引导之下，鲁尔区依靠国家的资助，对企业实行集中化、合理化改造，区内基础性工业产业间的联合与合作不断加强，不断的技术更新与厂间合并使得鲁尔区的煤炭和钢铁公司变为大型的综合性跨国企业，但仍然有大量的企业关门倒闭，这些措施没能给鲁尔区的经济带来很大的变化，整个鲁尔区的经济仍在衰落。众多学者在对鲁尔区的转型进行研究后提出，作为一个高度专业化、区域内部企业高度相互依赖的工业区，鲁尔区城市群内逐渐形成了功能性锁定、认知性锁定和政治性锁定，这些锁定严重阻碍了新技术的应用和已有生产技术的改进，新兴产业在鲁尔区的发展受到了限制。

随后，政府对鲁尔区的资助办法做出了调整，减少了对煤炭、钢铁等部门的资助，加大对环保、废弃厂房利用等项目的资助力度，其余资金用于投资生产新产品，支持新兴产业、服务业和中小企业的发展，以促进区域经济的发展。

**3）转型政策的更新**

20世纪70—80年代，鲁尔区政府意识到再工业化并不是发展鲁尔区经济和推进结构性调整的有效政策，随即开始对产业政策进行调整，防守型的依靠传统产业发展的目标逐渐被进取型的发展新兴产业的目标所取代。新政策实施的重点为区内老工业部门的更新与改造。政府规划在上述目标的基础上，通过发展新型、前瞻性的产业分支机构，辅以新工业景观的建设，对城市面貌进行改造，以恢复生态环境，增加就业机会，吸引更多的外资、技术和人才，进而拉动整个地区的可持续发展。新一轮的发展更注重区域形象的改变和区域潜在价值的挖掘，以促进区域内生活和生产环境的改善，作为重振鲁尔区经济和推进结构性调整的有效途径。

这种方向性的转变首先出现在大型煤炭和钢铁公司。越来越激烈的世界市场竞争迫使它们内部多元化。蒂森和克虏伯这样的公司开始在煤炭和钢铁产业的基础上开展多样化经营，投资发展相关产业，如设备运转技术、环境科技和控制服务。这些新产业的收入占了前煤炭和钢铁集团大约 2/3 的营业额。同时，政府对区内环境污染程度比较高的煤炭和钢铁企业的治理也为新兴产业的发展奠定了丰厚的基础。地方政府在发展新兴产业的政策中提出了严格的环保规定，并鼓励环境技术产业的发展，为地区积累更多的抵制环境恶化的专业技术和知识提供了前提条件，使得鲁尔区的锁定状况得到缓解。1984 年北莱茵 - 威斯特法伦州把工业政策改为技术政策，提出了强调环境科技的“日出技术”项目。鲁尔区内大多数城市也停止了它们失败的吸引投资的政策，取而代之的是强调创新，建立地方科技转化中心，为创业者提供建议和服务。目前，鲁尔区已经成为德国的环境技术研究中心。一批新兴产业项目如多特蒙德电子城（E-City Dortmund）和北莱茵 - 威斯特法伦州的 50 个太阳能住宅开发项目的实施促进了新型产业群的形成，它们所创造的就业岗位部分解决了鲁尔区的就业问题。此外，近年来新兴的信息和通信技术（information and communication technology，ICT）产业在鲁尔区也得到了蓬勃发展，对经济转型和进一步繁荣起到了重要的作用。鲁尔区的经济结构也因采取了上述措施而得到了调整、充实和提升。煤炭和钢铁产业产值比重大幅下降，煤炭、钢铁两大部门的就业人员数量也从 20 世纪 50 年代初占鲁尔区工业部门总就业人数的 60% 降至 20 世纪 90 年代初的 33%，而同期非煤炭和钢铁户业的就业人数比重却从 32% 上升到超过 54%，第三产业部门的就业人数比重则从 29.8% 提高为 56%[1-3]。

新兴产业的发展势头强劲，鲁尔区的信息技术发展速度在德国遥遥领先，仅 1994—1997 年，北莱茵 - 威斯特法伦州的软件企业就从 241 家增加到 2720 家，这些企业大多落户在鲁尔区。虽然从以制造业为主的经济结构向以服务业、新兴技术产业为主的经济结构转变需要很长的时间才能完成，但鲁尔区已经转向正确的发展路

---

[1] 黄丽华，张丽兵 . 德国鲁尔区老工业基地改造过程中政府作用分析 [J]. 哈尔滨工业大学学报 ( 社会科学版 ), 2005，(6)：93-96.

[2] 冯春萍 . 德国鲁尔工业区持续发展的成功经验 [J]. 石油化工技术经济，2003，(2):47-52.

[3] 陈涛 . 德国鲁尔工业区衰退与转型研究 [D]. 长春：吉林大学，2009.

径，并朝着既有强大传统工业作基础，又有日渐壮大的新兴技术产业为增长点的融合多部门的综合工业区方向发展。

**4）城市功能的扩展**

在过去很长的一段时间内，当人们提到鲁尔区时，往往会认为这是一片污染严重的重工业区。鲁尔区在经济衰退之后又面临诸如失业率高、环境污染严重等问题。这样的地区若没有外界的帮助，其转型是难以实现的。政府是德国建筑和规划文化进一步发展的重要参与者，由其赞助的国际建筑展（Internationale Bauausstellung, IBA）一直是德国城市和区域发展的推动力，在经过 100 多年的发展后，已成为德国及周边地区最具影响力的城市发展工具之一，越来越多的州和市，甚至是其他国家，都在城市发展出现问题的时候依赖这种形式进行城市复兴，这种形式在国际上饱受好评。

国际建筑展的发展可以追溯到 1851 年在伦敦举行的万国工业博览会，该博览会专注于展示在建筑结构上所取得的进步。国际建筑展的发展可大致分为四个阶段[1]。

（1）1901—1957 年：作为国际建筑成就展示的永久性建筑展览。

（2）1979—1999 年：国际建筑展览作为城市规划重建工具。

（3）2000—2013 年：不同规划背景中的国际建筑展览。

（4）2010—2023 年：新规模与跨国合作的国际建筑展览。

纵观国际建筑展的发展历程（表 7-1），其转变是很明显的，从早期展现特定时代的建筑形式或新技术，到后期展现复杂的社会、经济和生态问题。通过国际建筑展，不同社会阶段和情景下的社会发展演变被清晰地描摹出来。1901 年达姆施塔特国际建筑展专注德国的艺术和日常生活；开始于 1979 年的柏林国际建筑展关注民生问题，对城市中的贫民窟实施保存及修补方式下的城市更新；1989—1999 年鲁尔区的埃姆舍公园国际建筑展（Internationale Bauausstellung Emscher Park）则首次扩大到区域尺度，对包含 17 个矿业城市的煤矿区域的景观进行修复和重建；随后的 IBA 视野更加宽阔，从建筑、城市逐步扩展到整个区域后转向跨国合作，同时也承载了更多元的目标。

---

[1] 资料来源：IBA 官方网站，https://www.internationale-bauausstellungen.de/en/iba-history/。

表 7-1　国际建筑展发展历程

| 阶段 | 时间 | 城市、地区 | 主题 | 核心内容与目标 |
| --- | --- | --- | --- | --- |
| 作为国际建筑成就展示的永久性建筑展览 | 1901 年 | 达姆施塔特 | 德国艺术记录 | 强调整体生活概念，包括城市布局、住宅、室内设计等，寻求新的生活方式 |
| | 1927 年 | 斯图加特（魏森霍夫定居点） | 见证新建筑 | 展示住宅建筑最新技术的建筑展览，推广新的生活方式 |
| | 1957 年 | 柏林汉莎区 | 竞争系统 | 呼吁重建战后城市，更新街区结构与建筑 |
| 国际建筑展览作为城市规划重建工具 | 1979—1987 年 | 柏林 | 内城作为生活空间 | 针对新建筑和旧建筑采用不同的方式改造，以实现城市空间重构与更新 |
| | 1989—1999 年 | 埃姆舍公园（鲁尔区） | 老工业区的未来 | 通过废弃地改造、住宅现代化、生态修复等振兴老工业区 |
| 不同规划背景中的国际建筑展览 | 2000—2010 年 | 劳齐茨地区（德国、波兰） | 新景观 | 致力于乡村地区采矿区景观更新，鼓励旅游开发，寻求废弃场地新用途 |
| | 2002—2010 年 | 萨克森 - 安哈尔特州 | 少即是未来 | 通过人口变化、社会凝聚力聚集和经济转型为城市发展打造示范项目，以应对收缩城市的未来发展 |
| | 2006—2013 年 | 汉堡 | 跨越易北河 | 解决城市社区和城市结构破碎的大都市问题，促进易北河群岛形象的改变 |
| 新规模与跨国合作的国际建筑展览 | 2010—2020 年 | 巴塞尔地区（德国、法国、瑞士） | 跨越国界、共同发展 | 聚焦于高度分散的边境地区的景观区、城市区和生活区的共同发展 |
| | 2012—2022 年 | 海德堡 | 知识、基础、城市化 | 重点发展与知识社会相关的项目，包括科研机构、学校、文化教育场所、学生宿舍和公园等 |
| | 2012—2023 年 | 图林根州 | 城乡平衡 | 通过创新性的城乡平衡关系，更好地应对社会文化转型中的人口、气候、能源问题 |
| | 2013—2020 年 | 帕克斯塔德地区（荷兰） | 动态发展的帕克斯塔德 | 通过医疗保健等新产业的发展，刺激衰退矿区的经济与社会发展，促进地区振兴 |

续表

| 阶段 | 时间 | 城市、地区 | 主题 | 核心内容与目标 |
| --- | --- | --- | --- | --- |
| 新规模与跨国合作的国际建筑展览 | 2016—2022 年 | 维也纳（奥地利） | 新社会住房 | 以新社会社区、品质和责任为指导，寻找城市社会住房的新途径 |
|  | 2017—2027 年 | 斯图加特地区 | 发展中的变化 | 塑造地区可持续发展模式，成为多中心工业增长区的典范 |

（表格来源：https://www.internationale-bauausstellungen.de/en/current-iba/）

1989—1999 年，由德国北莱茵 - 威斯特法伦州主导实施的埃姆舍公园国际建筑展旨在通过区域性政策框架的制定，解决当时鲁尔区面临的严重社会、经济和环境问题。埃姆舍公园国际建筑展是当时国际建筑展项目中地理跨度最大、实施手段最为灵活的一个。

埃姆舍公园国际建筑展从区域层面提出工业城市带的转型策略，将工业遗产的再生同社会、文化及环境问题的治理相结合，提出“在绿色中居住，在公园中工作”，成为收缩背景下城市再生的典范。埃姆舍地区以区域内的主要河流埃姆舍河命名，面积 803 $km^2$，包括从杜伊斯堡到卡门（Kamen）的共计 13 座城市和 4 个县，人口 200 多万。由于 20 世纪 60 年代国际能源市场发生变化，鲁尔区传统的以煤、钢为核心的工业产业变得缺乏竞争力，工厂关闭、工人失业、环境糟糕成为其鲜明的时代特征。其中，埃姆舍地区受到的影响尤其严重，生态环境恶劣，失业率居高不下，20 世纪 80 年代末，埃姆舍地区的失业率超过 15%，为德国最高，社会问题十分尖锐。

1988 年 5 月，北莱茵 - 威斯特法伦州政府决定举办国际建筑展，试图为这个地区的发展找到一条新路。在卡尔 · 甘泽尔（Karl Ganser）教授的带领下，埃姆舍公园在长达 10 年的时间里，与地方政府、国家和欧盟合作，在埃姆舍河沿岸规划并完成了 120 个项目。在最初的 4 年间，它获得了 18 亿美元的投资，其中 60% 以上来自州政府，之后吸引了 8 亿美元的私人投资，最后总支出超过了 50 亿美元。和柏林国际建筑展相比，埃姆舍公园国际建筑展不是简单的建筑项目的堆积，它的主体不是建筑，而是城市。

埃姆舍公园更新的目的是改善和复苏生态环境，整合和发展公共空间，保留和继承工业文化。项目包括埃姆舍河的整治（图 7-12）、工业景观的修复、废弃工业设施的再利用、商务公园和研究中心的建设等。10 年间，埃姆舍河的混凝土河堤被拆除，自然植被被保留，河流从原来的工业污水渠变成了区域景观中的一条自然生态河道。项目创造了 7 条南北、东西贯穿埃姆舍地区的绿廊，为鲁尔区提供了丰富的开敞空间。创建了以自行车为主题的旅游路线，包括工业文化之路。工业文化之路串联了埃姆舍地区的老工业遗址，在提供休闲活动空间的同时增加了当地居民和旅游者对区域文化的认同感。1999 年，埃姆舍公园国际建筑展被鲁尔项目公司（Project Ruhr GmbH）所代替。该公司延续了埃姆舍公园国际建筑展的目标和策略，在其基础上，努力创造一个更好的项目平台。2000 年，制定了《埃姆舍景观公园总体规划 2010》（*Masterplan Emscher Landschaftspark 2010*），延续了埃姆舍公园国际建筑展成功的公园概念，并确定了区域合作发展框架下的新的城市文化景观的更新和创造路径。

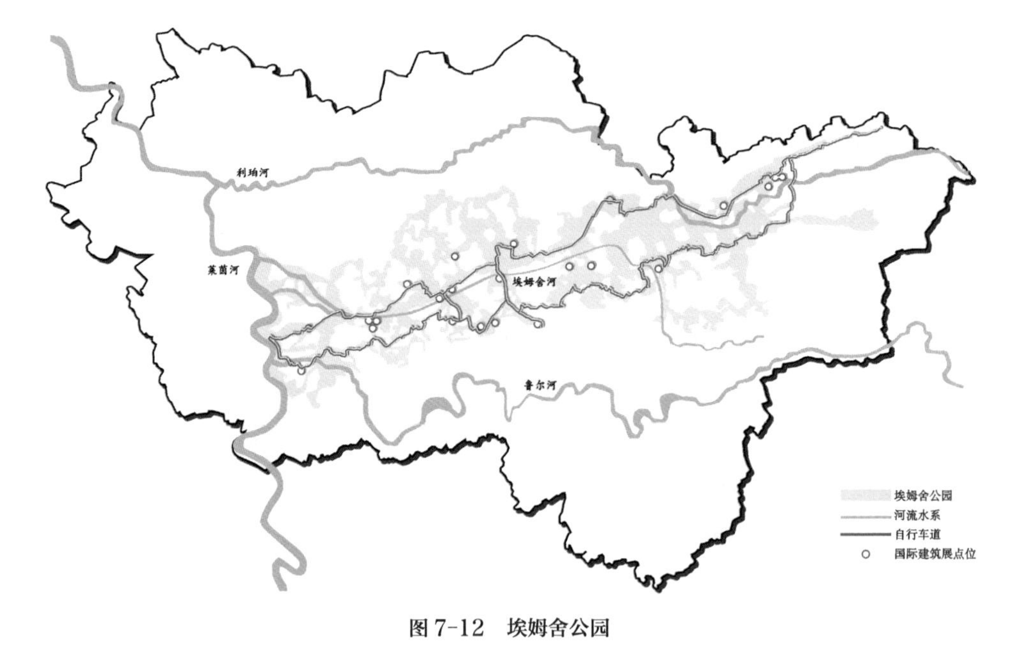


**图 7-12　埃姆舍公园**

（图片来源：根据 Unter freiem Himmel / Under the open sky：Emscher Landschaftspark / Emscher Landscape Park 改绘[1]）

[1] Regionalverband Ruhr. Unter freiem Himmel / Under the open sky：Emscher Landschaftspark / Emscher Landscape Park[M].Basel:Birkhäuser Architecture,2010.

在埃姆舍公园的引导和运作下，鲁尔区采矿迹地的景观重建和生态修复遵循着如下原则。

（1）社会、经济、生态目标引导下的区域景观重建。

IBA 在德国矿区的景观重建过程中一直强调区域景观修复和重塑的重要作用。在整体控制下，每个项目都致力于提供更多的开敞空间，如埃姆舍公园国际建筑展采取“二分之一再利用策略”，要求所有废弃地的一半必须用于改善区域环境和建设开敞空间。同时，这种区域景观规划被认为是解决社会、经济问题的一种重要途径。

（2）重塑地区归属感的矿业遗产保护。

IBA 的成功之处在于，并不是将原有的矿区景观推倒重建，而是考虑最大限度地延续地方采矿文化，试图在历史保护和新元素介入之间建立一种平衡[1]。经过各方协调，优秀的工业建筑经过工业历史学家和保护专家鉴别后被登录编册，将高质量的创意和现代的表现融入工业历史建筑和构筑物的保护。这种积极的转变使得矿区的人们重新获得地域归属感。

（3）创新和品质融合的项目设计与管理。

创新思维不仅仅体现在项目方案上，而且着眼于执行方式的创新，IBA 通过举办国际竞赛、市民活动与会议，尝试激发社会民众的创意。这种尝试突破和创新的精神文化是埃姆舍公园国际建筑展的最重要成就之一。同时埃姆舍公园国际建筑展从项目的可持续性和综合质量角度制定清单来评价每个独立的项目，如果项目没有达到这些标准，将不会为它提供公共资金。

（4）贯穿整个规划实施过程的合作伙伴精神。

IBA 把吸引和整合各种角色共同参与规划视为主要工作，它提供了一个公开透明的平台，设定了统一的行动准则，接纳包括当地民众在内的更多合作伙伴。通过组织定期会议、演出和节日活动，让公众参与并融入从规划阶段开始，到决策阶段，再到实施阶段的所有程序，最终平衡了各种利益。

（5）以旗舰项目为主导的规划理念和实施过程。

埃姆舍公园国际建筑展并没有一个非常详细的规划设计蓝图，其景观重建策略

---

[1] Internationale Bauausstellung IBA Fürst-Pückler-Land.Redesigning wounded landscapes: the IBA workshop in Lusatia[M].Berlin:JOVIS, 2012.

为集中力量建设重要的、在时间和空间上引人注目和具有吸引力的项目。到 1999 年，埃姆舍地区 120 个项目已基本完成。IBA 对这些旗舰项目的策划、方案设计、具体实施有统一的目标和严格的标准。项目的实施推动了矿区景观的重建，缓解了地区社会和经济矛盾。

埃姆舍公园国际建筑展为煤矿区的景观重建和地区转型提供了一条新的可实施路径。向世人证明，采矿迹地的重塑可以为经济、社会发展提供清晰而崭新的舞台。IBA 从区域视角出发，在政府和民众合作、工业遗产保护和更新，以及创意项目的设计、规划过程与实施效果的控制等方面做出了积极尝试。

### 7.2.3 鲁尔区景观生态重建经典案例

#### 1. 埃姆舍河景观生态重建和改造

作为欧洲人口最稠密和工业化程度最高的地区之一，鲁尔区拥有诸多河流，作为莱茵河支流的埃姆舍河位于德国西部的北莱茵 - 威斯特法伦州，紧密联系着鲁尔区的多座城镇、废弃的工业区和风景如画的耕地，自多特蒙德东南部起蜿蜒 83 km 后注入莱茵河。埃姆舍河流域面积为 865 $km^2$，养育着 220 万人口。自工业化以后，煤炭产业的快速发展使得城市人口迅速增长，产生了大量的工业废水和生活污水。过度开采煤炭使得鲁尔区大部分地区的地表下沉，河床遭到严重破坏，出现河流改道、堵塞甚至河水倒流的情况。与此同时，地下的土层也被一条条矿道钻成蜂窝状，结构极不稳定，无法建设地下排污道，污水排放的唯一路径便是埃姆舍河及其支流。

20 世纪下半叶起，鲁尔区的大量工业废水与生活污水直接排入河道，如屠宰场直接将动物内脏倒入河里，不远处的炼钢厂也向河里排入重金属含量高的废物，再加上居民区的生活污水等，埃姆舍河成了欧洲最大的“露天排污道”。地表水与地下水被污染，各种垃圾漂浮在河面上，河流的生态基底被严重破坏。

虽然埃姆舍河在城市群的中心，但是却成了一个令游客与居民都避而远之的地方。早在 19 世纪末，埃姆舍河沿岸的矿业公司、工业界和附近的城市及社区就联合起来创建了埃姆舍河协会（Emschergenossenschaft，EG），这是德国第一个水资源管理机构，并开启了埃姆舍河一个多世纪的治理。创始各方有一个共同的目标，即确保工业废水和生活污水以卫生的方式排入埃姆舍河。

**1）埃姆舍河的治理历程**

埃姆舍河的整个治理历程可以分为四个阶段：卫生条件改变阶段（1906—1949年）、现代化阶段（1950—1981 年）、综合整治第一阶段（1982—1990 年）、综合整治第二阶段（1991 年至今）。

（1）卫生条件改变阶段：协会采用大规模工程技术手段（如截弯取直、渠化河道等）对河流进行了基本的改造，使其成为人工河道。埃姆舍河及其支流的河道被强制拉直，河床被向下挖深了 3 m，并用混凝土修筑了堤坝，保护该地区免受洪水侵袭。河口也因煤炭开采而不得不两次向北移动，以确保埃姆舍河水能够成功流入莱茵河。

（2）现代化阶段：此时期工业废水逐渐减少，但该地区人口的强劲增长导致生活污水大幅增加。1977 年，埃姆舍公司开始在丁斯拉肯（Dinslaken）运营当时欧洲最大的污水处理厂，其目的是防止莱茵河被来自污染严重的埃姆舍河的河水污染。同时，地面下沉的事件不断发生，增加了必须由泵站排水的区域。1949—1985 年，泵站的数量从 40 个增加到 92 个，水泵的输出量在这一时期增加了 5 倍，达到 474000 L/s。

（3）综合整治第一阶段：在 1974 年，埃姆舍地区的许多矿井已经关闭，因此地面下沉的情况逐年减少，排入河流的废水也减少了。与此同时，人们对环境问题的认识不断提高。越来越多的居民对持续散发恶臭气味的露天运河景象感到担忧，认为这对他们的生活质量产生了严重影响。1981 年，埃姆舍河协会在埃姆舍河流域开始了它的第一个重新净化项目。原先排放至多特蒙德底勒威哥（Dellwiger）小河的污废水被改排至地下管道，小河的“混凝土束缚”——堤坝被移除，泉水和雨水重新充满了这条河流。这个试点项目既提供了一个很好的例子，也鼓励了人们尝试其他类似的计划。

（4）综合整治第二阶段：1991 年，埃姆舍河的综合整治进入第二阶段，并一直持续到今天。通过此前一系列的尝试后，埃姆舍河协会于 1991 年决定改造整个埃姆舍河流域，将废水导入地下运河，并且修建了多个污水处理厂和诸多地下排水设施。

同时，埃姆舍河协会在 1991 年制定了长期规划，并于 2006 年发布埃姆舍河总体规划，目标为在 2020 年完成整个河道的治理工程。自 2010 年以来，埃姆舍河从其源头到多特蒙德 - 杜森污水处理厂的 20 多千米的河段已不再有废水排入。在多特蒙德，很多地方的生态改造已经做得很好。在 2021 年底，随着埃姆舍河中的废水排放清零，河流整治工作已经出色地完成了。除了已经重新设计的水体和现有的生态焦点，埃姆舍河协会还采取了进一步的恢复措施。

目前，埃姆舍河协会正在与相关城市和 RVR 一起实施“Emscherland”项目，期望打造一个宜居的“Emscher Valley”。直至 2023 年，项目模块已经完成的部分包括自然和水上探险公园、埃姆舍长廊、水学习和水体验空间（蓝色教室）以及埃姆舍露台。这些措施由欧洲区域发展基金（European Regional Development Fund，ERDF）资助。“Emscherland”还包括建造“jump over the Emscher”大桥，该大桥由德国联邦内政、建筑和社区部资助，是“国家城市发展项目”的一部分[1]。

2）**埃姆舍河的治理措施**

从 1992 年开始，埃姆舍河流域内的灰色基础设施——污水处理厂和地下隧道系统的建设稳步进行，对埃姆舍河及其支流的生态修复也同步开展。另外，在全流域内开展可持续的雨水管理计划，建设绿色雨水基础设施。其中包括在埃姆舍河沿岸集中设置 4 座生活污水处理厂和 26 座工业废水处理厂，预计每年能够处理生活污水 6.29 亿 $m^3$、工业废水 1600 万 $m^3$；为了保证污水能够顺利流入污水处理厂，埃姆舍河流域建设了长达 97 km 的地下输水管廊。

除了灰色基础设施的建设，绿色雨水基础设施的修建也如火如荼。埃姆舍河流域重返自然的开始是对河道及岸线生态系统的修复。通过恢复或拓宽河道断面、将硬化岸坡恢复为生态岸坡、拆除混凝土构筑物以复原河道弯曲的形态等措施恢复河道的自然生态功能。同时，达成“15/15”公约，并且大力推广雨水花园、下凹绿地、透水铺装、绿色屋顶等生态设施，从而提高流域雨水的滞纳能力和消化效果[2-3]。针对埃姆舍河的治理措施如下。

（1）详细的流域情况调查。

埃姆舍河属于有滨河洪泛区的河流。此类河流的生态区域较为独立，但是有较大的洪泛区；河道蜿蜒，坡降较缓，且水流缓慢的河段和静水河段相结合，具有较

---

[1] 资料来源：https://www.eglv.de/emscher/#m-anchor-03。

[2] 资料来源：https://www.eglv.de/medien/emscher-umbau-als-blaupause-fuer-erfolgreiche-infrastrukturprojekte/。

[3] 资料来源：https://www.herrenknecht.com/cn/referenzen/referenzendetail/abwasserkanal-emscher/。

好的物种多样性，其内分布有多样的植物群落，鱼类区系的物种也是丰富多样的。但是，从对埃姆舍河的河流形态的分析中可以很清楚地看出，埃姆舍河的状况十分糟糕，其河流的形态已经发生了很大变化，河水被严重地污染，根本达不到欧洲水质标准的要求。相关可行性研究表明，不可能使其修复到原有状态。主要的限制因素是河流周围密集的建成区及由于采矿造成的地面塌陷。这也正是提出埃姆舍河景观生态重建和改造规划的原因。

（2）流域排水系统的雨污分流改造。

早期的埃姆舍河流域中，生活污水和工业废水通过自然排放的形式直接排入每个集水分区的支（干）流，再在每个集水分区下游设置提升泵站，将污废水泵入污水输送干管，最终直接排入埃姆舍河。该排水体制解决了集水分区的污水和雨水排放问题，但造成了埃姆舍河的地表水和地下水污染。

新的埃姆舍河流域排水系统则通过合流制干管集中收集生活污水和工业废水，将其输送到带溢流的雨污混合水沉淀净化池，并接续输送到埃姆舍河沿岸新建设的地下隧道系统，然后进入污水处理厂进行处理，最后排入埃姆舍河，实现雨污混合水的全面净化处理。部分地下系统中剩余的雨污混合水需要先经过沉淀池沉淀净化，再溢流到塘 - 湿地净化系统中进一步净化，最终排入埃姆舍河支流。

吸取先前的经验，对受污染径流及雨水的收集、调蓄、净化与利用是埃姆舍河流域生态环境综合治理过程中备受关注的部分。无论是合流制下水道的溢流水，还是分流制雨水管道的雨水径流，都予以收集、调蓄、处理，用作水资源。除了雨季的雨污混合水通过市政污水处理厂处理，还对溢流雨污水采用雨水沉淀池、雨水净化塘和地表径流人工湿地等进行处理[1]。

（3）污水处理厂的改扩建。

改善埃姆舍河流域水环境的重要措施是建造或扩建污水处理厂。埃姆舍河沿岸共建设 4 个集中式市政污水处理厂进行二级生物处理（图 7-13），以防止未经处理的污水直接流入河中。它们分别是埃姆舍河河口污水处理厂（Klärwerk Emschermündung）、多特蒙德 - 杜森污水处理厂（Kläranlage Dortmund-Deusen）、博特罗普污水处理厂（Kläranlage

[1] 资料来源：https://www.eglv.de/emschergenossenschaft/emscher-conversion/?lang=en。

Bottrop），以及杜伊斯堡污水处理厂（Kläranlage Duisburg Alte Emscher）。

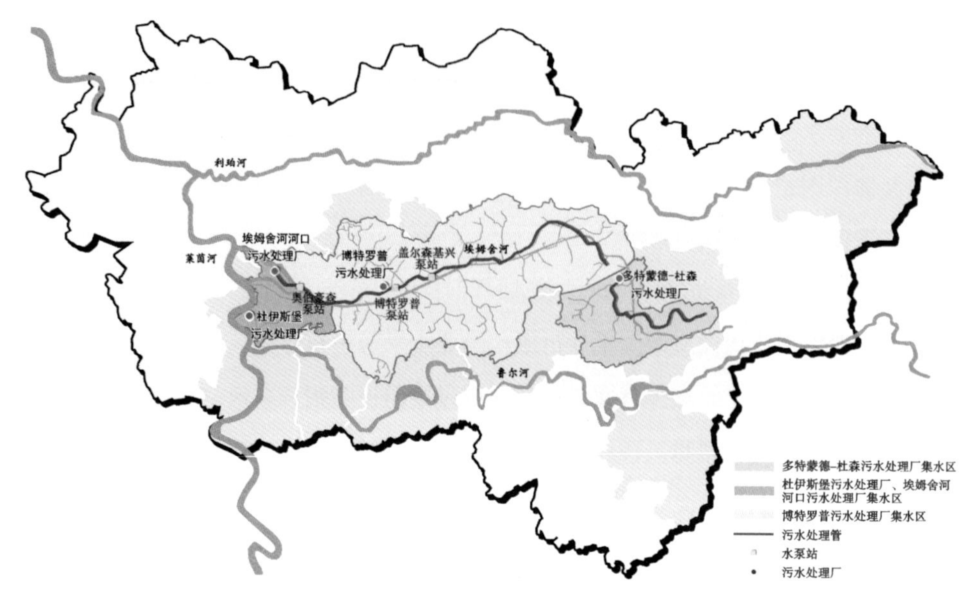


**图 7-13　埃姆舍河沿岸的下水道干线、污水处理厂及泵站**

（图片来源：根据资料改绘，http://www.emscherplayer.de/media/content/publication/000/025/000025417.pdf）

另外，在埃姆舍河流域还有约 60 家工业企业也在对污水和冷却水进行处理，经其处理的工业废水还必须经过埃姆舍河河口污水处理厂净化后才能排入埃姆舍河。此外，严格的规定也是埃姆舍河治理成功重要因素。欧盟水框架指令（Water Framework Directive，WFD）中明确提出，所有污水处理厂所排放的污水中的污染物含量必须满足排放要求。

（4）地下排水系统的构建。

地下排水系统是全面截留埃姆舍河流域污水、雨水的重要设施。在雨季，大量雨水将会排入埃姆舍河流域的合流制下水道，污水处理厂可能会出现超负荷运转的情况，地下雨水存储池可防止系统崩溃。用于储存混合污水的地下雨水储存池中所储存的雨水在前序雨水处理完毕后会逐次排入污水处理厂处理。而被暂存在地下排水系统中的污水，其部分污染物已经沉降在底部，在后续处理的过程中能够减轻污水处理厂的运转压力。

作为全世界最长的地下排水系统之一，埃姆舍河流域的地下排水系统可被分为两段。第一段于 2009 年完成施工投入使用，起于多特蒙德东南部止于多特蒙德 - 杜森污水处理厂。其总长度为 23 km，埋深为 2 ～ 20 m，负责将沿岸所有污水和受污染的雨水通过地下管廊排入污水处理厂进行处理。第二段起于多特蒙德 - 杜森污水处理厂止于埃姆舍河河口污水处理厂。这段长度为 74 km、埋深为 10 ～ 40 m 的管廊完工于 2017 年，负责收集河道沿线的污水、受污染雨水及经处理的工业废水。沿途还设有三个被称作“污水电梯”的大型泵站（盖尔森基兴泵站、博特罗普泵站和奥伯豪森泵站），其将河床内积存的大量垃圾及浓稠污水提入博特罗普污水处理厂和埃姆舍河河口污水处理厂进行处理。

埃姆舍河流域地下排水系统是一套十分庞大的工程技术系统（图 7-14）。其从最初的规划设计到建造运营，历时近 30 年，投资巨大。其基于德国经济社会发展情况，经过长期规划论证后决策，采取分阶段实施的方式进行开发。这套成功的地下排水系统在流域“重返自然”的过程中功不可没。

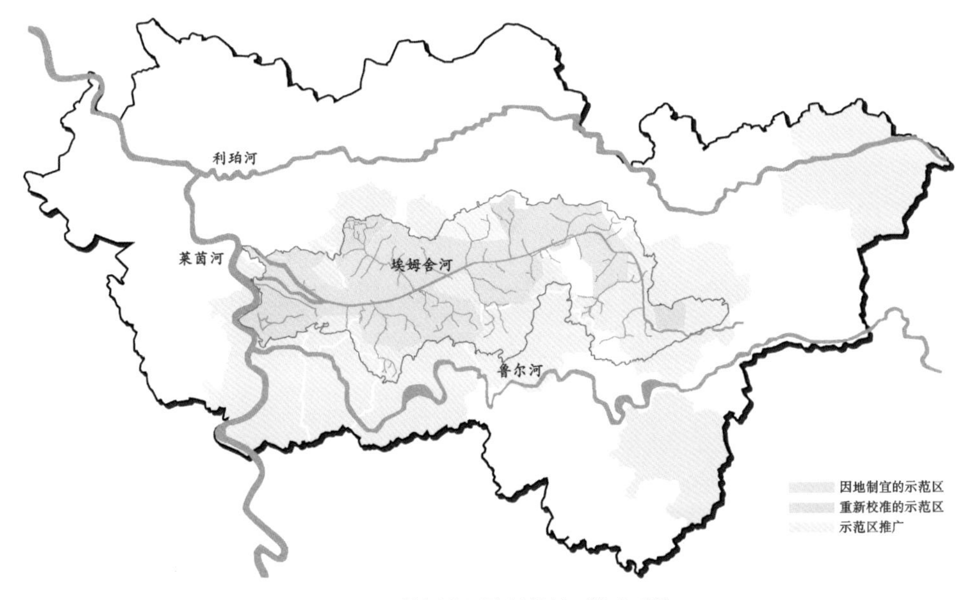


**图 7-14　埃姆舍河流域的地下排水系统**

（图片来源：根据资料改绘，http://www.emscherplayer.de/media/content/publication/000/025/000025417.pdf）

（5）构建河道生态修复体系。

河流的最佳形态之一是其自然形态，但是种种条件的掣肘使得埃姆舍河无法被还原为其原始的状态。故而在考虑河流形态的过程中，协会进行了深入的调查。在拆除原有的开敞式硬质污水明渠之后，对该河自行演变为自由流动形态所需的最大廊道范围进行分析，并与区域规划图、标出河道蜿蜒化潜在发生区域的图纸进行叠加之后，确定了能够恢复或拓宽河道断面的区域，进而使得河道生态更有连续性和延伸性。随后，在此基础之上，逐段将梯形河槽恢复成自然河道，一侧堤坝按防洪要求保留，另一侧堤坝则做迁移处理，以拓宽原有空间，如图 7-15 所示。

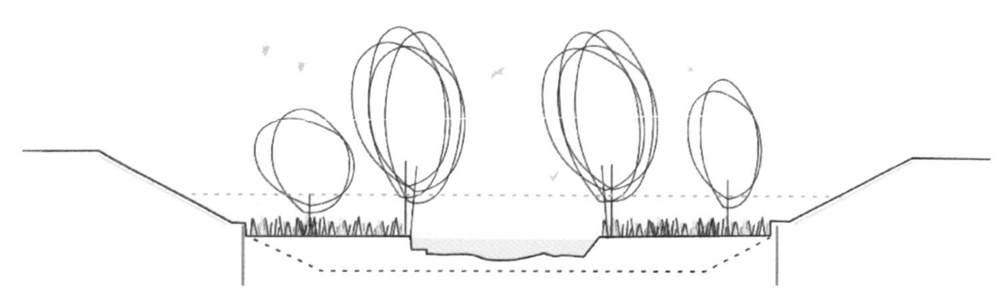

**图 7-15　埃姆舍河的设想断面**

（图片来源：*River. Space. Design: planning strategies, methods and projects for urban rivers*[1]）

对于防洪，项目组也做出一系列设计（图 7-16）。在可确定的泛洪区内部（图 7-17），根据树木的位置，在平行的方向堆起土堆，形成一个个隆起的小土丘。在洪水泛滥时，此处修筑的防洪堤的作用便会明显显现出来，在堤坝无法改动的情况下，平均水位区域内的紧凑梯形断面将洪水水流转变为低地河流特有的相对舒缓的水流。必要时，河水也会向邻近洪泛区快速漫延。

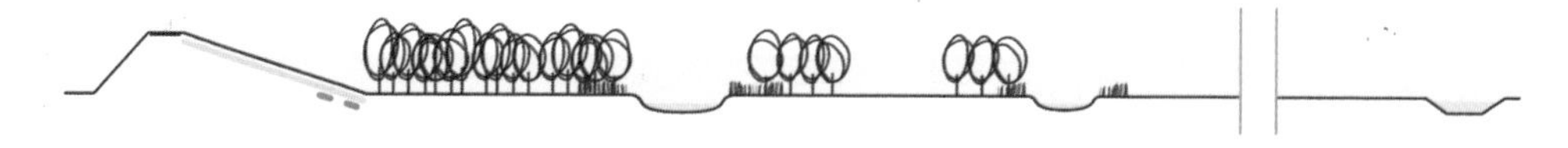

**图 7-16　埃姆舍河流经的洪泛区之一的断面示意图**

（图片来源：*River. Space. Design: planning strategies, methods and projects for urban rivers*[1]）

---

[1] PROMINSKI M，STOKMAN A，STIMBERG D，et al. River. Space. Design: planning strategies, methods and projects for urban rivers [M]. Berlin：De Gruyter，2023.

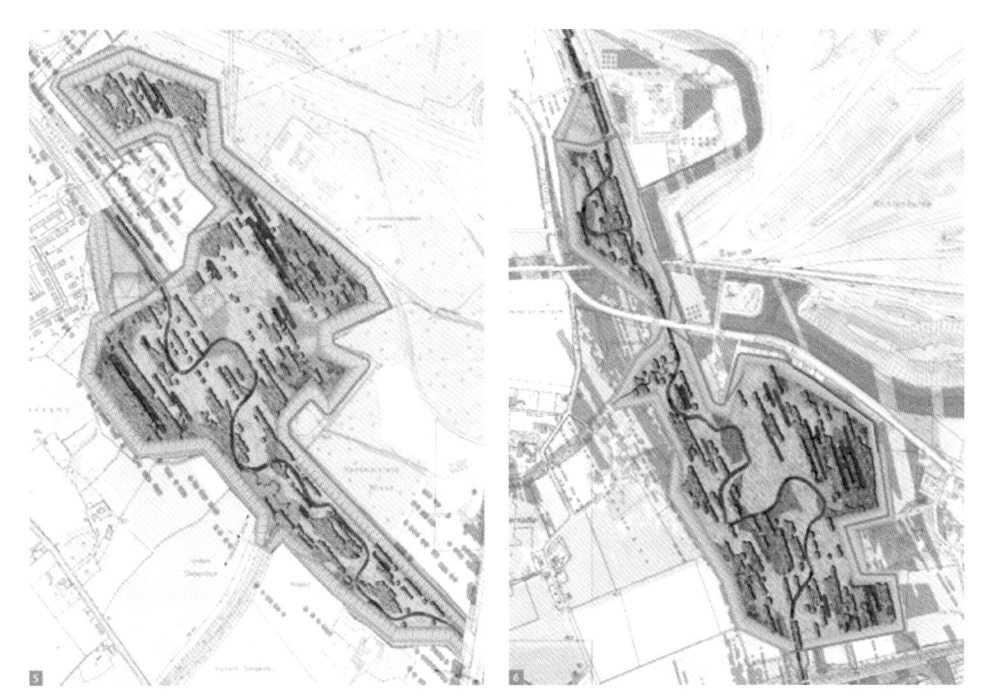

**图 7-17　多特蒙德 - 门格德（Dortmund-Mengede）洪泛区平面图**

（图片来源：*River. Space. Design: planning strategies, methods and projects for urban rivers*[1]）

在整体改造的过程中，为了保护下游的生态断面，许多洪泛区都建立了位于河道中的滞洪塘，使得河水直接从该区域流过。还采用将河道弯曲的手段，以及将枯木留在原地、种植植物等方式增加河道的水力粗糙度以降低水流速度，这使大量河段重新焕发生机。与此同时，洪水管理技术和滞洪措施得到提升，有公司提出“绿树之河”的理念，即滞洪区内的树木应当被种植在与河道平行的小型土堆上。交错种植排排树木，无限生机绽放在流域之中，使得景观不仅被设计在堤坝内，还能够蔓延到周边，清晰地勾勒出埃姆舍河的轮廓。

通过上述方式，埃姆舍河流域中每一条河流的生态空间都能得到最大限度的优化，这些河流共同织就一张生态网，以促进整个流域生态系统功能的提升，使埃姆舍河流域成为一个连续且多样化的水生生物生态功能区（图 7-18）。同时，堤坝以

---

[1] PROMINSKI M，STOKMAN A，STIMBERG D，et al. River. Space. Design: planning strategies, methods and projects for urban rivers [M]. Berlin：De Gruyter，2023.

外具有特殊生物群落的空间也被纳入系统。在埃姆舍河沿线 1 ～ 3 km 的范围内建设生态走廊，形成“蓝绿生态网络”。其不仅是城市人工环境与河道自然生态环境之间的缓冲地带，还能够最大限度减少人类活动对自然水系的干扰。

**图 7-18　埃姆舍河流域防洪措施**

（图片来源：根据资料改绘，http://www.emscherplayer.de/media/content/publication/000/025/000025417.pdf）

除了河流治理项目，许多绿色雨水基础设施工程项目也被提上日程。其涉及建筑小区、公园广场和城市水系等方面，如对雨水进行控制与利用的设施、雨水调蓄与循环系统、水质净化回收利用系统及屋顶花园等。

（6）可持续的雨水管理倡议与组织。

不同项目的基础条件不同，物理层面的操作手段虽可借鉴，却并不具备普适性。但是，整体的合理规划、政策法规与项目组织、启动及推进的过程是可以在全世界进行推广的。为了降低排入埃姆舍河的雨水量和径流污染负荷，埃姆舍河协会采用自然、分散的方式进行雨水原位净化，避免雨水直接从汇水片区排入合流制管网中（图 7-19）。同时，从 20 世纪 90 年代以来，埃姆舍河流域还实施了许多最佳管理实践（best management practices，BMPs）项目，该区域因此也被称为“城市雨水管理”（urban stormwater management，USWM）的先驱者之一。

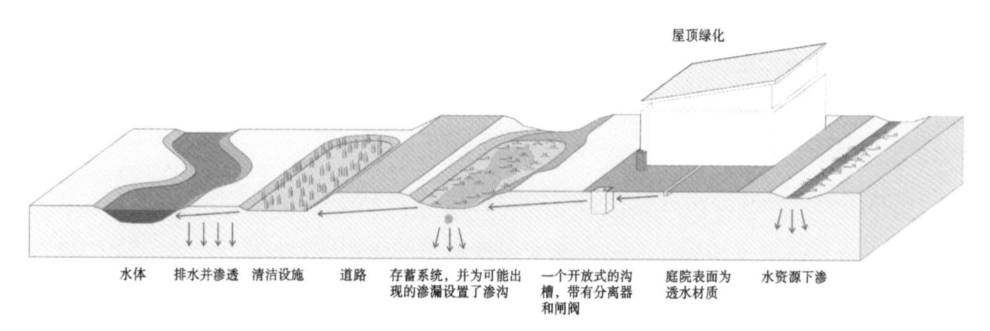


**图 7-19　埃姆舍河流域接近自然的雨水管理方式**

（图片来源：根据资料改绘，http://www.emscherplayer.de/media/content/publication/000/025/000025417.pdf）

2005 年，埃姆舍河协会与流域内 17 个城镇达成名为“15/15”的有关未来雨水排放的公约：在未来 15 年中计划降低排入下水道系统的雨水径流的 15%。其战略目标是将径流量（流量和峰值流量）减少 15%，这对埃姆舍河流域雨水的排放管理具有重要意义。除了在雨水径流排放量上进行严格控制，考虑到雨水渗透可能对埃姆舍河流域地下水造成污染，影响建（构）筑物的结构安全，埃姆舍河协会还制定了绿色雨水标准规范及指南，并在公约中特别提出了相应的保护距离。

城市雨水的绿色管理具有许多益处，一方面，能够使得进入下水道系统的雨水变少，进而降低传统雨污水处理基础设施的建设规模和运营成本；另一方面，就地利用雨水也有利于降低内涝和洪水风险，同时有利于营造良好的城市景观和改善微气候。埃姆舍河的振兴引入了全新的文化与生活，在过去的实践中，许多文化工程已在河畔建设，并且成为鲁尔区工业遗产线路中的锚点。这一进程将会一直持续。

埃姆舍河的治理将洪水管理、动态河道演变和景观元素设计（比如树木排布和人工地形塑造）相结合，使得一个经过数百年工业发展塑造的地区的景观恢复到近乎自然的状态。截至 2010 年，埃姆舍河已经完全没有污水，成为德国最干净的河流之一。埃姆舍河的景观生态重建促使鲁尔区的结构变化加速，传统的重工业让位于高科技产业和服务业，还吸引了新公司的入驻并带来新的就业机会，人们的生活和工作环境在持续变好。如今，河流和景观已恢复，鱼又在这一区域出现了，大自然正在重新征服它的领土。这里已经成为一个休闲区，有人行道、自行车道和公共绿地，吸引着该地区的居民和慕名前来的游客。像埃姆舍河流域修复这样的项目对于可持续的环境和气候保护至关重要，鲁尔区的人们不仅得到了一条干净的河流，还得到了他们梦寐以求的生活。

**2. 煤矿工业广场改造——艾琳公园**（Erin Park）

在埃姆舍公园国际建筑展的120个项目中，艾琳煤矿这座被称作“爱尔兰绿岛”的煤矿如今是一个集娱乐、服务、商业和景观于一体的综合性公园，以优美的景观和良好的生态环境著称，爱尔兰文化元素的加入也使得再生的艾琳公园极具特色（图7-20）。虽然艾琳公园的第一块煤炭产出于1867年，但它的故事却开启于1858年。当年，爱尔兰矿业企业家威廉姆·托马斯·穆勒维恩（William Thomas Mulvany）合并了几家矿业公司，为了纪念他的故乡，这座位于鲁尔区卡斯特罗普 - 劳克塞尔的全新矿业公司被赋予了女神Erin的名字，其在盖尔语中代表爱尔兰。1867年，1、2号矿井开始生产煤炭，随后炼焦厂与更多的矿井被相继开发。1983年，艾琳煤矿因

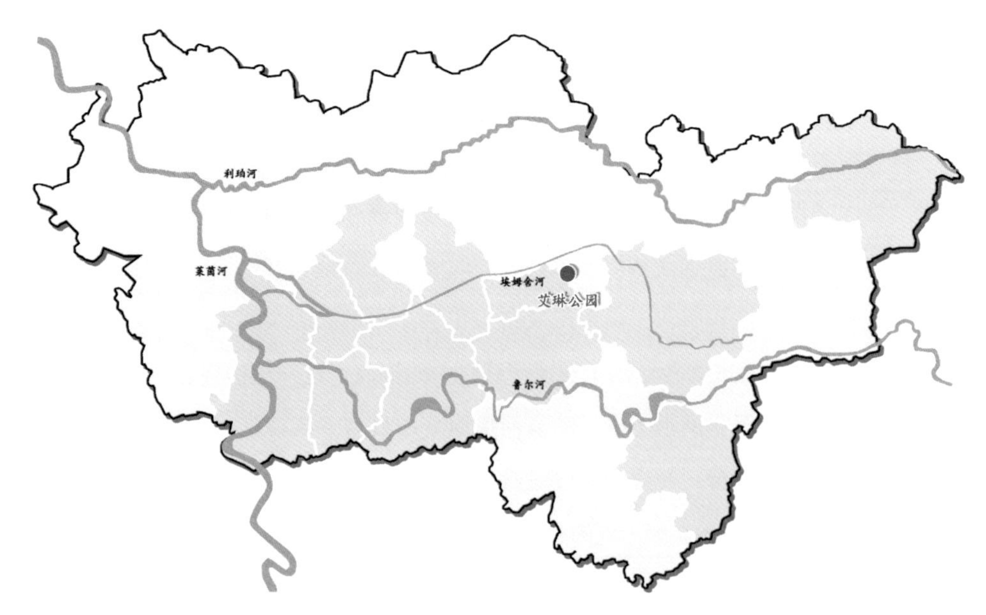


**图7-20　艾琳公园区位图**

（图片来源：根据资料改绘，https://www.eglv.de/app/uploads/2021/05/10_Erin_Park_Castrop_Rauxel.pdf）

资源枯竭被迫关停。作为该地区第一个进行开采的煤矿，它的关闭也象征着该地区的采煤史走向尾声（图 7-21 ～图 7-24）。采空的矿井被回填，而位于 3、7 号矿井上方的井架因象征着该地区光辉的采矿历史而被作为工业遗存保留了下来。

**图 7-21　艾琳煤矿旧照片一**

（图片来源：https://www.ruhrzechenaus.de/castrop-rauxel/cas-erin.html）

**图 7-22　艾琳煤矿旧照片二**

（图片来源：https://www.ruhrzechenaus.de/castrop-rauxel/cas-erin.html）

**图 7-23　艾琳煤矿旧照片三**

（图片来源：https://www.ruhrzechenaus.de/castrop-rauxel/cas-erin.html）

**图 7-24　艾琳煤矿旧照片四**

（图片来源：https://www.ruhrzechenaus.de/castrop-rauxel/cas-erin.html）

1998 年，作为埃姆舍公园国际建筑展旗舰项目“在公园中工作”的一部分，项目组在这座煤矿 42 $hm^2$ 的荒地上创造了全新的景观，使其成为一个具有爱尔兰乡村元素的公园。在改造之前，项目组先对场地内的空气、土壤及地下水等条件进行了详细的调查与分析，并在调查结果的基础上制定了这一污染场地的修复规划。根据规划，大部分污染材料仍然留在现场，少量的高度污染材料被密封处理。最终，这座公园被 S 形的垃圾填埋场分为东西两部分，由填埋垃圾而形成的两座山丘以景观结构的方式将因煤炭开采而受污染的土壤密封起来。这种方式不仅能够阻止污染物的进一步扩散，还能够使得游客攀登到山体的顶部，俯瞰整座公园和卡斯特罗普-劳克塞尔地区。

当游客从东部进入公园时，最先映入眼帘的便是一座 68 m 高的绿色井架（图 7-25）。这是该地区采煤历史的工业纪念碑，以矿业遗迹的身份留存至今，同时也是这座公园的主体建筑物——7 号矿井井架，顶端有标志性的“ERIN”字样（图 7-26），另外还有一些金字塔形的地基。

**图 7-25　改造后的艾琳公园一**

（图片来源：https://www.regiofreizeit.de/attraktionen/erin-park-erinstrasse-castrop-rauxel）

该项目是北莱茵-威斯特法伦州第一个受污染场地综合修复项目。相关要素的规划是基于埃姆舍公园国际建筑展的规划而进行的[1]。在基地的景观与生态重塑过

---

[1] 资料来源：https://www.baukunst-nrw.de/en/projects/service-and-industrial-estate-Erin--295.htm#: ～ :text=Location%3A%20Erinstra%C3%9Fe%2C%2044575%20Castrop，LEG%29%E3%80%91。

**图 7-26 艾琳煤矿 7 号矿井井架**

（图片来源：冯姗姗拍摄）

程中，设计师采用了爱尔兰的景观塑造手段——将溪流、池塘、树丛、宽阔的草坪及顺应地貌的林荫小径等景观元素引入片区，有象征着爱尔兰丘陵起伏的“绿岛”，空旷的区域则是因采矿而日益贫瘠的土地的最好写照（图 7-27 ～图 7-30）。这个公园与许多其他城市公园的不同之处在于其多样化的地表和植物。水系是该项目的核心亮点之一，其作为中轴线横穿整个场地，并与两个大型蓄水池构成了一个具有良好体验的休闲开放空间，道路宽度的设置方便雨水直接导入场地。同时，来自煤矿的石块和其他建筑物的大型地基被整合于公园的景观中，场地中留存的许多生锈部件也作为景观元素被利用起来。整座公园的核心要素水元素被体现得淋漓尽致，公园的休闲空间质量大幅提升。

图 7-27　改造后的艾琳公园二

（图片来源：常江拍摄）

图 7-28　改造后的艾琳公园三

（图片来源：常江拍摄）

图 7-29　改造后的艾琳公园四

（图片来源：常江拍摄）

图 7-30　改造后的艾琳公园五

（图片来源：常江拍摄）

景观的更新与改造是采矿迹地再开发的基础措施，而与景观更新并行的计划则用于确定未来功能。根据开发商所制定的商业区开发计划，整个公园的西部是服务与办公空间及商业空间，东部以人行天桥的方式沟通老城区，并且在此处设计了艾琳服务中心（DIEZE）和哈根大学分校。据数据统计，到 2000 年，有 50 多家公司已经迁入该园区并提供了 500 多个工作岗位。商业建筑在严格遵守修建标准的基础上具有多样的风格，使得整个公园内的景致十分优美。

如今艾琳煤矿已成功转型为涵盖互联网、媒体和服务业态的综合商业园。68 m 高的 7 号矿井井架作为地标在夜间被照亮，并成为埃姆舍公园“夜 - 日 - 全景”艺术项目的一部分。许多溪流、池塘和山丘及多样化的植物使公园值得一看。现代创业中心和商业点如雨后春笋般在起伏的丘陵和溪流间涌现。

### 3. 矸石山改造——霍赫沃德景观公园（Hoheward Landscape Park）

在煤炭工业的发展过程中，随着机械化程度的提高，与煤炭一起开采出来的废石比例不断增加，有时甚至占所开采出的材料的 50%，这些废石即所谓的矸石。数量庞大的矸石只有很少一部分被移走，或被带回地下，或被用作建筑材料。超过 70% 的矸石就近堆放在矿井井口附近的地面。在开采早期，容纳少量的矸石并不困难。只是随着鲁尔区的采矿业向北迁移到赫尔维格、埃姆舍河和利珀河沿岸的平坦地区，堆积物使得景观产生了明显的变化。20 世纪 60 年代，随意倾倒的矸石形成了一座座黑色的小山，严重影响了矿区的景观。1968 年，一项新的有关倾倒技术、坡度、堆体的政策即《德国煤矿开采业和德国煤矿区的适应与恢复法》给随意倾倒矸石的行为画上了句号。在 20 世纪 80 年代，矸石山在景观设计师的帮助下有了全新的身份，并被赋予景观结构的功能。

当人们驾驶着汽车行驶在连接赫尔滕（Herten）和雷克灵豪森之间的 A2 高速公路上时，会看到一扇巨大且形状奇异的高耸在山顶之上的拱门。这个名为“地平线天文台”的构筑物便是霍赫沃德景观公园的标志物，当看到它时就表示霍赫沃德景观公园近在眼前（图 7-31）。霍赫沃德景观公园原名埃姆舍布鲁赫景观公园（Emscherbruch Landscape Park），位于鲁尔区北部。在 19 世纪和 20 世纪之交，埃姆舍布鲁赫和赫尔滕马克（Hertener Mark）还是一片广阔的森林和草地景观，蜿蜒的河流从中穿过。在采矿业北移的过程中，这种情况随着煤矿的开采和定居点的建设而发生变化。赫尔滕镇成为欧洲煤炭开采量第一的矿业城镇，越来越多的矸石被露天堆砌，1980 年在赫尔滕镇南部地区形成了 3 座大型的矸石山。起初，南部的霍本布鲁赫（Hoppenbruch）矸石山、北部的埃瓦尔德（Ewald）矸石山和西部的埃姆舍布鲁赫矸石山之间明显是分离的。后来，随着煤矿工业的进一步发展，这 3 座矸石山很快连成一体，成为欧洲迄今为止最大的矸石堆场，最高点海拔达 152.5 m（图 7-32）。

如此巨大的矸石山不仅占用了大量的土地，而且带来了许多环境问题，遮挡住了矸石山背侧片区的阳光，大风时片区空气质量极差，当地居民的生活和健康因此受到极大影响，并为此进行了多次大规模的抗议游行，促使政府不得不思考解决办法。鲁尔地区公司是这个巨型矸石山的所有者，并作为矸石山项目的发起人，负责矸石

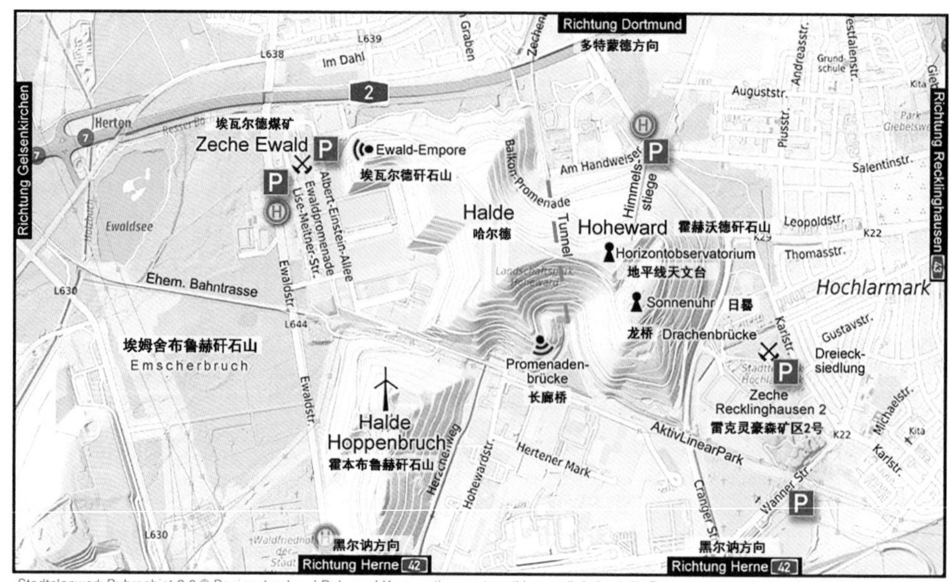




图 7-31　霍赫沃德景观公园概览图

（图片来源：https://www.ruhrgebiet-industriekultur.de/landschaftspark-hoheward/）

图 7-32　埃瓦尔德矸石山和埃姆舍布鲁赫矸石山的历史范围

（图片来源：https://www.ruhrgebiet-industriekultur.de/landschaftspark-hoheward/）

山的更新与再利用。在经过 30 年的规划和讨论之后，此地的矸石山成为吸引游客和居民的地方，并在旅游指南和杂志上被宣传为一个融合休闲、文化、科学和当地娱乐活动的旅游目的地。

最初，在对地块进行规划设计时，设计师希望能够建造一个更大的景观结构，从而能够延伸到今日的埃姆舍布鲁赫矸石山，从而覆盖埃瓦尔德煤矿、埃瓦尔德大街和埃瓦尔德湖的大部分沼泽地。但是，该方案需要将赫尔滕与黑尔讷之间的道路完全埋入地下，后来这种提议被否决了。设计者决定使用矸石与垃圾对矸石山之间的山谷进行填充，然而却遭到了居民的强烈抗议。之后，设计师与公众开展了大规模讨论，人们除了关注视觉美观性，还着重关心填充后对生活环境及气候的影响，特别是位于平缓山谷位置的赫尔滕的通风问题。

综合考虑后，设计师修正了原有的方案，首先将矸石山之间不连续部分的居民对外搬迁，在穿过霍赫沃德山谷（Hohewardtal）的铁路周围平坦的土地上修建一条混凝土管道，这条管道随着时间的推移变成了尾矿堆下的隧道，成为世界上为数不多的在山下修建的隧道之一。铁路与隧道现均已暂停使用，仅供参观。

霍赫沃德景观公园如今有一个面积约 240 $hm^2$ 的堆区，由霍赫沃德矸石山和霍本布鲁赫矸石山两部分组成。在该景观公园内，除去那些具有代表性的景观改造空间，还有一系列体验活动供前来游玩的游客参与。在不同高度的巨大的矸石山上开发出了不同的功能。

在底层，一条环形长廊几乎环绕整座霍赫沃德矸石山，有舒适的远足小路可以供人们徒步、慢跑和骑自行车，在路途中还能够参观旧时矿工生产生活的区域，导游也会为游客讲解日晷与地平线天文台的运行原理。自行车道大多保留了天然的状态，主要由狭窄的小径组成，骑行难度不同，丰富了骑行爱好者的骑行体验。

中间一层是阳台长廊（图 7-33），在许多地方都可以看到迷人的景观。各种蜿蜒的小路均可通向整座矸石山的最高处（图 7-34 ～图 7-39），那里伫立着场地的两个制高点——地平线天文台和日晷（图 7-40）。在游客中心，还提供矿井探索项目。

**图 7-33　阳台长廊观景平台**

（图片来源：https://www.ruhrgebiet-industriekultur.de/landschaftspark-hoheward/）

**图 7-34　可徒步通向山顶的小径**

（图片来源：https://www.hoheward.rvr.ruhr/erlebnis-hoheward/wandern/）

**图 7-35　用于登顶的阶梯一**

（图片来源：https://www.ruhrgebiet-industriekultur.de/landschaftspark-hoheward/）

**图 7-36　用于登顶的阶梯二**

（图片来源：常江拍摄）

**图 7-37　南端的长廊桥**

（图片来源：https://www.ruhrgebiet-industriekultur.de/landschaftspark-hoheward/）

**图 7-38　多元登山步道体系**

（图片来源：常江拍摄）

图 7-39　从平台俯瞰煤矿井架

（图片来源：常江拍摄）

图 7-40　霍赫沃德矸石山上的日晷与地平线天文台

（图片来源：https://www.hoheward.rvr.ruhr/rund-um-die-halde-hoheward/videos-fotos/）

位于霍赫沃德矸石山顶部的地平线天文台落成于 2008 年，高度为 152.3 m，由 2 个管状钢拱组成，其位于一个下沉的正方形广场，广场中间是天文观测中心（图 7-41）。从这里可以读取某些天文和地理信息，堪比英格兰南部古老的巨石阵建筑群。

在其不远处伫立着一座高达 141.3 m 的方尖碑（图 7-42）。当阳光照射时，其能够在平坦的地面投射出指针形状的阴影，古人通过阴影便能够辨别时间。在这里，还设置有一系列围绕广场的座椅，供游客欣赏该地区的景色及休憩。

图 7-41　巨大的地平线天文台建筑夜景

（图片来源：https://www.hoheward.rvr.ruhr/rund-um-die-halde-hoheward/videos-fotos/）

图 7-42　方尖碑全貌

（图片来源：https://www.ruhrgebiet-industriekultur.de/landschaftspark-hoheward/）

东部的龙桥是公园中一处极为精彩的设计（图 7-43）。其为一座长 165 m 的红色龙形桥梁，连接着霍赫拉马克（Hochlarmark）及公园的南部。在公园中，还有一座历史悠久的埃瓦尔德煤矿，现在变成了一个由建造于各个时代的建筑所组成的美丽建筑群。马拉可夫（Malakow）塔由 2 座完全不同的钢制井架构成（图 7-44），作为纪念馆矗立在于 1877 年开采的 1 号矿井上方；邻近的 2 号矿井于 1892 年投产；南面的 7 号矿井于 1954 年成为较为重要的生产矿井（图 7-45）。2000 年 4 月，埃瓦尔德煤矿停止运营。如今的煤矿遗址被改造成为商业区、休闲公园、休闲设施与工业遗迹的混合体。歌剧院、钢制井架下的啤酒花园、咖啡馆和游客中心（图 7-46）可开展文化活动，并满足游客对美食的需求。一些历史建筑和设施也被保存下来，游客可以在该地区游览探索。

**图 7-43　龙桥**

（图片来源：https://www.ruhrgebiet-industriekultur.de/landschaftspark-hoheward/）

**图 7-44　马拉可夫塔**

（图片来源：https://www.ruhrgebiet-industriekultur.de/landschaftspark-hoheward/）

**图 7-45　埃瓦尔德煤矿的钢制井架**

（图片来源：https://www.ruhrgebiet-industriekultur.de/landschaftspark-hoheward/）

**图 7-46　由煤矿大楼改造的霍赫沃德游客中心**

（图片来源：https://www.ruhrgebiet-industriekultur.de/landschaftspark-hoheward/）

如图 7-47 所示，行政大楼（7）建于 1900 年，至 1924 年曾两次扩建，是矿山总部和管理部门所在地。2000 年煤矿关闭后，设在这里的汉内斯公司对这栋建筑进行了精心的装修。

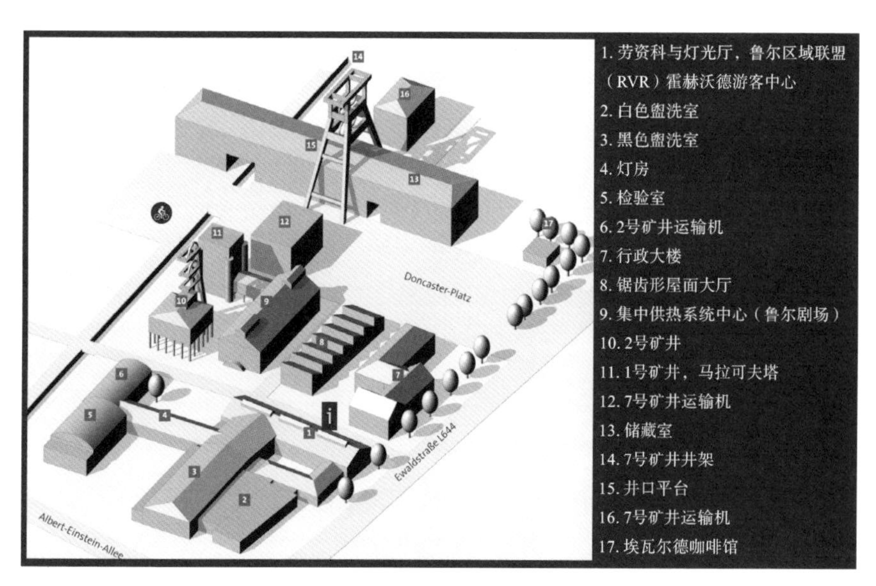


**图 7-47　埃瓦尔德煤矿空间示意图**

（图片来源：https://www.hoheward.rvr.ruhr/fileadmin/user_upload/08_Hoheward/Downloads/Flyer_Zeche_Ewald_RZ.pdf）

修建于 1922 年的锯齿形屋面大厅（8）是昔日矿工们的聚会场所。每日轮班前，矿工们均会在这里的工人桌前开会，讨论工作。除了一楼的劳资科，上层还有矿工的更衣室和淋浴间。如今的鲁尔区域联盟霍赫沃德游客中心就位于这里，和劳资科与灯光厅相邻的是同样修建于 1922 年的黑色盥洗室，它曾被用作更衣室并储存工作服，如今可以用来举办活动。

在人们积极主动和坚定不移的努力下，霍赫沃德矸石山这一欧洲最大的矸石山成为颇具吸引力的景点，鲁尔区也因其再生而变得更加丰富多彩。从远处可以看到作为园区地标建筑的高耸塔架。霍赫沃德景观公园项目以各种富有远见的景观建筑和各种各样的景点设计使得赫尔滕、雷克灵豪森和赫恩之间建立了一种生动的联系。令人放松的绿化、富有挑战性的锻炼空间，以及可以反映鲁尔区过去和昭示未来的迷人景色使得这片区域为游客带去充满良好体验的旅程。

## 7.3 德国劳齐茨矿区的景观生态重建

### 7.3.1 德国与褐煤

德国在煤炭开采方面有着极为悠久的传统，煤电及钢铁部门一直为其工业发展提供强大的支持，使德国能够始终位居世界工业大国前列。煤炭对德国经济极为重要。尤其是当德国 2018 年关停最后一座硬煤煤矿、结束长达 200 多年的硬煤开采历史后，褐煤便成为德国国内唯一对内供给的煤炭能源 [1]。同时，随着俄罗斯天然气供应量的大幅减少，德国政府在 2022 年 7 月宣布将采取一系列紧急应对措施，如限制使用天然气发电、更多利用煤炭发电等，重启对煤电的利用，褐煤的重要性不言而喻。

**1. 德国褐煤简介**

褐煤是一种纤维状的沉积岩化石，起源可以追溯到数百万年前的第三纪中期。其来自由陆地植物在缺氧、较高温度和上覆土层或山脉的压力下，经历生物化学和

[1] 资料来源：https://chinadialogue.net/zh/4/79112/。

地球化学的双重作用转化而形成的植物遗骸，这些遗骸在多次与海洋和河流沉积物（如沙子或砾石）发生碰撞后吸收太阳的能量，褐煤便由此形成。与其余种类的能源资源相比，褐煤的形成时间较短，其能源强度由于具有较高含水量而较低，这便决定了其就近使用的特性，在褐煤煤矿附近 50 km 范围内建发电厂是最经济的。但是，相比于天然气与硬煤，褐煤在燃烧时产生的二氧化碳较多，其大规模使用会带来较为严重的空气污染[1]。

据最新统计数据，德国有 71.9 亿 t 的褐煤储备，其中有 35.4 亿 t 被归为理论上经济可采资源[2]。鼎盛期有许多矿区都在进行褐煤的开采，如黑森州、莱茵兰 - 普法尔茨州（Rheinland-Pfalz）、芬斯特瓦尔德市（Finsterwalde）、巴伐利亚州、梅克伦堡 - 前波莫瑞州（Mecklenburg-Vorpommern）和普里格尼茨县（Prignitz）等，但是产量不高，始终不到德国煤炭总产量的 4%。随着时间的推移，许多褐煤煤矿逐步因资源枯竭、开采条件恶化等因素被关停，仍在开采的较大的矿区仅剩形成于 600 万～ 1800 万年前的莱茵兰矿区、形成于 1500 万～ 2000 万年前的劳齐茨矿区及形成于 2300 万～ 4500 万年前的德国中部矿区，这三大矿区也被冠以“德国三大褐煤矿区”的称号。

德国不同区域的褐煤呈现不同的特征。德国褐煤的含水量高，为 48% ～ 60%，导致其热值较低，平均每吨只有 2.5 MW · h 的热能。德国各个煤田所产的煤炭的热值不同，目前中部矿区开采的褐煤的热值在德国三大矿区中是最高的，峰值可达每吨 3 MW · h。在褐煤的分布深度上，莱茵兰矿区露天矿的深度为 100 ～ 456 m，而在劳齐茨矿区和德国中部矿区，深度仅为 80 ～ 120 m，但莱茵兰矿区的褐煤层厚度高达 50 m，比劳齐茨矿区和德国中部矿区厚得多。在二氧化碳排放系数方面，莱茵兰和劳齐茨两大矿区的褐煤的二氧化碳排放系数大约为国内平均水平，而分布于德国中部矿区的褐煤具有较高的热值和较低的二氧化碳排放系数，比德国平均水平低 7% 左右。据 2015 年德国褐煤工业协会（Der Deutsche Braunkohlen-Industrie-Verein，DEBRIV）的分析，德国中部矿区的褐煤的含硫量约为 1.7%，而莱茵兰矿

[1] 资料来源：https://www.agora-energiewende.de/en/。

[2] 资料来源：https://braunkohle.de/media/daten-und-fakten/。

区褐煤的含硫量低于 0.5%，分布于劳齐茨矿区的褐煤的含硫量为 0.3% ～ 1.5%。

### 2. 德国褐煤开采历史

德国的工业化建立在褐煤及硬煤的开采之上，二者均以燃料的身份推动着国民社会和经济生活的发展，供热和电气化的快速发展离不开煤炭资源所做出的重大贡献。作为目前全球最大的褐煤生产国，褐煤在德国的出现时间可追溯至 600 万～ 4500 万年前，但真正的大规模的机械化开采始于 18 世纪工业化的出现。据德国褐煤工业协会的相关统计数据，褐煤在 1870 年左右的年产量还不到 100 万 t，但随着第一台由机器驱动的覆土挖掘机于 1885 年被引入德国后，褐煤产量便不断增加，第二次世界大战时，年产量达到了约 1.8 亿 t。第一座以褐煤为原料的发电站也于 1900 年在莱茵兰矿区投入商业运营。

20 世纪 60 年代之前，德国中部矿区一直是德国最重要的矿区，贡献了德国当时褐煤总产量的 40% ～ 50%。但从 1960 年起，该地区矿产资源逐渐枯竭，产量明显下降。此时，采煤需要移动的覆土量随着煤炭的逐年开采而逐步增长，德国的褐煤开采方式也在不断地变化。据 DEBRIV 统计，1885 年在褐煤开采中，所需移动的覆土与开采出的煤炭的比例约为 1:1，这一比例在 19 世纪与 20 世纪之交时上升到大约 2:1，20 世纪 50—60 年代时接近 3:1，到 1980 年左右这一数据已接近 4:1，远超德国政府在 1930 年根据收益所预测的临界值 3.5:1（图 7-48）。

1960 年后，德国中部矿区的矿产资源逐渐枯竭，莱茵兰矿区与劳齐茨矿区一起肩负为国家提供能源的重任。劳齐茨矿区在 10 年的时间内成为德国褐煤产量最高的地区，且其 1990 年的煤炭产量几乎占了德国煤炭总产量的 1/2。在三大矿区及一些小型矿区的共同努力下，德国采煤业在 20 世纪 80—90 年代迎来了黄金期。1970 年，褐煤使用量占德国所有初级能源使用量的 3/4，在 20 世纪 80 年代末仍占到 2/3。当时民主德国所开采出的褐煤不仅为电力部门提供燃料，而且为供热部门和化学工业部门提供燃料和原料，确保了 1990 年之前民主德国的经济发展 [1]。

1990 年德国统一后，各方面迎来结构性变化。由于各州的能源经济结构调整和现代化，原民主德国地区的采矿业面临崩溃，失业率急剧上升。1960—2000 年，

[1] 资料来源：https://kohlenstatistik.de/。

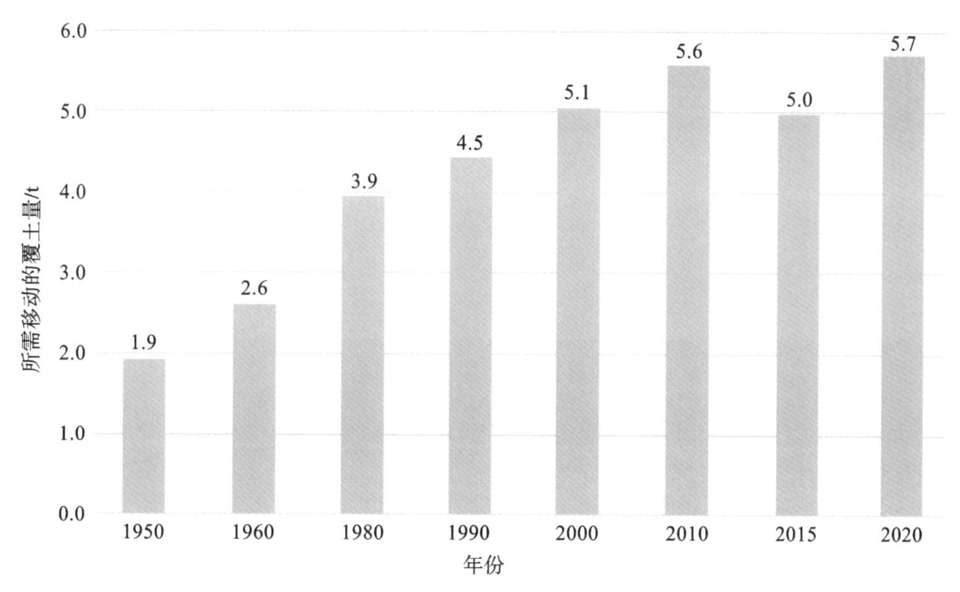


**图 7-48　1950—2020 年德国露天褐煤矿每开采 1 t 煤所需移动的覆土量**

（图片来源：https://www.agora-energiewende.de/publikationen/die-deutsche-braunkohlenwirtschaft-2021）

劳齐茨矿区与德国中部矿区的煤炭产量大幅下降，2000 年德国褐煤工业的从业人员相较于统一前减少了许多，许多人离开了该地区，对该地区的经济和社会带来了巨大影响（图 7-49）。原联邦德国地区的褐煤业几乎未受影响。莱茵兰矿区在 20 世纪初便开始褐煤的开采，其产量稳定，仅在经济危机和第二次世界大战结束后略有下降。自 1990 年起，莱茵兰矿区的褐煤产量一直稳定在每年 9000 万至 1 亿 t，并有增长态势。

自 2000 年以来，德国褐煤的开采量总体保持在相对稳定的水平（图 7-50）。大约 50% 的褐煤生产于莱茵兰矿区，德国中部矿区及劳齐茨矿区也贡献颇多，其余一些较小的矿区，如黑森州矿区（停产于 2003 年）、巴伐利亚州矿区（停产于 2006 年）和赫尔姆施泰特矿区（停产于 2016 年）等的褐煤产量约占全国褐煤总产量的 4%。从 2016 年开始，德国的褐煤生产已经完全集中在三大矿区：劳齐茨矿区、莱茵兰矿区及德国中部矿区。1840—2020 年，德国已累计开采了近 266 亿 t 褐煤。回顾德国近 200 年的褐煤开采史，虽经历了经济危机和两次世界大战，德国仍以丰富的煤炭储量连续多年成为全球最大的褐煤开采国。

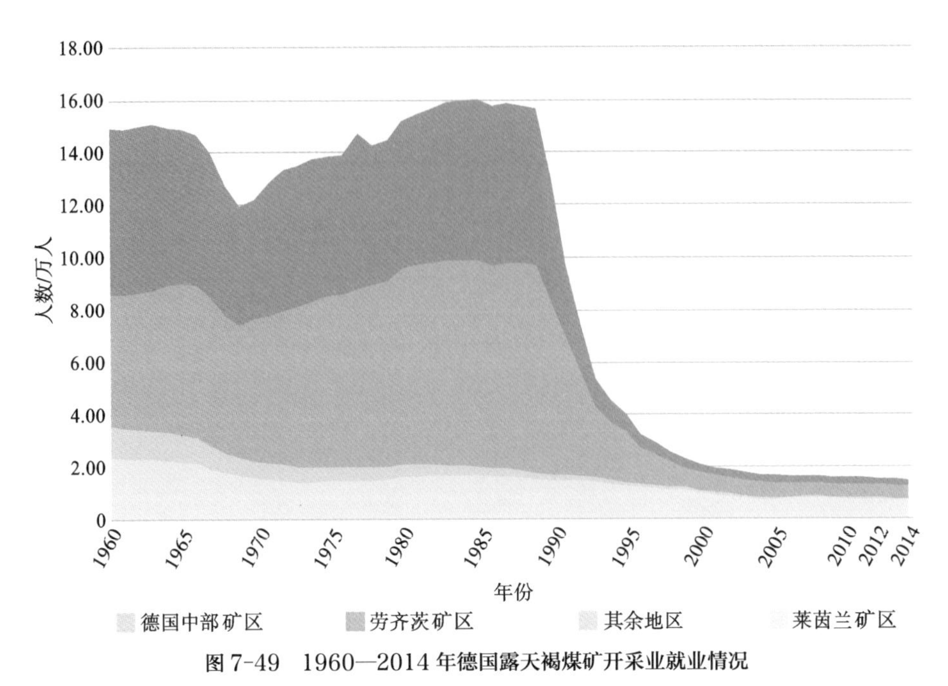


**图 7-49 1960—2014 年德国露天褐煤矿开采业就业情况**

（图片来源：https://www.agora-energiewende.de/fileadmin/Projekte/2021/2021_06_DE_Deutsche_Braunkohlewirtschaft/A-EW_248_Deutsche-Braunkohlenwirtschaft-2021_WEB.pdf）

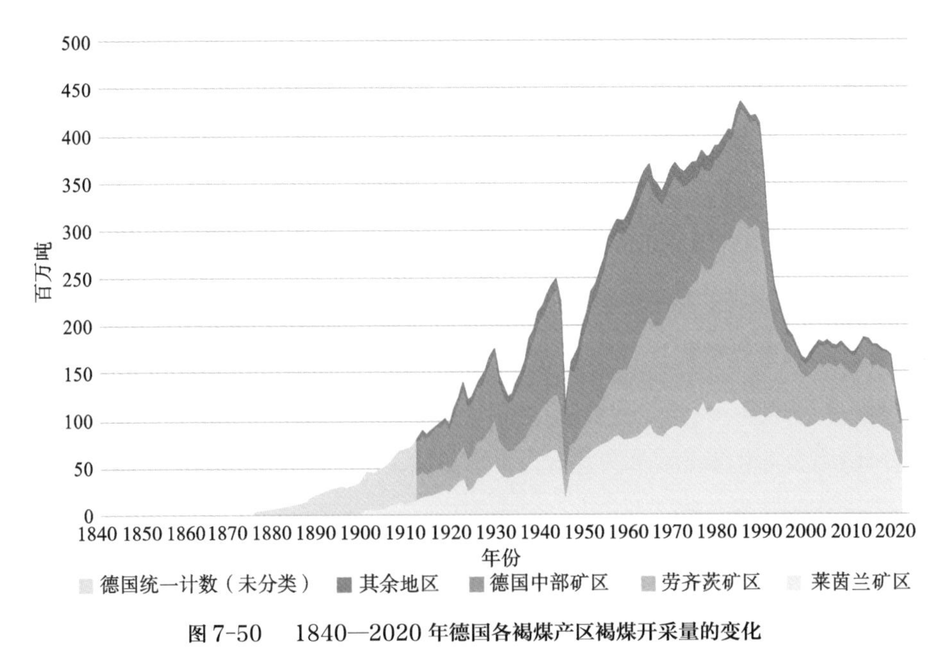


**图 7-50 1840—2020 年德国各褐煤产区褐煤开采量的变化**

（图片来源：https://www.agora-energiewende.de/fileadmin/Projekte/2021/2021_06_DE_Deutsche_Braunkohlewirtschaft/A-EW_248_Deutsche-Braunkohlenwirtschaft-2021_WEB.pdf）

### 7.3.2 劳齐茨矿区采矿迹地修复

#### 1. 劳齐茨地区概况

Lausitz（劳齐茨）是索布语单词“luza”的派生词，本意为“沼泽”或“潮湿的草地”，正如其名，现在水资源在劳齐茨地区仍然发挥着重要作用，但却以美丽的湖泊代替了原有的沼泽形态。

这一占地面积约 13000 $km^2$、拥有约 130 万居民的地区位于德国、波兰与捷克之间的三角形地带，包括德国勃兰登堡州南部和萨克森州东部与波兰下西里西亚省和卢布斯卡省（Lubusz Voivodeship）的部分地区。劳齐茨地区在地理空间上可被分为北部的下劳齐茨地区和南部的上劳齐茨地区两部分。下劳齐茨地区的西北部与弗莱明河（Fläming）接壤，西部与黑埃尔斯特河（Schwarze Elster）接壤，东部延伸至波兰，东部有博伯河（Bober），最北端是艾森许滕施塔特（Eisenhüttenstadt）。虽然人口稀少，但是其景致具有很强的人文塑造痕迹，大部分是低地，覆盖广阔的沼泽、松树林、山毛榉林、橡树林，是一片分布着农业区、草原和田野的广阔而平坦的地区。上劳齐茨地区的景致与下劳齐茨地区完全不同，其西部以联邦高速公路为界，东部则为位于波兰境内的奎斯（Queis）河，范围从霍耶斯韦达（Hoyerswerda）和威斯（Weißwasser）到卡门茨（Kamenz）、包岑（Bautzen）和格列茨（Görlitz）。此地区广布山脉与丘陵，还有大片的池塘与荒地，位于其北部的上劳齐茨荒原和池塘景观区是上、下劳齐茨地区之间的过渡区，其自然区域的中心部分在 1996 年被联合国教科文组织以保护水獭为目的确立为“上劳齐茨荒原和池塘景观生物圈保护区”[1]。

在 18 世纪的工业化开始之前，劳齐茨地区以农业为主，下劳齐茨地区的农产品至今都在德国享有盛誉[2]。其中少数几个城市以农业原材料加工及传统手工业为主要产业，如有着悠久传承的传统布料手工业。

1789 年，人们首次在位于勃兰登堡州南部的劳赫哈默（Lauchhammer）附近探测到了褐煤的存在，随后陆续在如今被称作“劳齐茨褐煤矿区”范围内的上劳齐茨地区北部和东部尼斯河两岸及霍耶斯韦达附近发现大量褐煤赋存，这使得机械化生

---

[1] 资料来源：https://de.wikipedia.org/wiki/Lausitz#Energie_und_Rohstoffe。

[2] 资料来源：http://www.lausitzer-bergbau.de/historisch/hist-frameset.htm。

产所需的化石燃料得到了充足供应，褐煤随即用于工业生产。在开采初期，主要依靠人工进行井工开采，到了 19 世纪初，许多股份制公司接连在劳齐茨矿区成立，广泛进行褐煤开采来为其工业企业提供煤炭。1885 年，首台由机器驱动的覆土挖掘机被引入德国并在其帮助下清除了伊瑟（Ilse）矿的覆土层，人工开采煤炭的方式就此在资本的介入下让位于机器作业，工业化采煤的时代到来了。随着科学发展及技术的升级，劳齐茨矿区在 20 世纪初迎来了发展的高峰。对较深的褐煤层进行脱水的技术被研发出来，该地矿产的开采方式在此基础上逐步转为露天开采，而橡胶传送带的发明及覆土传送桥的使用使得劳齐茨矿区的采煤效率大幅提升。在优先供应本地工业企业的基础上，源源不断开采出的煤炭及伴生品在铁路网的帮助下被运往邻近的柏林、德累斯顿和莱比锡等地区进行销售，从而助力了全国的工业发展。

在 1919 年之前，德国的能源和燃料供应主要依靠质量较高的硬煤，褐煤则由于热值低、运输能力差及缺乏供暖和传输技术等原因而只占据较小的市场份额。随着第一次世界大战的结束，德国割让许多领土，也因此损失了大约 40% 的硬煤矿藏，剩余的硬煤煤田也承担着赔款的重任，褐煤在此时便成为所有工业部门不可或缺的能源要素，褐煤的开采力度进一步加强，劳齐茨矿区成为主要的褐煤开采地区之一。为了满足德国因重整军备而增加的能源需求，褐煤开采在这里如火如荼地进行。褐煤精炼、副产品提炼等相关产业随之发展起来，褐煤氢化厂的建成使得汽油和柴油被大量生产出来，甚至还有企业曾尝试用褐煤生产人造食用黄油，大大小小的发电站也陆续在矿区周边落成。以上种种因素使得德国的褐煤产量大幅增加，德国也因此发展成为 20 世纪世界上最大的褐煤生产国及最大的褐煤消费国。第二次世界大战前，德国中部矿区的褐煤产量占据德国褐煤总产量的 2/5 左右，而劳齐茨矿区和莱茵兰矿区各提供了约 1/4。第二次世界大战期间，面对多次空袭，劳齐茨矿区虽未能幸免，但盟军的主要轰炸对象是布拉巴格在施瓦茨海德（Schwarzheide）所建造的公司，并未将劳齐茨矿区内的众多采矿设施考虑在内，劳齐茨矿区的损毁程度相较西部工业城市而言较轻。而当战争蔓延到劳齐茨矿区时，德军几乎没有战斗便撤退了，波兰和苏联的军队接手了区域内的大部分工厂，劳齐茨矿区的褐煤开采与加工在 1945 年的夏天便恢复了。

20 世纪 50 年代，民主德国政府试图在能源和原材料供应方面实现自给自足以支撑工业的持续发展，而硬煤短缺、石油与天然气储量低的资源本底使得褐煤在 1970 年后成为其主要能源，用于实现其现代化和工业化计划。20 世纪 80 年代初，来自苏联的石油供应变得更加稀缺，劳齐茨矿区作为当时德国仅次于莱茵兰矿区的第二大褐煤产区，接替了德国中部矿区的任务并进行了极其激进的开采活动，就此成为德国核心的跨区域能源中心。1988 年，该地区有超过 80000 人受雇于褐煤产业，17 个露天褐煤矿山的工人三班倒连续开采，该地区逐渐建立起以褐煤开采、机械工程及炼油等产业为主的经济结构。以煤炭为能源，以当地其他原材料为基础，工业化在劳齐茨矿区快速推进，砖块、陶瓷、玻璃和铁等也被逐渐生产出来。即使到了今天，劳齐茨矿区仍有 4 个露天矿，即杨施瓦尔德（Jänschwalde）、韦尔措南（Welzow-Süd）、诺奇滕（Nochten）、赖希瓦尔德（Reichwalde）在进行褐煤开采，褐煤开采量占德国褐煤总开采量的 37%。而根据《燃煤发电终止法》，劳齐茨矿区的褐煤发电将于 2038 年结束。

1910—2020 年劳齐茨矿区褐煤生产量变化如图 7-51 所示。

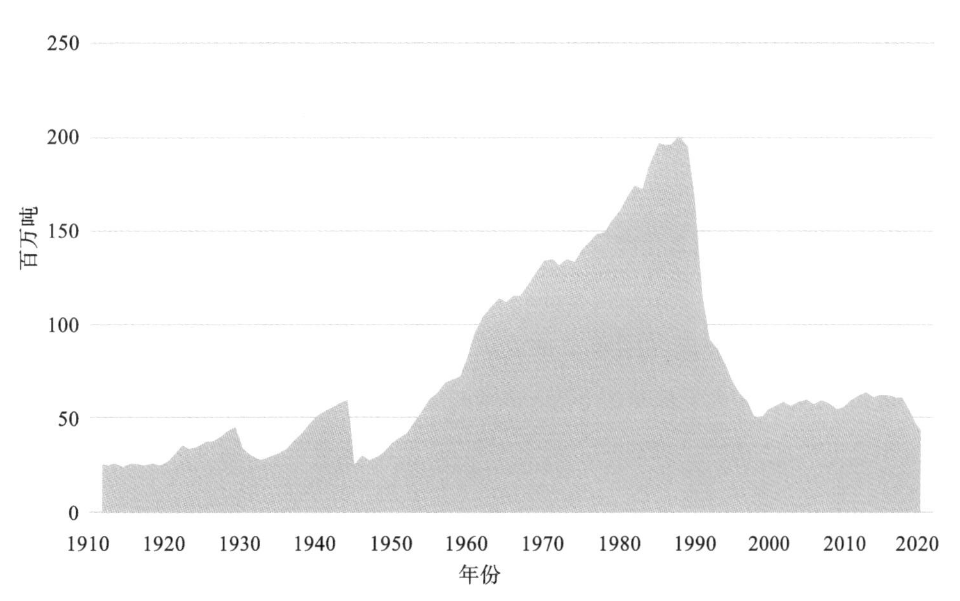


**图 7-51　1910—2020 年劳齐茨矿区褐煤生产量变化**

（图片来源：https://www.agora-energiewende.de/fileadmin/Projekte/2021/2021_06_DE_Deutsche_Braunkohlewirtschaft/A-EW_248_Deutsche-Braunkohlenwirtschaft-2021_WEB.pdf）

### 2. 劳齐茨矿区的“后采矿时代”

1990 年德国统一后，伴随着能源政策和能源结构的变化，大量的矿山关闭，发电厂也进行了现代化改造，劳齐茨矿区的褐煤开采量大幅下降。1990—1999 年，从事褐煤开采的人数骤减，许多人离开该地区，导致 1995—2015 年人口净流失 18%。此前一些采矿活动频繁的县区，人口甚至减少了 30%。

然而，这仅仅是褐煤开采产业对劳齐茨矿区所产生的影响的冰山一角。“上帝创造了劳齐茨，但魔鬼创造了地下的煤炭”这句古老的索布语谚语可以十分形象地反映当时劳齐茨矿区一片苍凉的景象。从 19 世纪中叶开始，大规模的褐煤开采和城市化进程齐头并进，哪里有褐煤，哪里就有重要的工业基地。为了获取具有极高价值的矿物，一个又一个露天矿被开发。劳齐茨矿区大约 60% 的土地都进行了挖采，这种挖采以难以想象的规模与速度破坏了自然环境，劳齐茨矿区的面貌在长达两个多世纪的开发活动中彻底被改变。地下采矿以采石场的形式在这片土地上留下了印记，工业化的露天采矿将无数孔洞遗留在地面，大片荒漠被创造出来，布满坑洼的土地从远处望去像极了月球的表面，与褐煤相伴的矸石也被随意地堆放在道路上，大片的农业和自然景观被毁。地下水的水位与水质状况也因露天矿的开采而进一步恶化，水平衡受到了严重的挑战。不仅如此，劳齐茨矿区原为充满烟火气的乡村地区，但自 1920 年以来，大约 130 个村庄随着煤炭的开采被推土机推平，25000 余名劳齐茨人因失去家园而被迫迁离故乡。当煤炭在发电厂或家庭中被燃烧时，大量二氧化碳、二氧化硫和粉尘，甚至重金属和有毒气体会因过滤不充分而被排入空气。作家安琪尔 · 拉维克 - 司徒波尔（Antje Ravic-Strubel）回忆起去劳齐茨矿区拜访她的祖母的经历时曾说：“空气中弥漫着煤炭的味道，大量煤灰落在窗台及衣服上，树叶也披着一层黑色的面纱。”[1] 即使在今天，许多德国人仍记得从矿区周围村庄的每个窗户缝隙中渗出的煤尘烟气。褐煤给了劳齐茨人一切，却也拿走了他们的一切。

自劳齐茨矿区开始进行褐煤开采以来，如何处理其遗留空间的问题就一直存在着。1922 年，煤场雇用林务员鲁道夫 · 赫尔森（Rudolf Heuson）第一次在该区域内的采矿迹地上开展土地复垦的工作。鲁道夫 · 赫尔森率先进行了系统的复垦造林，

---

[1] 资料来源：https://www.politische-bildung-brandenburg.de/themen/so-ist-brandenburg/wirtschaft-und-arbeit/das-lausitzer-braunkohlerevier。

在原生树种的基础上观察生长情况并提出树种选择建议。此外，约阿希姆 - 汉斯 · 克皮恩（Joachim-Hans Copien）提出应当优先考虑以种植松树的形式进行复垦。1929 年第一个造林委员会成立，采矿业、工业、林业和政府等多方一起对劳齐茨矿区进行的系统性的土地复垦与植被恢复行动开始了。

第二次世界大战结束是劳齐茨采矿迹地复垦的转折点。对于能源的大量需求使得人们对土地复垦的投入有所减少，且由于民主德国的面积相对较小，一些本就十分宝贵的农业用地与林业用地因采矿而变得无法耕种。

事实上，褐煤的露天开采致使矿区的原生景观被快速改变，如何治理和复垦从一开始就得到了矿区地方政府的高度重视，并从不同维度出台相关政策推动治理。1950 年，德国第一部有关土地复垦的法规《普鲁士基本矿业法》的修正案被议会审议通过，提出“企业应当在矿山开采的过程中保护地表，在完成后应当整理并重建生态环境”的要求。北莱茵 - 威斯特法伦州首次颁布了要求褐煤开采地区进行整体规划的《莱茵褐煤地区整体规划法》。该阶段的复垦工作是边开采边复垦。不仅如此，基于自然空间特点、特殊土地规划和规划法基本要求的新褐煤规划出台，综合性的矿区复垦规划概念被提出。该规划在细致地考虑了社会利益冲突，以及农业经济、林业经济、休闲产业、自然保护与景观维护之间的利益冲突的基础上，规定在未来的复垦过程中，对于已经废弃和仍在开采的露天矿区，复垦应当主要采用发展林业和农业的形式，另有较大区域被规划为水域，根据自然保护的要求有些区域被确定为休闲用地，余下的区域也被规划为此类用途。

在 20 世纪 70 年代之前，褐煤的重要性还不是十分突出，采煤与复垦两者之间还处于一种相对协调的状态。但随着煤炭产量持续不断地增长，土壤、水系、空气和动植物等自然要素所受到的损害日益严重，对于复垦的要求日益迫切。劳齐茨矿区上覆岩层的成分是第三纪和第四纪的沙土、砾石、黏土、泥灰岩及陶土，其中如黏土和泥灰岩等形成于第四纪的基础材料极为少见。这类松软岩土并不适宜当时主流的复垦方式——耕种。同时，煤炭在开采过程中所产生的含硫物质使得此地的土壤难以进行再次种植和培养，通过添加石灰石、电厂灰烬等碱性物质来进行处理，这片区域才能再次开垦。最终，结合当时的经济状况，通过植树造林的方式对回填后的采矿迹地进行土地复垦成为主要任务，容易成活的松树等在劳齐茨矿区被广泛种植。

1970—1990 年，由于优先考虑生产，劳齐茨矿区的褐煤开采面积几乎翻了一番[1]。由于缺乏财政支持等，20 世纪 80 年代的土地复垦面积仅约占采矿区域面积的一半，远不如几乎等量复垦的 20 世纪 70 年代。300 多个积水的露天矿坑决定了褐煤矿区的整体面貌。垃圾山和尾矿堆没有得到很好的清理，农业空间被采矿迹地占据的情况愈发严重。与德国中部矿区相比，劳齐茨矿区的荒地面积更大。据 1992 年的统计数据，自采矿活动开始以来，在下劳齐茨地区开展煤矿开采活动的约 75000 $hm^2$ 土地中，超过 36000 $hm^2$ 的土地为残留矿坑或尚未恢复的荒地（表 7-2）。这种大规模的采矿迹地亟需实施恢复方案。

表 7-2　下劳齐茨地区的开发和恢复区域

| 年份 | 总开采面积 /$hm^2$ | 活跃的矿山 /$hm^2$ | 修复部分 /$hm^2$ | | | | |
|---|---|---|---|---|---|---|---|
| | | | 修复总面积 | 农业区 | 重新造林区 | 人造湖泊 | 其余用途 |
| 1989 | 68671.0 | 31891.0 | 36780.0 | 7646.0 | 21460.0 | 2916.0 | 3725.0 |
| 1992 | 74744.9 | 36530.3 | 38214.6 | 8743.7 | 22631.9 | 3204.2 | 3634.8 |
| 2002 | 80831.0 | 34375.5 | 46455.5 | 9329.0 | 28050.1 | 3555.9 | 5520.3 |
| 2013 | 86592.0 | 31877.6 | 54714.4 | 9880.1 | 30374.2 | 7545.9 | 6914.2 |
| 2018 | 96872.0 | 14763.0 | 82109.0 | — | 31041.0 | 9748.0 | — |

（表格来源：https://journals.openedition.org/craup/4018）

### 3. 全新的责任划分——劳齐茨 - 中部德国矿业管理公司成立

无节制地开采使得劳齐茨矿区满是荒弃的尾矿和被污染的水体所填满的露天矿坑，工业区一片灰暗景象。

1990 年德国统一后，位于原民主德国的劳齐茨矿区的露天矿几乎都关停了，德国政府面临的露天矿坑复垦和生态修复任务十分繁重。针对如何修复和再利用这些因露天开采而受到扰动和破坏的景观，德国政府展开了广泛的讨论，并逐渐形成了两种基本观点：补救式修复和依靠自然力量进行恢复。

所谓补救式修复就是通过对尾矿堆进行再利用，填充部分露天矿坑，恢复其原貌，使其能够成为农田、森林和建设用地。那些残余的矿坑则会随地下水位的上升形成新的

[1] DESHAIES M. Les territoires miniers: exploitation et reconquête[M].Paris：Ellipses，2007.

湖泊。对废弃的煤厂、炼焦厂、发电厂和其他工业设施，则通过开发新项目的方式进行再利用。这样一来，该地区的采矿痕迹将逐渐被人们所遗忘，并形成一个新的经济发展区。

而依靠自然力量进行恢复则是以非人工干预的方式保留这片充满回忆的采矿迹地。一旦推土机停止工作并将地下水泵关闭，采矿迹地将会按照自然的方式发展。地下水位将再次上升，四五十年内，遗留的矿坑将充满水，植被将生长在生锈的货运铁路和废弃的工业建筑上，鸟类、昆虫等物种将迁入，形成没有人工干预的、独特的自然景观，一个被遗弃但浪漫的区域将诞生。但是，这种方式会有很高的安全风险，如果没有人工输送地表水，湖泊中的盐分就会很高，不断上升的地下水还会将该地区常见的硫酸盐带到地表，最终使得植物、鱼类等生物无法在此区域的水域中生存。这种水也不适合游泳，而且会污染该地区的河流。除此之外，缺乏防洪措施的湖泊及其周边的大片区域将因没有安全保障会对生命构成威胁而被强制关闭。这种情况会将已是满目疮痍的矿区彻底变为禁区，再过百年也无法使用。

于是，德国政府在补救式修复理念的指导下开始对这一地区废弃的露天矿坑进行修复和再利用。德国统一使得褐煤行业经历了整顿与重组，也为采矿迹地的复垦带来了全新的机会。1994 年，德国政府做出了一个非常重要的决定，将采矿迹地的修复活动与采矿活动分开。褐煤的生产及所有的发电厂都移交给了能源联合股份有限公司（Vereinigte Energiewerke Aktiengesellschaft，VEAG），而对采矿迹地进行恢复与治理的工作则由新成立的公司劳齐茨 - 中部德国矿业管理公司（Lausitzer und Mitteldeutsche Bergbau-Verwaltungsgesellschaft，LMBV）全权负责。LMBV 的前身是曾分别在其所属矿区执行恢复任务的劳齐茨矿业管理公司（Lausitzer Bergbau-Verwaltungsgesellschaft，LBV）和德国中部矿业管理公司（Mitteldeutsche Bergbau-Verwaltungsgesellschaft，MBV），作为私营公司的二者合并后成为归德国政府所有的国营公司，通过财政部、综合环境部和经济部等的彼此合作来解决原民主德国褐煤工业的遗留问题并进行采矿迹地的修复，由财政部负责进行拨款资助[1]。同时，德国政府还在劳齐茨矿区另成立了三个专业修复机构，即矿业复垦、环境技术和景观设计协会（Gesellschaft für Bergbauliche Rekultivierung, Umwelttechnik und

[1] 资料来源：https://www.lmbv.de/unternehmen/ueberblick-unternehmen/unternehmensgeschichte/。

Landschaftsgestaltung，BUL）、劳赫哈默再开发有限公司（Sanierungsgesellschaft Lauchhammer mbH，SGL）和施瓦茨 - 普姆佩再开发公司（Sanierungsgesellschaft Schwarze Pumpe，SSP），分别负责不同方面的矿区修复工作，如土壤改良、岩土安全维护、水资源管理及景观的恢复、设计、维护等[1]。在 2000 年前，LMBV 的工作集中于关停已濒临淘汰的矿井，最后一批生产设施在 1999 年底按计划关闭。21 世纪初，公司的工作重点转向对矿区的清理和一些采矿设施的回收，以为采矿迹地的恢复和全面重组创造条件。公司对被采矿污染的水与土地进行处理与净化；将那些巨大且无法回填的露天矿坑淹没，使其变成大片的人工湖泊；LMBV 还重新种植茂密的森林，农业在此地再次发展起来，鱼也重新出现并定居在新修建的人工湖中；在区域内修建了新的道路与水利设施，也采取了许多手段以确保露天矿区不会出现随意倾倒岩石和垃圾的现象。“我们无法将该地区恢复到以前的状态，但我们的目标是创造有用的自然景观，为居住在这里的人们及他们的下一代提供新的机会”，公司管理者斯勒斯泰德（Schlenstedt）说，“该地区在采矿之前的所有的自然功能将再次发挥作用。”[2]作为复垦项目发起者的LMBV，还需要负责项目的推进与监督。复垦工作的规划、招标、控制和验收都由相关工作人员负责，完成复垦的区域也会面向公众开放。

到 2013 年时，采矿迹地的复垦成果已经非常可观了，主要是通过重新种植森林和在残留矿坑中造湖来实现的。虽然由于土壤质量差，只有较少的采矿迹地被复垦为农业区，但是在能源转型政策的影响下，有许多地区被改造成为光伏园区、风力发电场和生物质能生产场地。LMBV 通过废弃矿坑再开发、排土场复垦及工业遗产保护等方式，采取大面积种植植物并把露天矿坑改造成湖泊等措施促进了老矿区经济、文化、旅游和社会的综合发展。“这比褐煤开采前的湖泊面积多了三分之一”，该公司新闻发言人及项目负责人乌韦·斯坦胡贝尔（Uwe Steinhuber）说[3]。这使得劳齐茨矿区如今成为一个既具有工业气息又具有宜人景致的湖泊景区。

1846—2021 年劳齐茨矿区的土地利用变化如图 7-52 所示。

---

[1] 资料来源：http://library.fes.de/fulltext/fo-wirtschaft/00342003.htm#LOCE9E4。

[2] 资料来源：https://www.theguardian.com/environment/2014/sep/10/lusatia-lignite-mining-germany-lake-district。

[3] 资料来源：https://www.lmbv.de/kontakt/。

1846年劳齐茨矿区土地利用分布图

1993年劳齐茨矿区露天褐煤开采范围的动态扩展

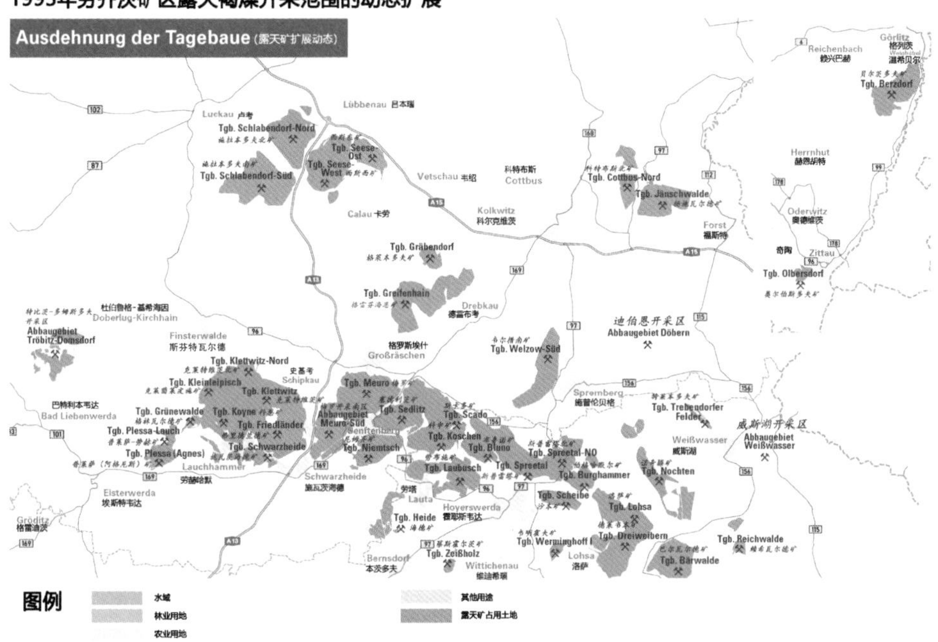


图 7-52 1846—2021 年劳齐茨矿区土地利用变化图

（图片来源：https://www.lmbv.de/wp-content/uploads/2022/06/22_LMBV_Nachhaltigkeitsbericht_20220623_korr_WEB.pdf）

2021年劳齐茨土地利用分布图

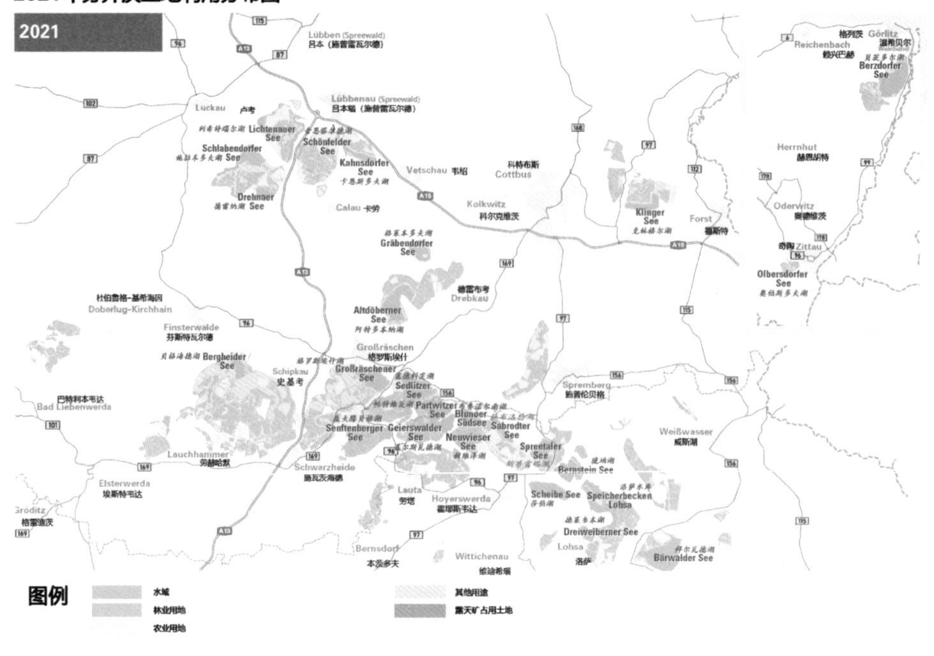


续图 7-52

**4. 劳齐茨矿区的转型：福斯特 - 皮克勒兰（Fürst-Pückler-Land）景观公园**

劳齐茨矿区的景观重建和经济复兴也得到了 IBA 的帮助。与 LMBV 采用的方式不一样，IBA 从一开始就没有将那些闲置的露天矿坑和工业遗址当作废弃空间，也没有想着隐藏或改变它们，而是挖掘其资源价值并展示它们。德国不同区域和城市都尝试通过举办国际建筑展来应对自身面临的城市发展压力和挑战。作为推动区域转型的重要工作，1987 年结束的柏林国际建筑展和 1999 年结束的埃姆舍公园国际建筑展对城市和区域的更新改造发挥了巨大的示范作用，并产生了积极的世界性影响。特别是后者，对鲁尔区的更新和城市转型成功起到了积极的作用，并在国际上广泛传播。受其启发，深受去工业化和环境污染困扰的劳齐茨矿区也自下而上地发起了福斯特 - 皮克勒兰国际建筑展（IBA Fürst-Pückler-Land），这是国际建筑展首次将工作重点放在景观更新方面。在面积广大的荒废褐煤矿地区，人们创造了独具特色的后工业景观，并由此重新开发建设了一系列绿色、灰色和旅游基础设施。

1）国际建筑展服务于区域景观更新战略

福斯特 - 皮克勒兰国际建筑展的名字源自德国 19 世纪著名园艺大师赫曼·凡·皮克勒 - 穆斯考亲王（Hermann Fürst von Pückler-Muskau）的名字。这位贵族被评价为天才景观设计师，其设计并创造了许多备受赞誉的园林艺术杰作，如作为世界遗产的穆斯考（Muskau）亲王公园和布拉尼茨（Branitz）城堡周围的景观花园。他常常通过特殊的景观设计来表达充满创造性的想法，其作品被认为是欧洲园林艺术的巅峰。

与他一样，国际建筑展在进行劳齐茨矿区的采矿迹地景观更新时也将充满创造性的想法融入其中。起名为“see”（湖）标志着主办方希望以全新的眼光去看待这片遍布露天矿坑的荒废空间，促使其转变为全新的湖景。在 2000—2010 年的 10 年间，福斯特 - 皮克勒兰国际建筑展正是凭借这一灵感来源，为劳齐茨矿区的景观更新做出了贡献。

（1）全新的关注焦点。

国际建筑展可追溯到 100 多年前，通过展示建筑技术、生活和文化领域的创新，实现城市和区域的发展。国际建筑展总是将创新和新的建筑趋势联系在一起。20 世纪 90 年代的埃姆舍公园国际建筑展首次将工作重心放在因硬煤和褐煤资源枯竭及相关产业的退出而被迫重组的工业区上，并成功地开发了一种新型的文化景观。

与鲁尔区推动整个区域的面貌更新不同的是，福斯特 - 皮克勒兰国际建筑展将工作的重点放在区域景观更新上，其涵盖的范围比鲁尔区更大（约 5000 $km^2$），但是当地居民只有不到 10 万人，获得的经费相比鲁尔区项目来说非常少。基于以上情况，人们选择以景观设计作为切入点，致力于对以采矿和旧工业为特征元素的整个区域进行审美、社会和生态方面的重组，将该地区变成了当时欧洲最大的景观建筑项目工地[1]。作为“新景观的工作坊”，福斯特 - 皮克勒兰国际建筑展希望通过区域范围内的景观更新来保护工业和文化景观方面的特征，并期望在充满褐煤开采印记

[1] GUERRA M W，SCHAUBER U. Instrumente der räumlichen Planung und ihre Auswirkungen auf die Landschaftsstruktur in der Niederlausitz[R/OL].（2004-10-22）[2023-05-01].https://www.stadtstrategen.de/downloads/%5bStadtStrategen%5d%20IBA_Studie_Langfassung_Web.pdf.

的露天矿区构建独特的景观结构，进而提升人们对整个区域的认同感。故此，福斯特-皮克勒兰国际建筑展的成员进一步确定了工作的思路和重点内容，以“景观岛”为核心理念，将分属 7 个主题的 30 个独立项目散布在 9 个片区中（8 个景观岛和 1 个欧洲岛），每个景观岛都有自己的特色（图 7-53、图 7-54）。如对于景观岛劳赫哈默-克莱特维茨（Lauchhammer-Klettwitz）来说，焦化厂和发电厂等采矿业旧址具有浓厚的工业文化特色。其他景观岛则分别致力于劳齐茨湖区的打造、城市的重建、景观艺术的重塑或推进德国与波兰之间的进一步合作。

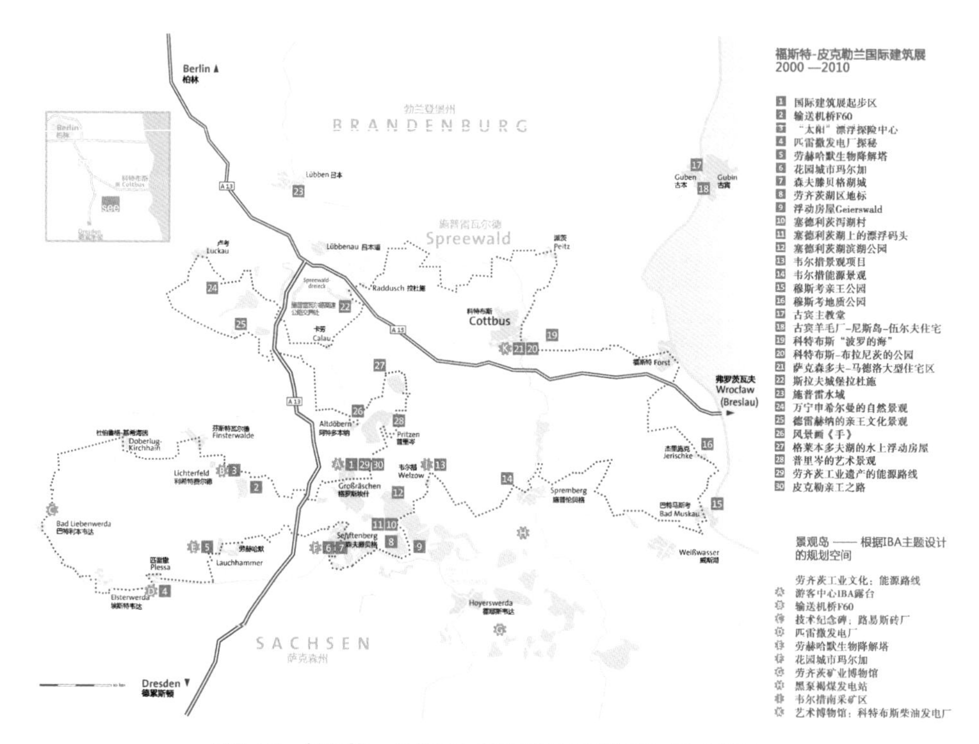


图 7-53　福斯特 - 皮克勒兰国际建筑展框架下的 30 个项目

（图片来源：http://www.iba-see2010.de/downloads/10152/）

福斯特 - 皮克勒兰国际建筑展在景观更新的视角下，构建景观岛组群新格局，最大限度地保留工业遗产与采矿遗产等特征元素。以“新土地 - 新景观”作为理念创造新的区域景观，吸引来自城市和乡村的游客。基于原民主德国能源中心，建设可再生能源生产基地（风力发电场、生物质能生产场地）来提升区域经济动力，同

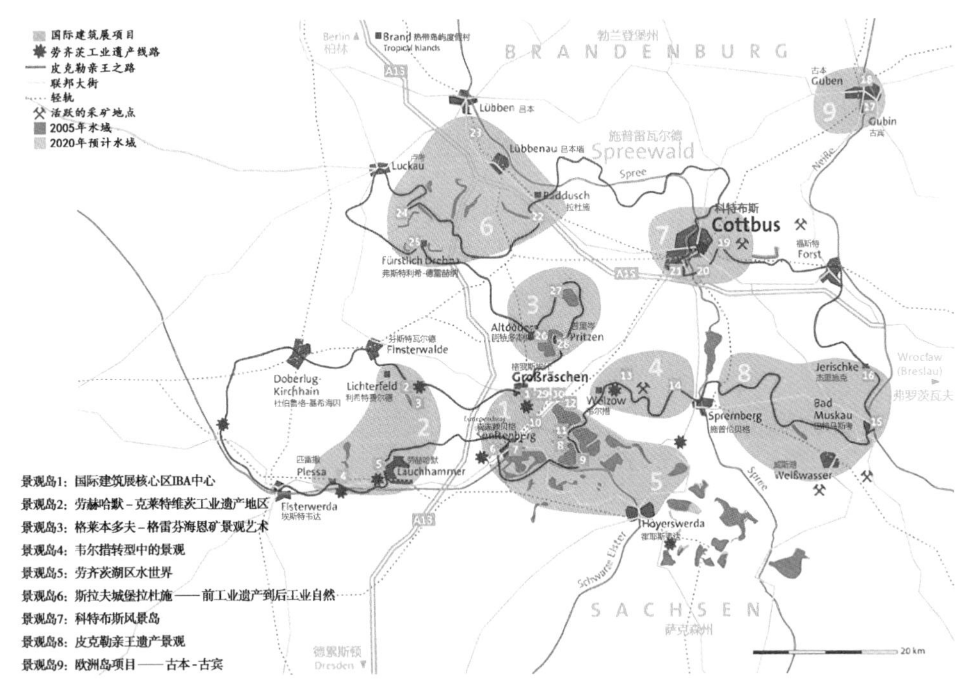


**图 7-54　福斯特－皮克勒兰国际建筑展的 9 个片区**

（图片来源：http://www.iba-see2010.de/de/verstehen/projekte/neuninseln.html）

步发展第三产业并建造相应的旅游基础设施。将湖水引入劳齐茨矿区的各大废弃褐煤露天矿并通过运河使其相互连接，创建欧洲最大的人工湖区。几个见证褐煤开采和加工历史的“纪念碑”被保存下来并展出，克莱特维茨矿的输送机桥 F60 已成为“沉睡的埃菲尔铁塔”，而生物降解塔则是劳赫哈默焦化厂的全部遗迹，现已成为一个旅游景点，被用作开展各种文化活动（包括戏剧演出）的场所，并以建立博物馆等基础设施的形式来发展工业遗产旅游。

福斯特 - 皮克勒兰国际建筑展框架下的 30 个项目分属于 9 个片区，具体如下。

①景观岛 1：国际建筑展核心区 IBA 中心。格罗斯埃什是国际建筑展的总部所在地，结合当地的特色露台式景观和伊瑟湖（Ilse-See）安排了常设的展示和信息中心。

②景观岛 2：劳赫哈默 - 克莱特维茨工业遗产地区。当地保留的巨型输送机桥 F60、用于废水处理的生物降解塔和改为工业博物馆的匹雷撒发电厂，是工业遗产旅

游线路上的重要地标。

③景观岛 3：格莱本多夫 - 格雷芬海恩矿景观艺术。除了历史遗留的矿坑公园，当地还保存有历史民居和一座迷人的城堡及城堡公园。

④景观岛 4：韦尔措转型中的景观。此地区有下劳齐茨地区最后一个仍在营业的露天矿，人们在参观煤矿生产流程的同时，还可以领略将矿坑改造为独特“绿洲”的做法。

⑤景观岛 5：劳齐茨湖区水世界。水世界项目通过人工引水提高当地湖面的水位，并通过运河将各湖相互连接起来，创造出了欧洲最大的人工湖区，为居民和度假者提供了码头、水上平台和浮动房屋等旅游设施，带来了独一无二的工作、休闲和生活体验空间。

⑥景观岛 6：斯拉夫城堡拉杜施——前工业遗产到后工业自然。此地以“前工业遗产 - 后工业自然”作为主题，保存完好的斯拉夫城堡值得一游，还有采矿后遗留的大片开阔自然景观。

⑦景观岛 7：科特布斯风景岛。作为该地区最大的城市，科特布斯市发挥拥有境内最大湖泊这一特色，提出“城 - 湖，湖 - 城”主题，并由此塑造出类似波罗的海沿岸的城市景观。

⑧景观岛 8：皮克勒亲王遗产景观。这个位于德国和波兰交界处并邻近采矿后自然景观的地方分布着穆斯考亲王公园、穆斯考地质公园、克罗姆劳公园等，具有丰富的特色文化和自然景观遗产。

⑨景观岛 9：欧洲岛项目——古本 - 古宾。项目所在的小镇地跨德国、波兰两国，通过跨界合作，实施了一系列促进旅游发展和改善环境的项目（包括建设公共污水处理厂、在尼斯河上的岛屿举办各种活动）。

（2）景观更新的典型措施和转型策略。

根据修复区域的历史背景和发展差异，福斯特 - 皮克勒兰国际建筑展的景观更新措施可以总结为三种类型，包括重塑具有特色的居民点、发展工业文化与景观艺术，以及通过创造欧洲最大的人工湖区培育多样的景观类型（表 7-3）。

表 7-3　景观更新中的三种典型措施

| 景观更新措施类型 | 关键点 |
| --- | --- |
| 重塑具有特色的居民点 | 对原有的工矿城镇进行再利用；<br>发掘城镇周边的特色景观资源，服务于展览策划项目和活动；<br>引入旅游基础设施，构建长期发展条件 |
| 发展工业文化与景观艺术 | 对原有的具有特色的重要工业设施和景观加以治理和修复；<br>重视区域景观更新的长期性特征，发展多样的后工业景观类型；<br>组织各类节事活动，发展特色景观艺术形式，提升外部知名度和内部相关者的认同感 |
| 通过创造欧洲最大的人工湖区培育多样的景观类型 | 提高矿坑的水位，通过运河将各个湖泊相互串联，形成湖链体系；<br>加强内部城镇与水系的联系，建设城市港口等基础设施；<br>利用水域空间创造全新的娱乐、休闲生活方式；<br>调整在水面上进行设施建设的法律限制 |

（表格来源：作者根据相关资料整理）

①重塑具有特色的居民点：福斯特 - 皮克勒兰国际建筑展的总部格罗斯埃什。

位于整个福斯特 - 皮克勒兰国际建筑展区域中心的格罗斯埃什开启了该地区的工业发展历史。19 世纪末，伊瑟矿业公司（Ilse Bergbau AG）成为劳齐茨地区最重要的褐煤公司之一，但到 20 世纪 80 年代昔日辉煌已所剩无几。故此，早在福斯特 - 皮克勒兰国际建筑展正式开始的 3 年前，该地就已经从 LMBV 公司购买了土地，希望将其发展成为拥有 10000 名居民的滨湖小镇。福斯特 - 皮克勒兰国际建筑展组织了设计竞赛，地方政府则对方案的实施进行了资助。2004 年，位于矿山边缘的“游客中心 IBA 露台”对外开放（图 7-55）。各个展馆能够进行多样化的整合，其混凝土平台成为游客和展览中心，像极了专属于游客的大舞台。由一台露天采矿机改造成的悬索桥伸入伊瑟湖中，供游客观赏此地的景观。与此同时，始建于 20 世纪 20 年代的建筑也得到了翻新，以前的单身公寓被改造成酒店，曾经的别墅被作为牙科诊所，而住宅楼变成了福斯特 - 皮克勒兰国际建筑展的总部大楼。

②发展工业文化与景观艺术：劳赫哈默 - 克莱特维茨工业遗产地区。

为了最大限度地保留并还原工业气息，劳齐茨矿区克服重重困难，积极引入“工业文化”主题，以小规模更新为主，将保留下来的工业遗产与景观艺术相结合，并以相关工业纪念碑为背景，组织一系列与景观艺术有关的活动，为各种文化活动提

**图 7-55　福斯特 - 皮克勒兰国际建筑展总部格罗斯埃什的“游客中心 IBA 露台”**

（图片来源：冯姗姗拍摄）

供舞台，促成了整个福斯特 - 皮克勒兰国际建筑展的成功。

世界上最大的输送机桥 F60 坐落于利希特费尔德（Lichterfeld）露天矿。1996 年，IBA 决定将输送机桥 F60 改造成一个旅游胜地，使其成为国际建筑展的第 2 个项目（图 7-56）。后来，纯静态光带也被安装在这座钢铁巨兽之上，彩色的灯光使其更加生动，吸引了大批参观者。

**图 7-56　世界上最大的输送机桥 F60**

（图片来源：左一、左二常江拍摄；右一 https://www.lr-online.de/lausitz/cottbus/30-jahre-deutsche-einheit-die-iba-fuerst-pueckler-land-geht-2010-zu-ende-51642838.html）

在输送机桥 F60 以南几千米处坐落着受到保护的劳赫哈默生物降解塔（图 7-57）。其原本的功能是净化来自褐煤焦化厂的含有苯酚的废水。许多建筑师纷纷出谋划策，以微小结构更新的模式使这些巨型塔获得新生。

始建于 1927 年的废弃的匹雷撒发电厂也被很好地利用起来（图 7-58）。其有 2 座 120 m 高的烟囱保留至今，成为整个劳齐茨矿区的地标景点之一，并于 1985 年被列入保护名录。现在，这座保存较好的古老的褐煤发电厂被改造成工业纪念碑和博物馆，建筑因严格的对称性而显得和谐庄重。在这里游客可以看到过去的痕迹，感受到历史上工业的真实性和磅礴气势。

**图 7-57　劳赫哈默生物降解塔**

（图片来源：左一、左二常江拍摄；右一 http://www.iba-see2010.de/de/verstehen/projekte/projekt4.html）

**图 7-58　匹雷撒发电厂**

（图片来源：左图常江拍摄；右图常江拍摄于墙报）

③通过创造欧洲最大的人工湖区培育多样的景观类型。

水域在劳齐茨矿区的旅游活动中发挥着不可忽视的作用。奥托·林特是原民主德国废弃矿坑景观更新的先驱，他很早就开始计划在森夫滕贝格（Senftenberg）南郊建设一系列湖泊。早在 1973 年，森夫滕贝格附近的尼姆齐（Niemtsch）露天矿在经历了 5 年的蓄水后转变成一个大型人工湖，不过在民主德国时期没有进一步推进相关工作。

在 20 世纪 90 年代初，这个想法再次被提出，国际建筑展希望创造出欧洲最大的人工湖区。负责矿坑修复工作的 LMBV 公司凭借雄厚的资金和高超的专业技术，希望将各个人工湖通过人工运河相互连接起来。当剩余的所有露天矿坑被淹没时，欧洲最大的人工湖区就在劳齐茨地区形成了（图 7-59）。在分属于勃兰登堡州的 19 个湖泊和萨克森州的 12 个湖泊中，有多个湖泊可以直接通航（图 7-60）。在国际建筑展的帮助下，专业的劳齐茨水务协会（Wasserverband Lausitz）正式成立，负责湖区的规划和建设事务。

图 7-59　劳齐茨湖区水世界

（图片来源：https://www.lr-online.de/lausitz/senftenberg/bergbausanierung-brandenburg-sachsen-das-lausitzer-seenland-wird-spaeter-fertig-60223153.html）

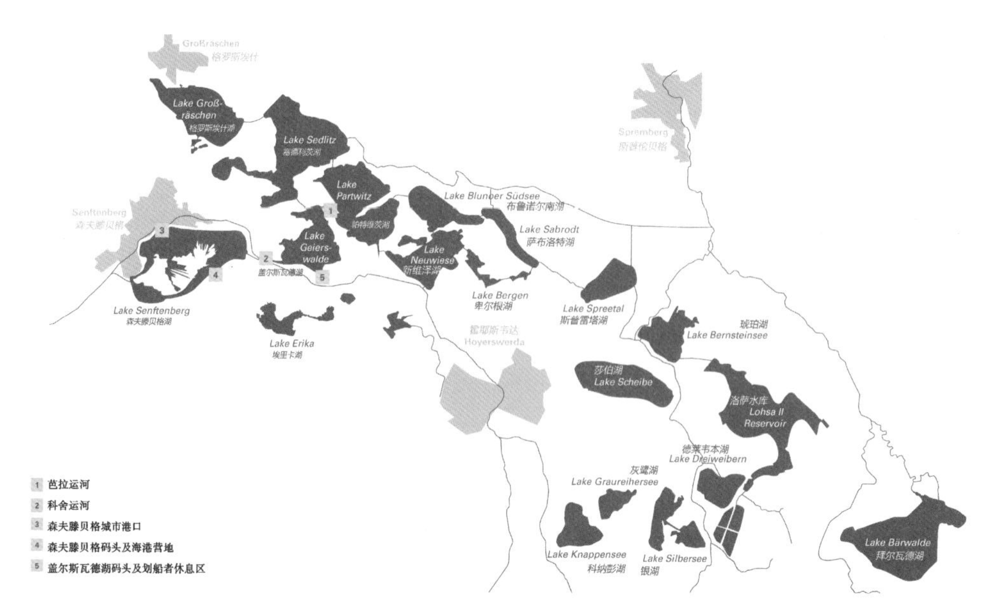


图 7-60　劳齐茨湖区通航的人工湖

（图片来源：https://www.lausitzerseenland.de/de.html）

以森夫滕贝格为例，人们希望将城市与湖岸连接起来，以水上旅游的形式来促进城镇复兴，城市港口的计划就此被提出。建造漂浮房屋（图 7-61）并将其作为劳齐茨湖区的特色的想法是国际建筑展一直想实现的。随后，政府与当地学校一起创立了“浮动建筑中心”，并组织了一场征集浮动房屋概念设计的竞赛。一个高达 30 m 的地标也在此处建成，它以钢铁为主要原料，表面则为氧化后的红色，被亲切地称作“生锈的钉子”（rostiger nagel）（图 7-62）。登上它后，劳齐茨湖区最大的三个湖泊的全景便可尽收眼底。

**图 7-61　劳齐茨湖区人工湖上建造的漂浮房屋**

（图片来源：冯姗姗拍摄）

**图 7-62　劳齐茨湖区“生锈的钉子”**

（图片来源：左图作者自摄；右图 https://www.internationale-bauausstellungen.de/geschichte/2000-2010-iba-fuerst-pueckler-land-werkstatt-fuer-neue-landschaften/schwimmende-haeuser-geierswalde-wohnen-auf-den-wellen/）

在 2010 年福斯特 - 皮克勒兰国际建筑展结束时，能源成为劳齐茨矿区不同地点间的统一主题，劳齐茨工业遗产的能源路线就此创建起来，并与欧洲工业遗产之路（European Route of Industrial Heritage，ERIH）相连接。这条新的旅游路线由10个具有代表性的能源生产地点组成，如褐煤开采和加工厂。线路中的大多数能源生产地点是工业遗产，如路易斯砖厂、匹雷撒发电厂、劳赫哈默生物降解塔及输送机桥F60。另外，这条路线还包括一些全新的景点，如黑泵（Kraftwerk Schwarze Pumpe）褐煤发电站和韦尔措南褐煤矿，可供人们步行、骑自行车和乘坐越野车游览。这个曾经被褐煤发电厂排放的废气严重污染并被露天褐煤开采破坏的地区，正在获得更绿色的形象。如今其环境已经可以给人们带去愉悦。褐煤开采的痕迹无处不在，但又不显而易见。劳齐茨矿区正在构建自己新的身份——旅游度假区。

**2）劳齐茨矿区具体改造项目**

（1）梅罗露天矿（Meuro Mine）改造。

当太阳照在格罗斯埃什湖上时，其优美的环境与良好的生态本底让人难以相信，其下方曾经有过巨大的“伤口”。格罗斯埃什矿业镇命运多舛，随着煤矿的开采其面貌在20年内发生了翻天覆地的变化。露天采矿这一活动几乎摧毁了小镇的南部，小镇的管理者与居民可能无论如何都无法相信，看似灾难性的毁灭却为其带来了全新的发展机遇。

随着露天矿坑的持续治理，劳齐茨矿区的矿坑被复垦成为湖泊，由13条运河和数百英里的自行车道连接，游客中心IBA露台、西布鲁克酒店（Seebrücke，为建设在湖边的一座新建筑）便位于湖泊岸边。得益于优异的地理位置，作为IBA在此地区的项目起点的格罗斯埃什很幸运地成为一个湖边小镇，成为从工人村转型为湖滨空间的经典案例。

在1999年之前，格罗斯埃什一直是以采矿为主要产业的小镇，其经济支柱梅罗露天矿位于南部，将格罗斯埃什与邻近的森夫滕贝格分开。梅罗露天矿的开采始于1888年，随着露天矿坑的扩大，其开采地原有的景观被彻底改变。这座小镇的南部曾经是工业区，洗煤厂、砖厂、工业厂房和工人住宅区都位于其中，包括伊瑟矿业公司高管住房。1987年，露天矿的开采范围扩大到此处，大规模的搬迁工作就此开始，并一直持续到1992年。在利益的驱使之下，采矿这个“推土机”只放过了原来的产业园区和工人住宅区中的单身公寓楼及伊瑟矿业公司总部，通往森夫滕贝格的道路及该镇南部的村庄都消失了。德国统一前期，该镇约 4000 名居民被搬迁安置到了该镇的北部。1993 年，因为采矿边界的重新划定，虽有几栋建筑留存下来，却被弃置，不仅被人为破坏，还遭受多场大火，这一区域变得阴暗而沉闷。1999 年，该地区的露天采矿终于落下了帷幕。

举办于 2000—2010 年的福斯特 - 皮克勒兰国际建筑展为这个露天矿的整治和再利用带来了新契机。1999 年，新组建的负责福斯特 - 皮克勒兰国际建筑展的公司（下文简称 IBA）决定将办公地点设在矿坑边上，位于格罗斯埃什镇南部的梅罗露天矿被选中。梅罗露天矿作为该公司负责的改造项目之一，IBA 计划对其进行无害化处理，并将其修复成能够行驶船只的湖泊，然后重新开发已经被拆除且夷为平地的南部区域。这一计划在 IBA 的积极努力和倡导下，很快得到了政府的认可，开发公司的投资也随即到位。格罗斯埃什镇商人卢克 · 伊瑟（Lake Ilse）作为第一位私人投资者，投资了这个整治项目，因此由梅罗露天矿的露天矿坑整治形成的湖泊便以他的名字命名（伊瑟湖）。这位投资商仅用 1 年的时间，就将原单身公寓楼整治和改造为一家拥有 77 个床位的四星级酒店（图 7-63），原伊瑟矿业公司高管住房也在 2000 年经修复整治后成为 IBA 的办公场所。

**图 7-63　改造前后的单身公寓楼**

（图片来源：左图常江拍摄于墙报；右图常江拍摄）

IBA 信息中心的改造是这个矿区中最有代表性的部分之一（图 7-64）。负责福斯特 - 皮克勒兰国际建筑展的公司新成立时决定在露天矿坑边上建设一个信息中心，用作其对外交流的窗口和发布与展示相关信息的空间。当时，IBA 公司与格罗斯埃什一起举行了一次国际建筑竞赛，以征集这个信息中心的建设方案。在收到的 74 种不同的方案中，德国法兰克福建筑师范蒂南·海德的方案中选。在此方案中，3 栋独立建筑沿着矿坑连为一片，形成了游客中心 IBA 露台，形似三个彩色方盒的建筑总长 270 m，其简洁明了的外形与鲜艳的色彩为沉闷阴郁的矿坑带来无限的生机。

**图 7-64 位于梅罗露天矿边上的 IBA 信息中心**

（图片来源：常江拍摄）

游客中心 IBA 露台自 2004 年开放即被授予勃兰登堡建筑设计奖（Brandenburgischer Baukulturpreis），进而受到广泛关注。各主流建筑杂志都报道了这个露天矿坑边上的全新建筑。《世界报》称之为“世界上最引人注目的文明边缘”。IBA 信息中心很快成为一个很受欢迎的场所。德国联邦政府和州政府的多个国际专家会议这里举行，许多公司租借这里举办庆典，很多文化活动和私人庆祝活动也在这里举行。

梅罗露天矿矿坑本身的治理开始于 2007 年。随着边坡地质灾害的排除和矿坑整治完成，露天矿坑逐渐被地下水填满，伊瑟湖由此诞生。早在 1997 年，LMBV 公司就在游客中心 IBA 露台的旁边规划了一个港口（图 7-65）。已经完工的“西布鲁克号”就停泊在港口入口处，该港口是劳齐茨湖区游船的起航点。

2008 年，格罗斯埃什又委托 JOSWIG 公司（Joswig Ingenieure GmbH）[1] 制定了一份全新的总体规划，其中包括在该区域修建全新的湖上运动厅和餐厅。同时，格罗斯埃什与柏林 - 德累斯顿高速公路直接连接，伊瑟湖、港口和游客中心 IBA 露台的建成，使格罗斯埃什成为通往劳齐茨湖区的门户，也使作为湖泊和市中心之间的一个有吸引力的住宅区得到再开发。未来的梅罗露天矿区将是一个充满活力的城市

---

[1] 资料来源：https://www.joswig.de/。

街区，有湖、有港，有居住区，也有体育、酒店、餐馆等空间。

**图 7-65　伊瑟湖和港口**

（图片来源：常江拍摄）

（2）花园城市玛尔加（Marga）。

作为 19 世纪末劳齐茨矿区最领先的矿业公司之一，伊瑟矿业公司拥有许多员工。1906 年，该公司在森夫滕贝格附近的布里斯克（Brieske）开辟玛尔加矿区，其董事期望通过创建工厂定居点的形式，将员工与公司更紧密地联系起来，在提升煤炭开采效率的基础上为矿工及其家属创建一个功能齐全且对员工友好的居住区。1907—1915 年，这座名为“花园城市玛尔加”的工人聚居区在此背景下被修建起来（图 7-66），满足了当时工人和相关职员因采矿业快速发展而出现的对住房的强烈需求。

由伊瑟矿业公司在布里斯克建设的工人住宅区玛尔加位于勃兰登堡州的南大门森夫滕贝格，虽然早期住在这里的居民都知道，他们住在一个被称为德国最漂亮的住区中：有英式乡村风格的别墅，半木结构的建筑搭配鲜艳的色彩，门前种着菩提树……但是这个花园城市没有像由克虏伯基金会在鲁尔区建设的玛格丽森花园郊区（Margarethenhöhe）[1] 和花园城市协会建设的海勒劳（Hellerau，德国德累斯顿市的北部地区，德累斯顿机场稍南处）那样争取过“德国第一个花园城市”的称号，只是人们在尘封的档案中发现有许多证据证明这个城市才是德国真正的第一个花园城市。故此，它于 1985 年被纳入纪念碑保护令（德国古迹保护法，全称是 *Denkmalschutzgesetz*）的保护范围，后来成为福斯特 - 皮克勒兰国际建筑展的项目之一，进行了堪称典范的翻新，并恢复了昔日的辉煌。

---

[1]　资料来源：https://www.margarethe-krupp-stiftung.de/die-margarethenhoehe/?lang=en。

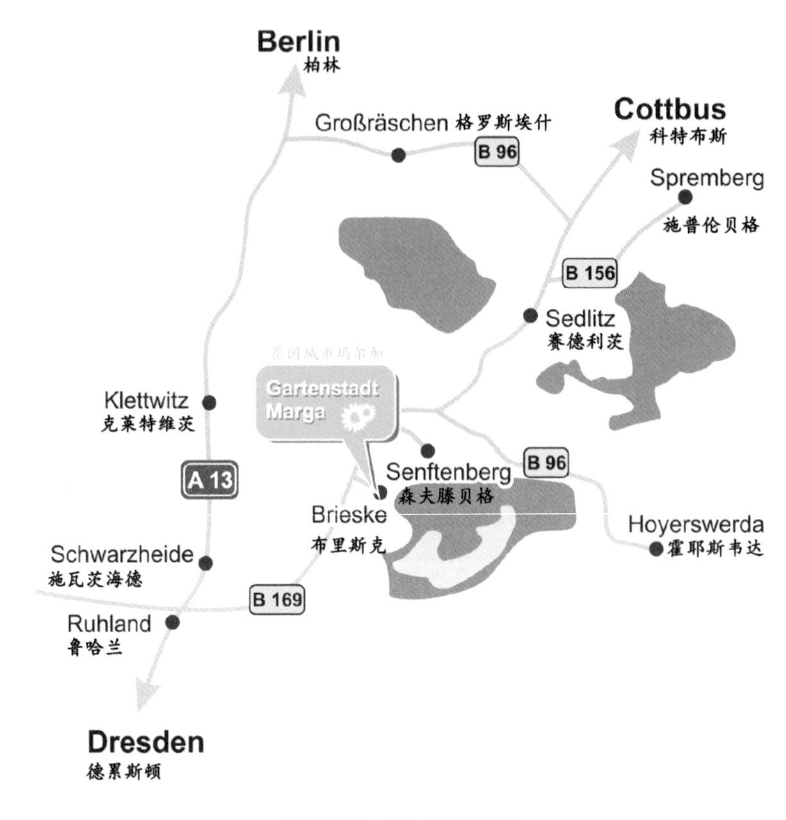


**图 7-66　玛尔加区位图**

（图片来源：https://www.senftenberg.de/media/custom/2779_2957_1.PDF?1572352042）

①总体布局。

花园城市玛尔加的规划理念可以追溯至霍华德的“花园城市”理论，但仅是在外观上相似，玛尔加没有进行社会结构的改变与合作模式的构建。这座花园城市的总体布局与霍华德的设想相似。长方形的城市广场构成整个聚落的中心（图 7-67）。由教堂、学校、墓地、旅馆和商业建筑等组成的建筑群围绕城市广场以圆形形式分布，公共建筑多以小镇建筑为原型，而居住区的房屋形式多以农业元素为主题，具有鲜明的乡村特色。每个居住区群落还拥有自己的基础设施。此外，住宅区的尽头是一个绿环（图 7-68），将玛尔加工人聚居区与周围地区隔离开来。这个绿环还曾被划分为不同的功能区：厂区花园、运动场、游乐场和幼儿园等。绿色的大道和花园为这座花园城市增添了无数美景。建筑、景观相辅相成，构成了一个具备完整功能的社区。

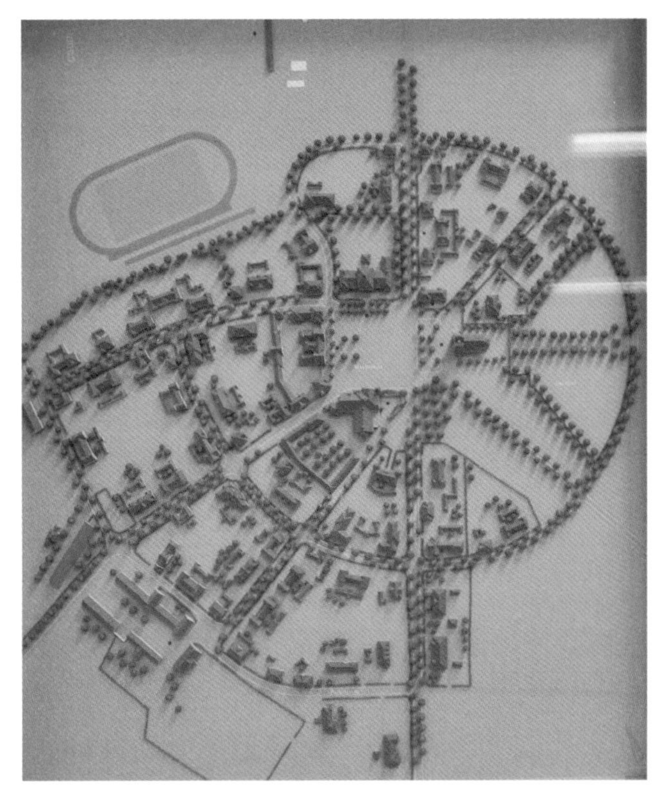

图 7-67　花园城市玛尔加总体布局

（图片来源：https://commons.wikimedia.org/wiki/Category:Gartenstadt_Marga?uselang=de）

图 7-68　花园城市周围的绿环

（图片来源：https://industriekultur.berlin/ort/gartenstadt-marga/）

②公共建筑。

建于 1910—1915 年的城市广场是花园城市玛尔加的中心（图 7-69），也是放射形大道的起点。广场西北侧坐落着小镇最初的邮局、伊瑟百货公司及部分食品商店。它们彼此之间由凉棚连接，在建筑后部有一个横跨整个市场的服务场，里面有储藏室、马厩和车库。若仔细观察，能够发现这些建筑在修建过程中对于质量和细节格外关注。现今百货公司被当地的历史学家改造为会议场所与画廊（图 7-70）。

**图 7-69　城市广场**

（图片来源：https://www.senftenberg.de/media/custom/2779_2957_1.PDF?1572352042）

**图 7-70　百货公司**

（图片来源：https://www.senftenberg.de/media/custom/2779_2957_1.PDF?1572352042）

1911 年，广场东北侧修建起了一座当时颇具现代标准的学校，它有防雨的顶棚和防风墙，走廊里还贴了瓷砖（图 7-71）。在 2001 年之前，该建筑一直作为学校使用。此后，这些房间被用作当地的历史室及一些其他用途。2009 年，学校进行了大规模的装修，并重新设计了户外设施，教学楼院子的一侧进行了扩建，使得当地福利院的孩童们能够在其内玩耍与学习。

被称作“帝国皇冠”的 Kaiserkrone 修建于 1913 年（图 7-72），是花园城市玛尔加的文化和社会中心。最初，它有一个餐厅与一个带舞台的大厅，还设置有酒店房间。因此，其成为为高级官员等所提供的独立的会客区，大厅可以举行公共和私人庆祝活动、剧院团体表演和舞蹈活动等。如今，Kaiserkrone 经翻修后再次成为一个热闹的地方，当地的学生们能够在这里开展学习，关于花园城市玛尔加的历史展览也布置在以前的保龄球馆里，在建筑的后面还修建有一个音乐会花园。

**图 7-71　住区学校**

（图片来源：https://www.senftenberg.de/media/custom/2779_2957_1.PDF?1572352042）

**图 7-72　帝国皇冠**

（图片来源：https://www.senftenberg.de/media/custom/2779_2957_1.PDF?1572352042）

作为一座宏伟的建筑，教堂（图 7-73）于 1914 年被修建在广场的东南侧，其后有一个墓地。但是，这座墓地的存在却十分独特，因为墓地在 19 世纪时因卫生原因而被禁止进入城市。但是玛尔加却预先在规划阶段便考虑了墓地建设，这一举动是超前的。

**图 7-73　教堂**

（图片来源：https://www.senftenberg.de/media/custom/2779_2957_1.PDF?1572352042）

③住宅建筑。

乍一看，玛尔加就是一个普通且整洁的小镇，处处充满着生活气息（图 7-74）。仔细品味，可以发现玛尔加是一件艺术品，其以复杂而高品质的建筑设计著称。根据文献记载，玛尔加的建设开始于1907年，是由德累斯顿建筑师马尔堡（Maryerburg）设计的。他在这里设计了78栋住宅楼，可分为大约15种不同的类型，设计中运用了许多新艺术运动后期的元素。

图7-74　城市街景

（图片来源：左图 https://de.wikipedia.org/wiki/Gartenstadt_Marga；右图 https://commons.wikimedia.org/wiki/Category: Gartenstadt_Marga?uselang=de）

几乎每栋住宅楼都有自己的面貌（图7-75）。在遵循基本设计原则的基础上，每栋住宅楼都采用了不同的建筑材料和屋顶形状。住宅楼的建筑风格通常参照德国萨克森州乡村的宫殿建筑和英国乡村住宅建筑的样式。其所使用的结构元素，如窗镜、墙板和半木质材料也是各异的。街道上的房屋具有各种不同的风格和外立面，道路被布置成林荫道，整个城市是多面、迷人且干净的。与此同时，建筑物的修建还融入了设计师的创意。设计师通过将单栋建筑物与拱门连接起来的方式，创建了专属于玛尔加的特色建筑物，并将其放在较为瞩目的中心位置。

图7-75　玛尔加的特色建筑

（图片来源：常江拍摄）

如今的玛尔加作为环森夫滕贝格湖旅游线路中的一个节点，吸引了越来越多的关注，这个建筑瑰宝也被介绍给了世人。游客漫步在绿树成荫的街道上，能够看到花团锦簇的花园，欣赏小空间里的多样性建筑（图 7-76）。别致的景致与大城市的沉闷居住区形成鲜明对比，花园城市玛尔加以独特的方式证明着昔日工业区的繁荣。

**图 7-76　玛尔加鸟瞰图**

（图片来源：https://www.lausitzerseenland.de/de/entdecken/industriekultur/energie-route/artikel-gartenstadt-marga.html）